かがく あそび 366

366 types of experiments

山村紳一郎 著
子供の科学 編

誠文堂新光社

科学の実験は計画的に
できごと（現象）を起こして観察します。

しくみ（原理）などを確かめたり
調べたりするのが目的ですが、
じつのところけっこう楽しいです（笑）。

とくに楽しい実験を“かがくあそび”と呼んで、
なかでも簡単にできるものを366本集めたのがこの本です。

はじめに

PROLOGUE

366本…そう！ 毎日１本やっても１年間あそべます。毎日気軽にチャレンジしていれば、科学的なものの見方や考え方が意識しなくてもできるようになるでしょう。「科学のわくわく」が日常（毎日のこと）になります。じつは、それがこの本のねらいだったりします。

ぜひ多くの方に、“かがくあそび”を楽しんでいただければと思います。

本書で紹介した“かがくあそび”の多くは理科教育の教材開発の中で誕生し、いまも変化し続けています。日本全国（と世界中）で理科教育に心を砕き続けている教育関係者のみなさまに敬意を表します。また、単なる科学実験好きの私をこの世界に導いてくださった滝川洋二先生に、心からの御礼を申し上げます。

山村紳一郎

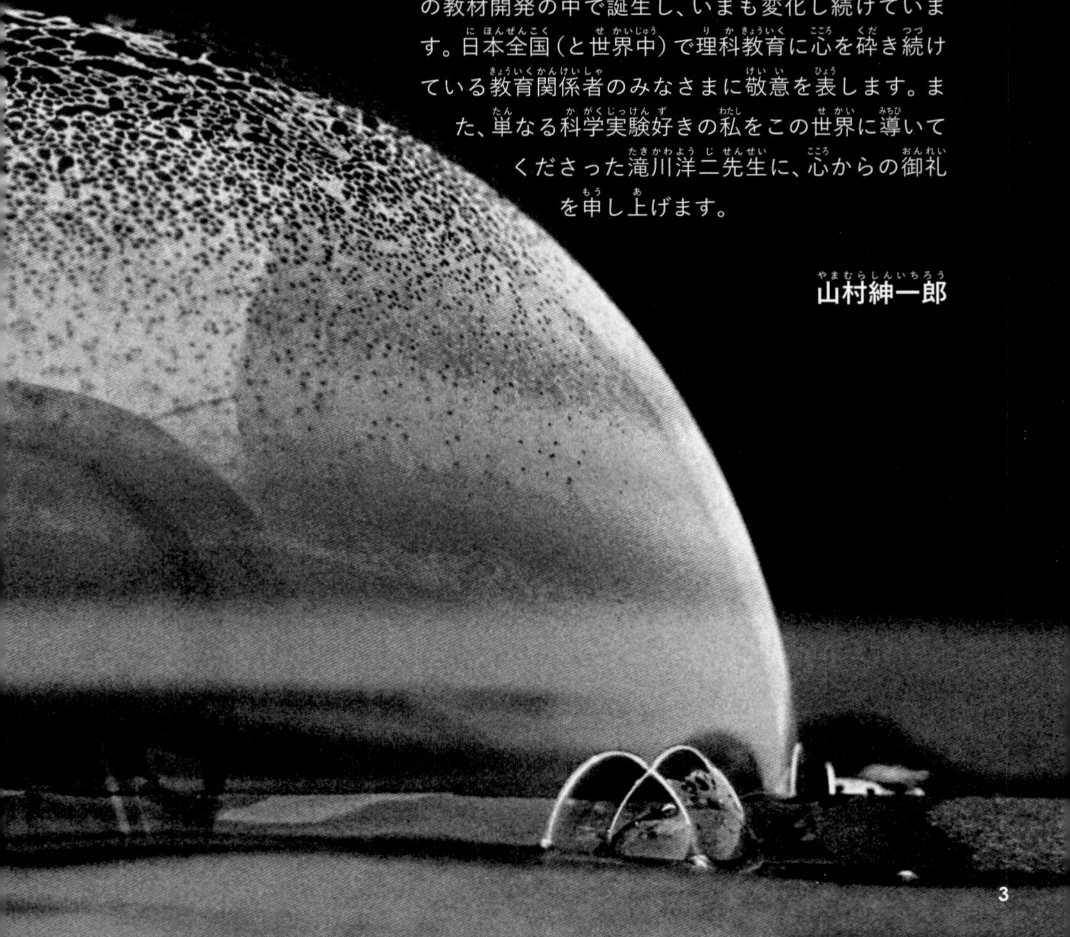

あそびを始める前に…

より楽しむコツ

- この本はいわば見本帳です。こんな“かがくあそび”があるよ…という紹介だけで、やり方はポイントしか書いていません。かなりの数が楽しめますが、これだけではうまくできないものもあります。そこで大切なのが工夫です。そのままやるのではなく、「工夫して挑戦するための本」です。

- 自分で工夫しても成功しないときは、検索したり本で調べたりして情報を集めてみてください。そのとき、本書に書いてある関連ワードや実験内容のほか、使う材料（たとえば「重曹の実験」）や起きること（たとえば「泡が出る実験」）などで検索すると効率的です。

- 本書では科学のしくみも少しだけ書きましたが、じつは実験の背景にはものすごく広くて深くて、そして楽しい科学の世界があります。本の内容にとどまらず、これを出発点に、その世界に乗り出してください。

- 「指導される皆様に」…本書では材料や用具、手順などを大幅に省略しています。より多くを紹介することで楽しみの幅広さを感じていただくのがねらいですが、そのぶん、手引きとしては不足があります。実験を行う児童に寄り添って、ともに考えていただければと思います。

注意すること

- 刃物や火、熱い湯などをあつかうときはじゅうぶんに注意してください。事故を防ぐには、始める前の計画や周囲の片づけ、道具の準備など、事前準備や予行演習が大切です。また、防護めがねの着用は事故予防になり、おすすめです。手袋はかえって滑ったり熱いものが手についたりする場合があるので、使用・不使用を適切に切り替えましょう。
- レーザーポインターやUVライトをあつかうあそびがあります。これらは強力なレーザーあるいは紫外線により目の健康に悪影響がある場合があります。光源からの光線が直接目に入らないように注意してください。
- 実験は安全に配慮して構成していますが、安全や衛生にじゅうぶんに注意をしたうえで、あくまで実施者の責任において行ってください。五感を研ぎ澄ませて観察し、臭気や熱等で異常を感じた場合は、すぐに中止することをおすすめします。

この本の使い方

❷やりやすさレベル

あそびのやりやすさは3段階。

- 超かんたん …しくみが難しくてもやることが超かんたん
- かんたん ……しくみが難しくてもやることがかんたん
- ふつう ………やることがかんたんでも道具や材料探しが必要

※刃物や炎、お湯などをあつかい、注意が必要な場合はここに表示。

本書のサポートページを活用しよう

解説のつづきや型紙を掲載している「サポートページ」があるよ。ぜひチェックしてみよう。

ココから!

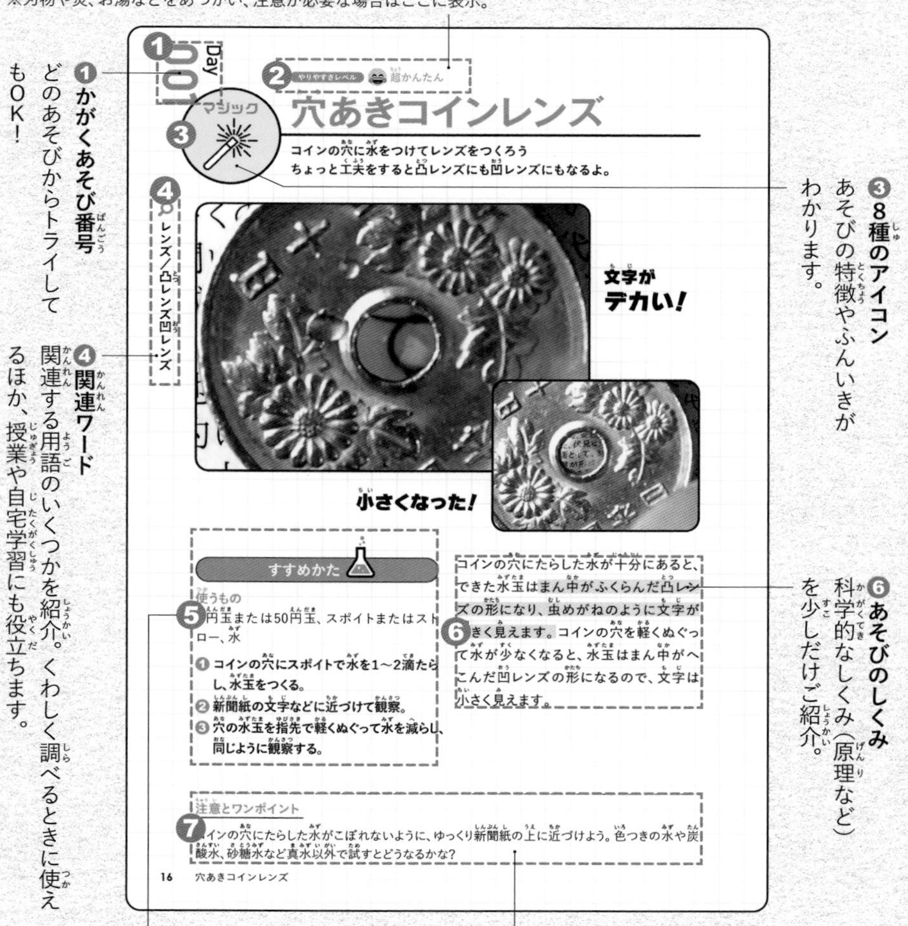

❶かがくあそび番号

どのあそびからトライしてもOK!

❹関連ワード

関連する用語のいくつかを紹介。くわしく調べるときに使えるほか、授業や自宅学習にも役立ちます。

❸8種のアイコン

あそびの特徴やふんいきがわかります。

❻あそびのしくみ

科学的なしくみ(原理など)を少しだけご紹介。

❺すすめかた

おもな材料や用具と、手順のポイントをピックアップ。

❼注意とワンポイント

とくに注意することや、追加の情報です。

目次

かがくあそび366

366 types of experiments

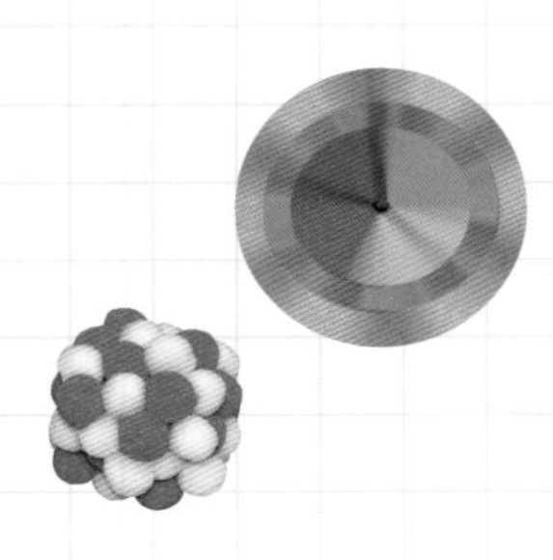

BOOK

かがく
あそび
366
目次

何回挑戦しても
OK なのね！

かがく
あそび
366
目次

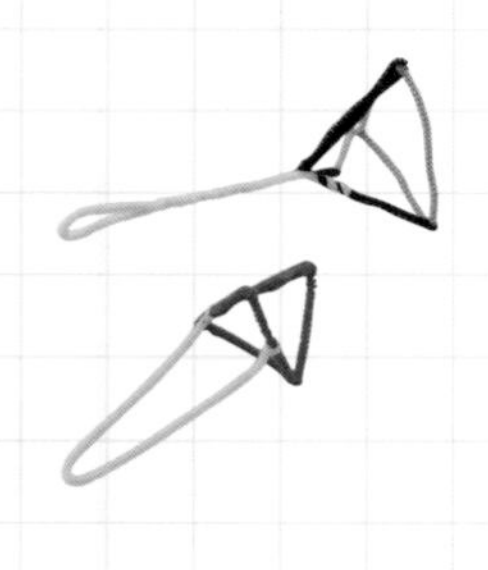

こね
こね

お気に入りの
かがくあそびを
見つけよう！

かがくあそび366 目次

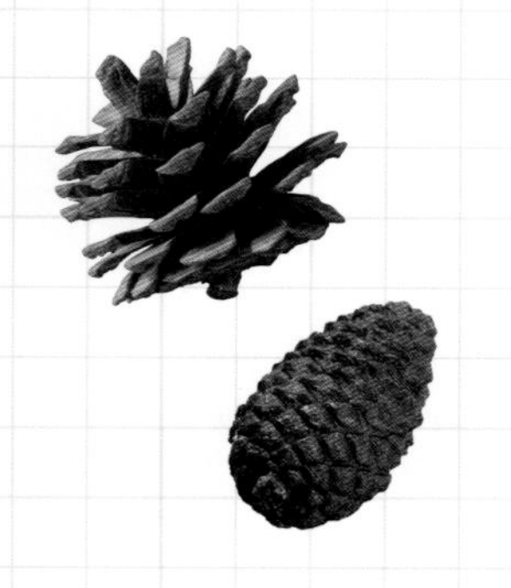

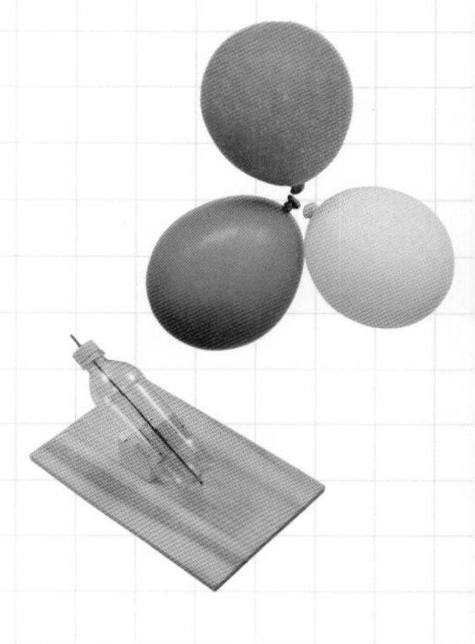

工夫したことをメモしておくといいよ～

かがく
あそび
366
目次

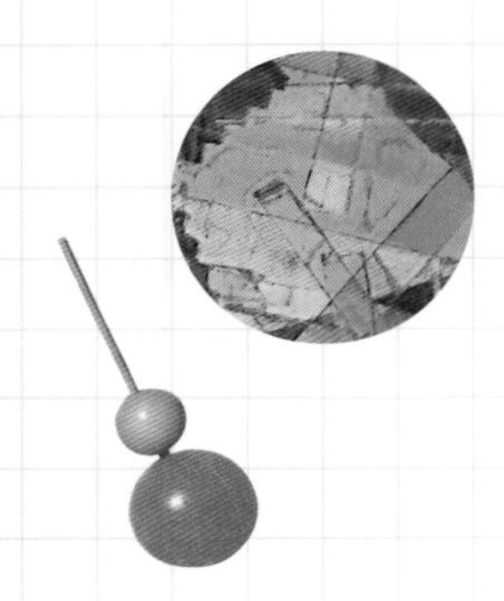

厳選！

超かんたんあそび30

やりやすさレベル　超かんたん

穴あきコインレンズ

コインの穴に水をつけてレンズをつくろう
ちょっと工夫をすると凸レンズにも凹レンズにもなるよ。

レンズ／凸レンズ凹レンズ

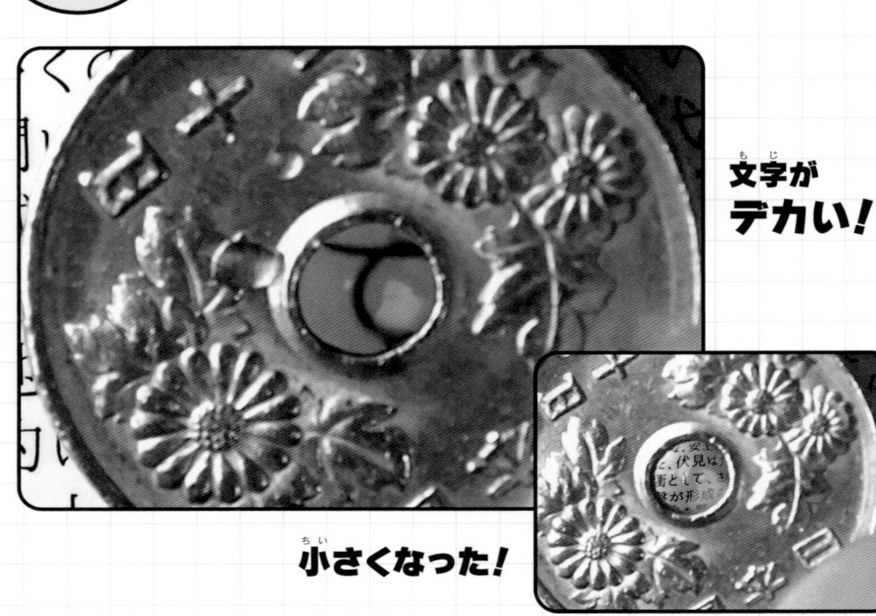

文字がデカい！

小さくなった！

すすめかた

使うもの

5円玉または50円玉、スポイトまたはストロー、水

1. **コインの穴にスポイトで水を1～2滴たらし、水玉をつくる。**
2. **新聞紙の文字などに近づけて観察。**
3. **穴の水玉を指先で軽くぬぐって水を減らし、同じように観察する。**

コインの穴にたらした水がじゅうぶんにあると、できた水玉はまん中がふくらんだ凸レンズの形になり、虫めがねのように文字が大きく見えます。コインの穴を軽くぬぐって水が少なくなると、水玉はまん中がへこんだ凹レンズの形になるので、文字は小さく見えます。

注意とワンポイント

コインの穴にたらした水がこぼれないように、ゆっくり新聞紙の上に近づけよう。色つきの水や炭酸水、砂糖水など真水以外で試すとどうなるかな？

Day 002

やりやすさレベル 超かんたん

カイロでボトルつぶし

ペットボトルに使い捨てカイロを入れて、そのままおくだけ。ボトルをペチャンコにつぶしたのは誰だ!?

減圧／酸化／さび

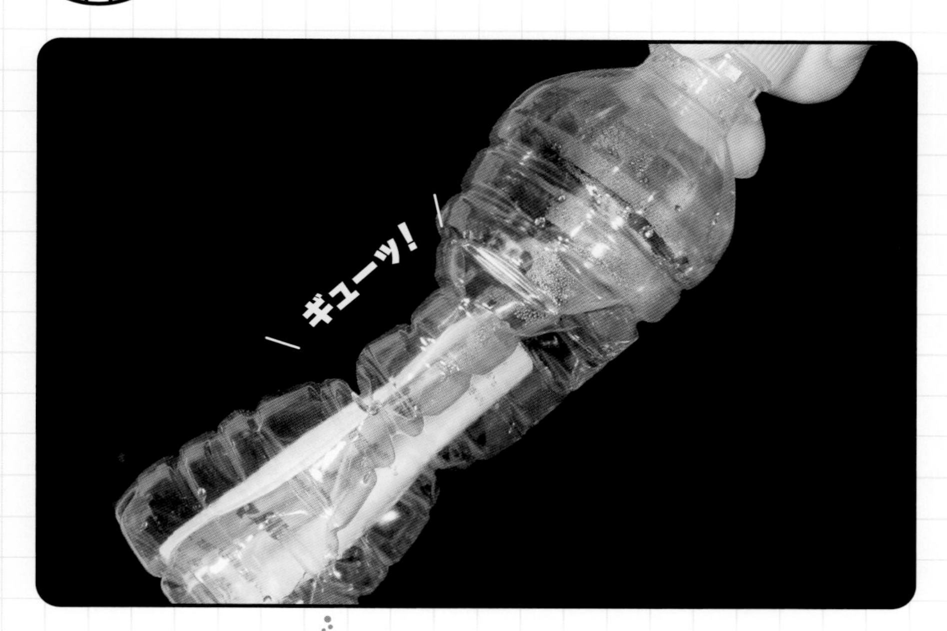

すすめかた

使うもの

やわらかいペットボトル、使い捨てカイロ

1. **使い捨てカイロを細く丸めて、ミネラルウォーターなどのやわらかいペットボトルに押し込む。**
2. **キャップをしっかりしめて、そのまま1晩おくとボトルがつぶれている。**

使い捨てカイロの中身には鉄の粉が含まれています。空気を通さない外袋を破ると、中の鉄が酸素と結びついてさびます。この変化は酸化反応の一種で、燃える反応（これも酸化）と同じように熱が出るので、カイロが温かくなります。ボトルのキャップをしめておくと鉄と結びついた酸素のぶんだけボトル内の空気が減って（体積が減って）圧力が下がり、周囲の空気に押されてボトルがつぶれます。

注意とワンポイント

口が広めのペットボトルだとカイロを入れやすい。小さくて薄手のカイロを使うといいよ。この変化はとてもゆっくりなので、最初の状態を写真に撮るなどして記録しておこう。

Day 003

やりやすさレベル 超かんたん

10円玉だるま落とし

「だるま落とし」は運動の性質を利用した楽しいおもちゃ。
これを身近なコインと糸を使って試そう。

慣性／質量

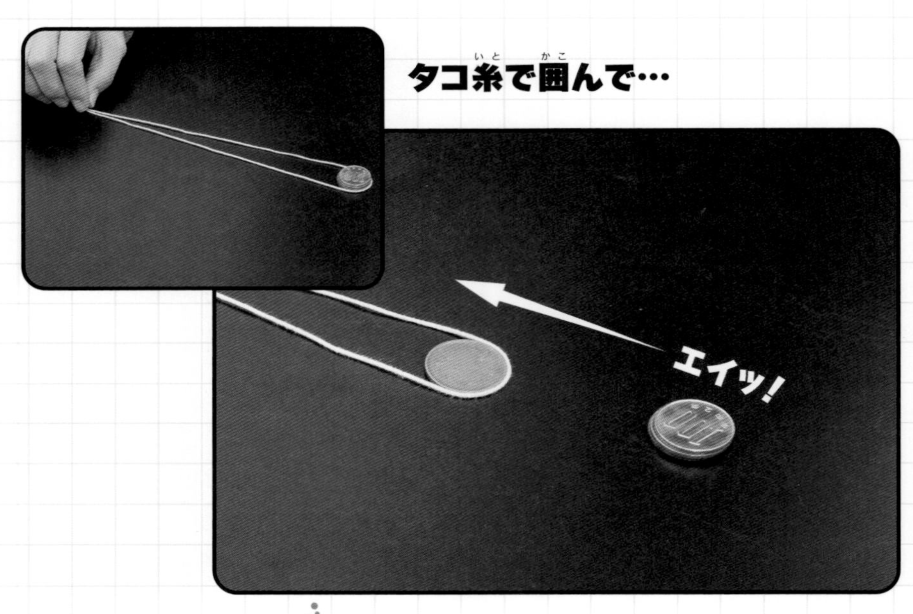

すすめかた

使うもの

コイン数枚（10円玉と100円玉）、細めのタコ糸

1. **10円玉を数枚重ね、一番上に100円玉をのせる。**
2. **細めのタコ糸を輪にして、コインのまわりを囲む。**
3. **糸の端をつまんで水平に勢いよく引っぱると、10円玉が1枚だけ飛び出す。**

止まっているものに力を加えると、止まったままにする向きに力がはたらきます（止まった状態が保たれるようにはたらく）。これは慣性という運動の性質のひとつです。この「止まったままにする向きの力」は、動かすスピードが速いほど大きくなるので、下の10円玉1枚だけに力をすばやく加えることで、慣性のはたらきを利用して上の100円玉を動かさずに、下の10円玉だけを動かすことができます。

注意とワンポイント

タコ糸がコイン1枚以下の厚さになるように、あらかじめ平らにつぶしておくとうまくいく。

Day 004

やりやすさレベル 超かんたん

竹ひごビヨンビヨン

竹ひごを口でしっかりくわえて指ではじくと、あやしげなサウンドが聞こえてくる!?

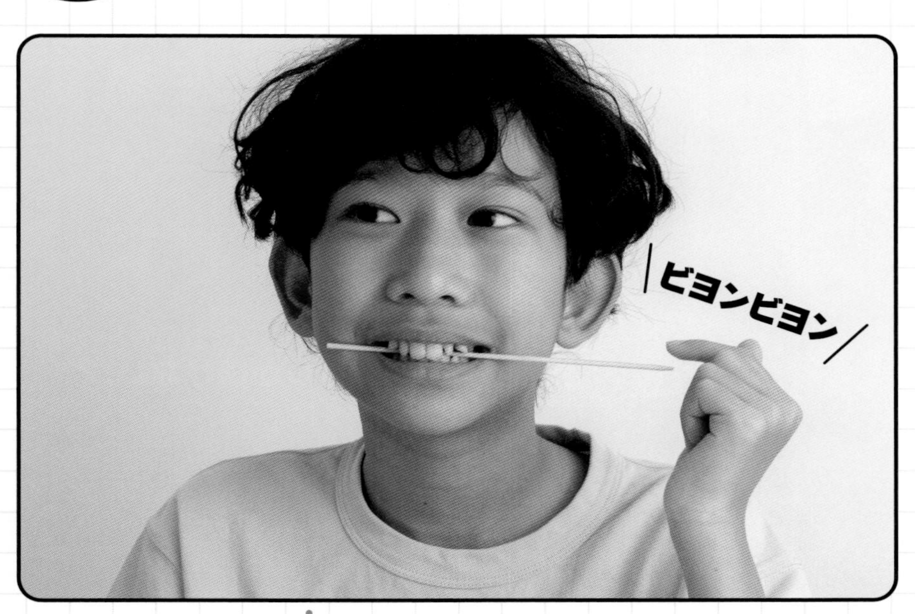

音／振動／骨伝導

すすめかた

使うもの

竹ひご、または竹ぐし（先端を切ったもの）

1. **長さ20㎝ほどの竹ひご、または竹ぐし（とがった先端を切っておく）を口にくわえ、歯でしっかりとかむ。**
2. **竹ひごの端を軽く指ではじくと「ビヨンビヨン」という音が聞こえる。**
3. **ほかの人が試しているようすを観察して、音をくらべてみよう。**

音は空気のふるえで、耳の中の鼓膜がふるえるのを聴覚神経がキャッチして音として感じます。しかし、音のふるえがあごの骨を伝わって耳の奥に届くと、鼓膜がふるえなくても聴覚神経が音を感じます。ほかの人が実験しているときはそれほど大きく聞こえないことから、わずかな振動でも直接神経に伝わると大きく（強く）感じられることがわかります。この骨伝導というしくみを利用した補聴器もあります。

注意とワンポイント

衛生面に気をつけて、竹ひごは新しいきれいなものを使おう。竹ひごの長さを変えると、音の高さが変わるから試してみよう。

やりやすさレベル 超かんたん

はしが抜けなくなる？

**コップに入れたお米が瞬間的にかたまった!?
お米はバラバラなのに、さし込んだはしが抜けなくなる!?**

ダイラタンシー／摩擦／淘汰度

すすめかた

使うもの

米、コップ、割りばし

1. **コップにいっぱいに米を入れ、まん中に割りばしの太いほうを下にして立てる。**
2. **コップと割りばしを押さえて数cm持ち上げ、机に軽くたたきつける。数回行って米をきっちりつめる。水を数滴入れてもよい。**
3. **割りばしを持ってそっと引き上げると、コップごと数cm持ち上がる。**

米がさくさくの状態で入っているとき、米とはしはそれほど密着していません。ゆすったり押さえたりしてしっかりつめると、ぴったり密着して大きな摩擦力を生み出します。米の粒どうしがしっかりとくっついていると、割りばしと米、米とコップの間の摩擦力で、全体を持ち上げることができます。

注意とワンポイント

コップは軽いプラスチック製のものがやりやすい。コップに米をつめ込むときは、米の表面を軽く下に押しつけてもいいよ。

鉛筆のすき間に虹？

鉛筆などまっすぐなものをくっつけて合わせ、そのすき間から照明の光を見ると…？

回折

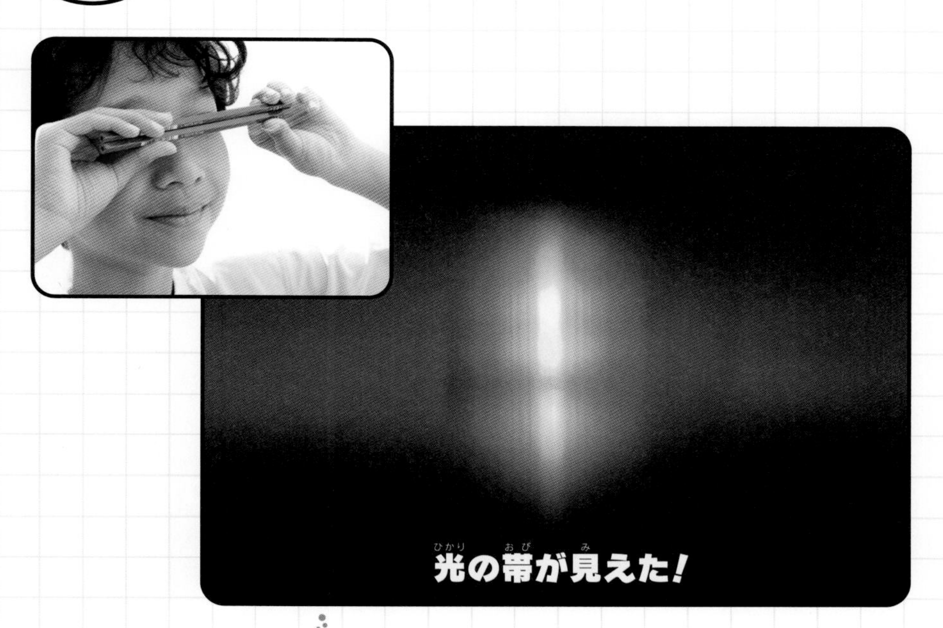

すすめかた

使うもの

鉛筆（2本）

1. **鉛筆2本を並べて持つ。**
2. **目の前に❶をかざし、すき間から空や照明の光などを見る。**

光が狭いすき間を通り抜けるとき、すき間のへりのところで折れ曲がります（回折といいます）。鉛筆のすき間を水平にすれば、光は上下に広がって進んで目に届くので、光が上下ににじんだように引きのばされて見えます。鉛筆を傾けると光の帯の向きも変わるので、それが鉛筆のすき間のはたらきであることがわかります。光の帯を細かく見ると、**ところどころに虹のような色も観察できます。**

注意とワンポイント

空に向けて観察するときは、太陽が目に入らないように気をつけよう（太陽を直接見ると目の健康に害がある）。鉛筆は木の軸の部分が暗い色のものがやりやすいよ。

Day 007

やりやすさレベル　超かんたん

鉛筆で重心を探せ！

鉛筆が２本あれば、かんたんにものの重心が探せるよ。身のまわりにあるいろいろなものの重心を調べよう。

つり合い／重心

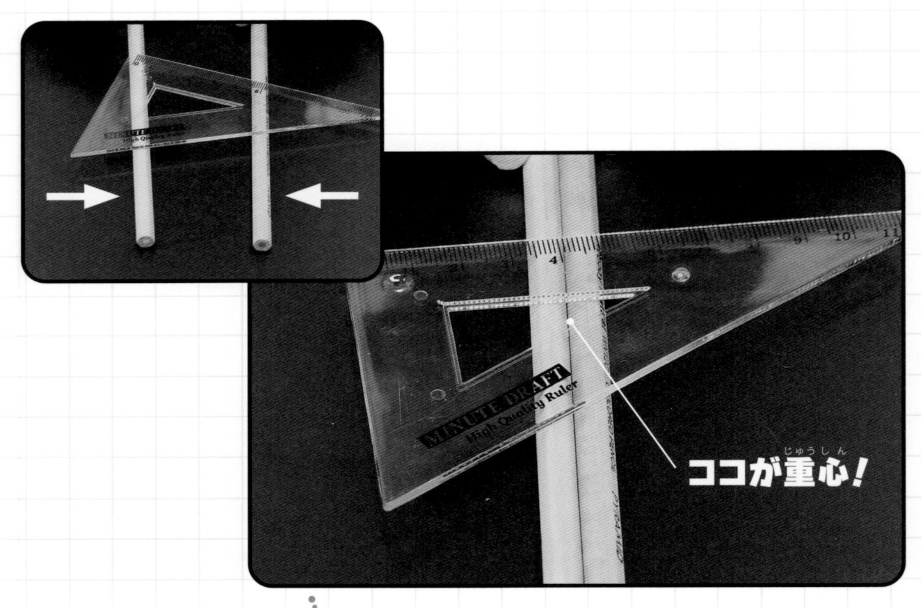

すすめかた

使うもの

重心を調べたいもの、鉛筆（同じもの2本）

1. **机の上に鉛筆2本を平行に置き、その上に重心を調べたいものをのせる（2本にかけわたす）。**
2. **鉛筆の片方を押さえたまま、もう一方をゆっくりと近づける。**
3. **2本がぴったり合わさったとき、そのまん中の真上に重心がある。**

重さは、ものの重心にはたらくと考えることができます。ものを2か所で支えると、ものの重心に近いほど大きな力がかかるので、ものとの間にはたらく摩擦も大きくなります。摩擦力の大きさは押しつける力に影響されるためです。2本の鉛筆のうち、重心から離れているほうの摩擦が小さいので、内側に寄せると動きます。必ず重心から遠いほうが動くので、2本が合わさったとき重心はその真上になります。

注意とワンポイント

鉛筆はゆっくりと動かすのがコツ。いろいろな方向から2〜3回調べれば、重心の位置がより正確にわかるよ。鉛筆の代わりに定規や割りばし（同じもの2本）を使ってもOK。

Day 008

やりやすさレベル 超かんたん

CDホバークラフト

CDやDVDを机にのせて、
手のひらでまっすぐはじくと、スーッと走るぞ！

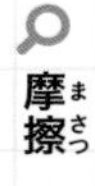

摩擦

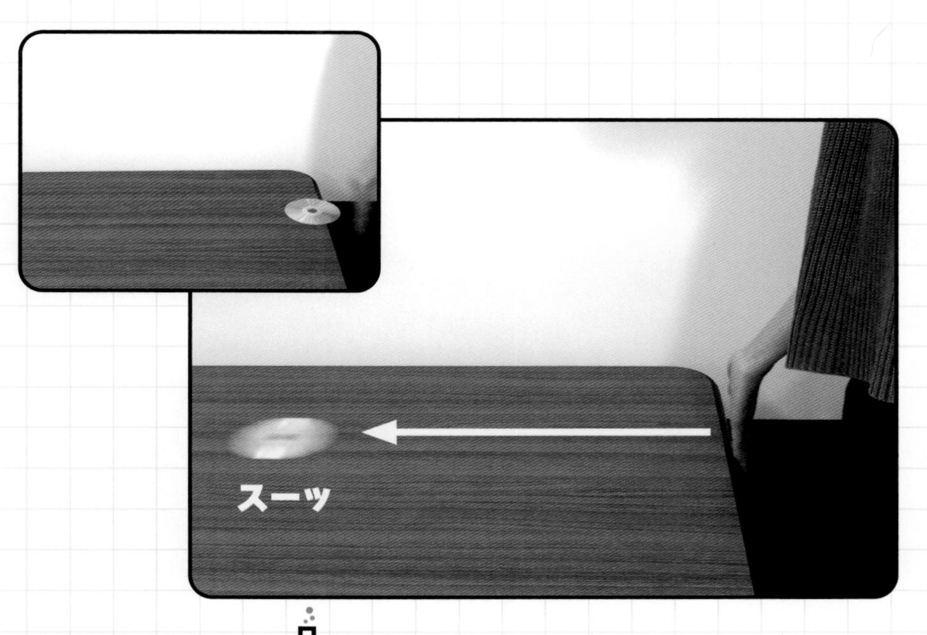

すすめかた

使うもの

不用なCDやDVD

1. **CDやDVDの光る面を上にして、表面が平らな机のヘリに半分ほどはみ出させて「そっと」置く。**
2. **開いた手のひらで机の横からまっすぐ水平にCDのヘリを軽くたたくと、CDがスーッとすべるように走る。**

CDは面が平らでデコボコが少ないので、間に入った空気がクッションになって机との摩擦がとても小さくなります。まっすぐ水平に力を加えると、間の空気が抜けずにCDが浮いた状態になり、とても動きやすくなります。はじめに机に押しつけてから同じようにたたくと、間の空気が抜けて面がくっつくので、同じように軽くたたいてもあまりよく動きません。

注意とワンポイント

CDのたたき方に少しコツが必要。軽い力で水平に「ぽんっ」とはじくように手のひらを当てるとうまくいくよ。

Day 009

やりやすさレベル 超かんたん

回転ゆで卵チェック

卵をクルクル回転させるだけで、生卵か、ゆで卵かが一瞬でわかっちゃう!?

慣性/粘性/運動

すすめかた

使うもの

生卵、ゆで卵

1. 平らでなめらかな机の上に、生卵またはゆで卵を長いほうが前後になるように置く。
2. 卵の前後に指をかけて、左右に引き離すようにして軽く回転させる。
3. 回り始めたところで真上から一瞬だけ卵を押さえて回転を止め、すぐに手を放してどうなるかをくらべる。

中身が固体(ゆで卵)か、液体(生卵)かを調べる実験です。固体の場合は周囲と中身が一体になっているので回転させやすく、一瞬動きを止めるとそのまま止まります。中身が液体の生卵は回転させにくいですが、回転を止めても中身は回り続け、一度止めて手を放すとその動きが周囲に伝わるので、再び回り始めます。

注意とワンポイント

実験に使った卵はムダにしないようにしよう。

Day 010

10円玉をピカピカに

銅でできた10円玉は使ううちに茶色くなってくる。つくられたときのピカピカの状態に戻そう。

化学反応／金属光沢／さび

すすめかた

使うもの

10円玉、タバスコ（ソース、酢など）、ペーパータオル

1. **茶色い10円玉を水でよく洗って変化を観察。**
2. **10円玉の表面にタバスコなどを数滴たらして数分おく。**
3. **ペーパータオルで磨き、またタバスコなどを数滴たらす。数回くり返してから水洗いする。**

10円玉は亜鉛やスズが少し混ざった銅でできています。表面の銅が空気中の酸素と結びつくと、酸化銅に変化して茶色くなります。これは化学的に結びついているので、水や洗剤では落とすことができません。一方、タバスコやソース、酢などは酸性の溶液で、酸化銅を化学的に変化させて取りのぞきます。これによって表面はつくられたときに近い銅のきらきらした赤っぽい黄金色を取り戻します。

注意とワンポイント

硬貨をけずったり溶かしたりするのは法律違反。きれいにするだけにとどめよう。

Day 011

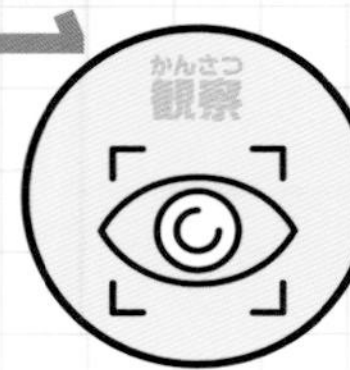

やりやすさレベル 超かんたん

2本か1本か?

皮膚に2つのものが同時にふれたとき、ちゃんと2つってわかるかな?調べる人と調べられる人がペアになって実験しよう。

圧痛点/錯覚

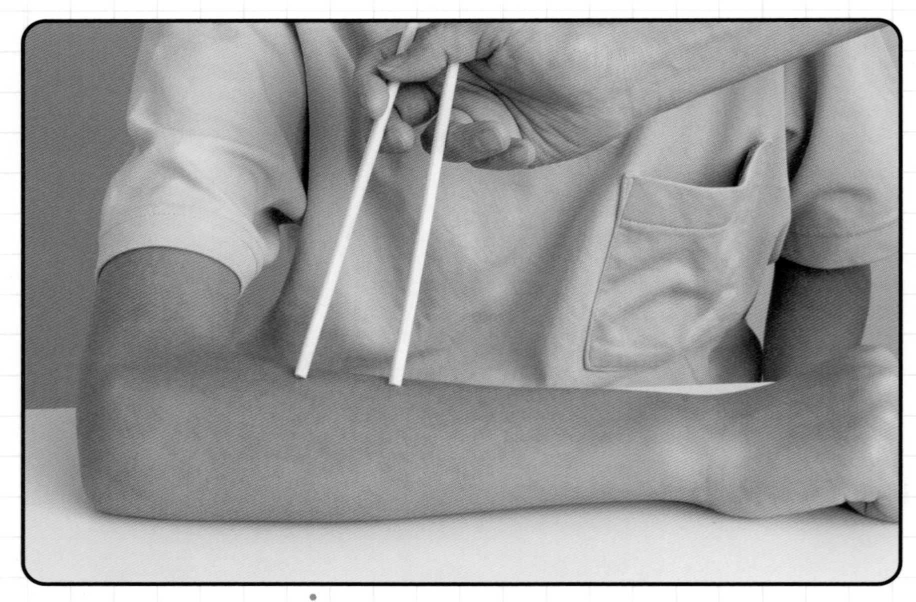

すすめかた

使うもの

はし(1膳)

1. **調べる人がはしを持ち、調べられる人は目をつぶって腕を出す。腕の皮膚に写真くらいの間隔ではしの両方の先を軽く当て、ふれたのが何本か答えてもらう。**
2. **はしの先の間隔を少しせばめて同じように実験。間隔が狭くなると2点ではなく1点に感じるので、そのときの間隔を調べる。**

皮膚には圧力を感じる圧痛点という一種のセンサーがあり、その間隔は体の場所によってことなります。腕にはしの先を当てた場合、間隔が数cm以上だと2点だと感じられても、1cm以下だとわからなくなる場合には、この部分の圧痛点は1cmほどの間隔だとわかります。圧痛点は、背中などでは間隔が広く、手のひらなどでは狭くなります。

注意とワンポイント

はしの先を強く当てると痛いし正確に調べられないので、軽くそっと当てること。手のひら、足、背中など体のいろいろな部分で実験して圧痛点の間隔をくらべてみよう。

Day 012

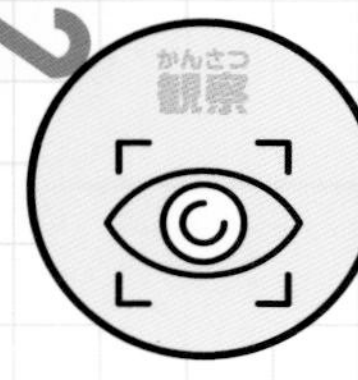

やりやすさレベル 超かんたん

ダブルネット縞模様

細かいくり返しがある模様を重ねると、まったく別の模様が浮かび上がる!?

干渉／モアレ

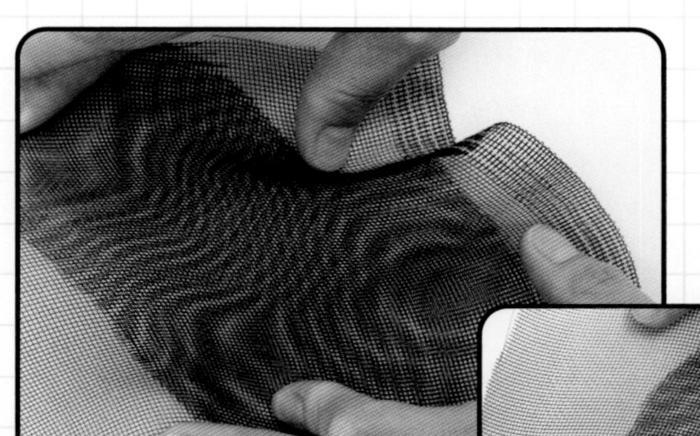

縞模様ができた

使うもの

網戸の網

1. 不用な網戸の網を10～20㎝角に2枚切る。
2. 2枚を重ねあわせ、ゆがませるように少しずつずらす。
3. 重なり方や2枚の網の距離を変えながら、見える縞模様のようすを観察する。

重なった網には、網目のパターンとは別の縞模様が見え、網同士の重なり方の違いでさまざまに変化して見えます。このような「細かいパターンが重なって見える縞模様」のことをモアレといいます。2本の細い線が斜めに交わっているとき、交わる点の近くでは線が近すぎて1本の太い線に感じられます。網のようにたくさんのくり返しパターンがあると、この太い線で別の模様ができます。

注意とワンポイント

網戸の張り替えなどであまった部分を使うといい。網戸の網（網戸ネット）は100円ショップ（200～300円くらい）やホームセンター、ネット通販などでも入手できるよ。

Day 013

やりやすさレベル 超かんたん

びっくり

ブツブツ言うビン

ビンにも何か言いたいことがあるのかな？
耳をすまして聞いてみよう。

気圧／熱膨張

すすめかた

使うもの

コーラやビールなどのガラスビン（ペットボトルでもよい）、100円玉、水、スポイト

1. ビンの口に水をつけてから、同じように水でぬれた100円玉をのせる。
2. ビンを手で包み込み、温める。
3. 100円玉が動いて音を立てる。

空気は熱が加わると体積が増えます（ふくらむ）。ビンの中の空気に手の熱が伝わってふくらむと、周囲を押しつける力（圧力）が大きくなり、100円玉を押し上げてすき間から外に出ます。このとき100円玉が動いてカタカタ音を立てるので、何か言っているような感じがします。ガラスのビンを使うのは手で押して形を変えないためなので、そっとさわって実験すればペットボトルでもできます。

注意とワンポイント

100円玉をぬらすのは密閉をよくするため。100円玉の周囲がビンの口にくっつき空気がもれないようにするのがコツだ。水を少し多めにするとうまくいくよ。

Day 014

やりやすさレベル 超かんたん

フォークのやじろべえ

超古典的なテーブルマジックのひとつ。
友達の前で実験すれば、みんなびっくりだよ！

つり合い／重心

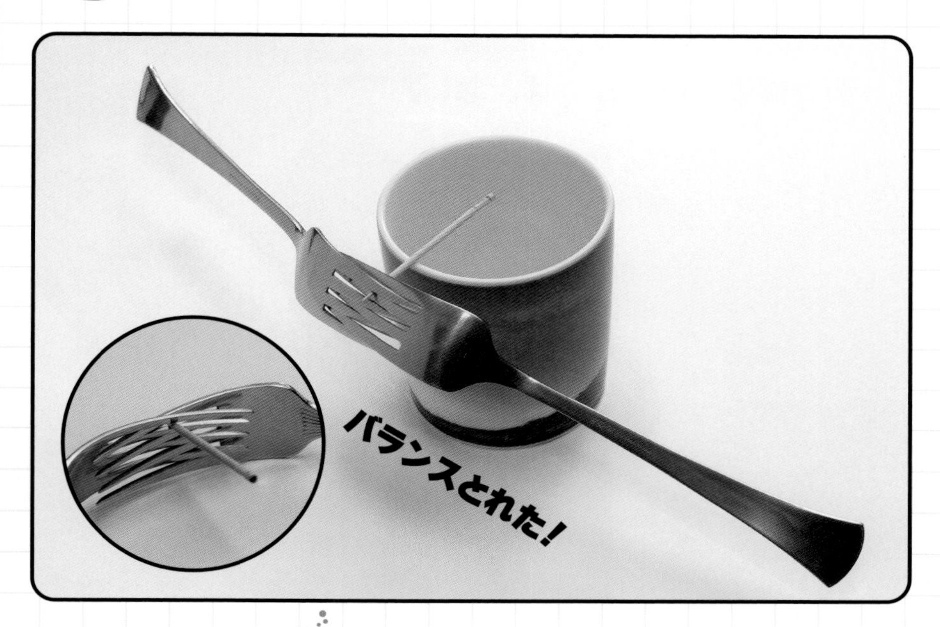

すすめかた

使うもの

フォーク（同じもの2本）、つまようじ、コップ

1. **フォークの先を向き合わせ、たがい違いにさし込んで組み合わせる。**
2. **つまようじの先端を❶のフォークのすき間にさし込む。**
3. **コップのへりにつまようじ部分をのせ、手を放すとバランスして止まる。**

フォーク本体がおもり、つまようじが支点になったやじろべえ（1点でバランスするおもちゃ）です。コップのへりにのせるつまようじの位置を調節すると、全体がバランスして止まります。テーブル上にあるものでかんたんにできる点や、長さのあるフォークがバランスする意外さが人気で、昔からテーブルマジックとしても紹介されてきました。

注意とワンポイント

バランスさせてから、内側のつまようじに火をつけて燃やす（コップに熱を奪われるため、支点のすぐそばで消える）バリエーションもあるよ。

Day 015

やりやすさレベル 超かんたん

見えない糸で動かす紙？

ただの細長い紙なのに、
見えない糸で引っぱると動く！

構造

すすめかた

使うもの
画用紙、スティックのり、ハサミ

1. 画用紙を8㎝×15㎝ほどに切って縦半分に折り、端から5㎝ほどを折り目に沿って切る（根元になる）。
2. 折っていない反対側は上端から5㎝ぐらいの内側をのりづけする（先端になる）。
3. 根元を指ではさんで持ち、指を上下にずらすと曲がる。

この紙は2枚が合わさっていますが、根元に近い部分はくっついていないので、こするとずれます。表が上に裏が下にずれると裏のほうに全体が曲がり、逆にずれると表側に曲がります。もちろん、糸を引くしぐさは雰囲気づくりで、さらに指のずれがわからないように、わずかずつずらすのがマジックっぽく見せるコツです。

注意とワンポイント

紙にスプーンの絵をかいて、友達の前で「このスプーンを曲げてみせます」などと言って、念力をおくるふりをしながら実験すると楽しいよ。

Day 016

やりやすさレベル 超かんたん

長さが変わる割りばし

同じ長さの割りばしが、
目の前でみるみるのびたり縮んだりするよ。

錯視

すすめかた

使うもの
割りばし(または同じ棒2本)

1. 2本に割った割りばしを、根元のところで直角に組み合わせて長さを観察する。
2. 直角を保ったまま片方を動かして、もう一方のまん中に置いて長さを観察する。
3. 反対の端までそのまま動かし、長さを観察する。
4. 最後にそろえて長さが同じことを確認。

有名な目の錯覚(錯視といいます)のひとつです。しくみは完全にはわかっていませんが、相手を2分しているほうが優位(より強い、より大きい)と感じ、脳が「大きい(長い)はず」と感じるという説明があります。また、まん中から直角にのびる形を見て、脳が勝手に奥行きを感じとり、実際にはない距離の違いから長さの違いを想像するという説明もあります。

注意とワンポイント

この実験のほかにも、錯視にはたくさんの種類がある。調べてみよう。

Day 017

やりやすさレベル　超かんたん

電柱の影観察

よく晴れた日に電柱の影が地面にのびていたら、近くに寄って観察してみよう。

影

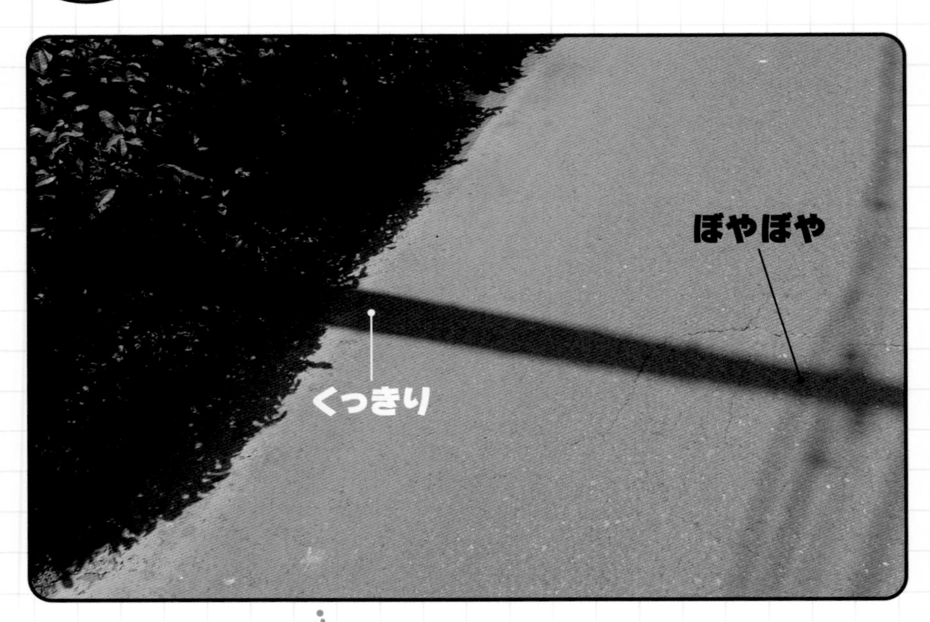

すすめかた

使うもの
電柱

1. 電柱の影が駐車場などの平らな地面にのびている場所を探す。
2. 影に近寄って、ヘリの部分をくわしく観察する。
3. 根元に近いところと先端に近いところの、影のぼやけ方をくらべる。

電柱の根元あたりの影は少しぼやけ、先端に近い部分は大きくぼやけています。これは光の源である太陽が、点ではなく面積をもっているためです。地球から見た太陽は角度の約0.5度の大きさなので、電柱のヘリに当たる光も0.5度の広がりがあり、地面にできる影のヘリにもこの角度分の幅があります。電柱のヘリから地面の距離が遠いほど影の幅が広がるため、ぼやけ方が大きくなります。

注意とワンポイント

駐車場や路上の電柱に近づいて観察するときは、まわりの人や車などにじゅうぶん注意しよう。

やりやすさレベル 超かんたん

2冊の本がくっつく!?

２冊の本を摩擦でくっつける有名な実験。
強く引っぱっても本どうしが離れないのはなぜ？

摩擦／垂直抗力

すすめかた

使うもの
不用な本または雑誌（2冊）

1. 本の開くほうを向かい合わせにして開き、1〜2ページずつ交互に重ね合わせる。
2. すべてのページを重ね合わせて本を閉じ、片方の本を持って持ち上げたり、本を引っぱったりしても離れない。

多くのページが重なりあうことで摩擦力がとても大きくなり、大きな力でも引き離すことができなくなります。摩擦力の大きさは、こすれあう面の性質が一定なら、面積が大きいほど、または押しつける力が大きいほど大きくなります。この実験では1ページずつではたらく摩擦力はそれほど大きくありませんが、数十〜数百ページにはたらく摩擦力は、本を壊さないと引き離せないほど大きくなります。

注意とワンポイント
実験のあと、ページをすべて開いてはずさないと本同士が離れなくなるので注意。破れてもかまわない不用な本や雑誌を使うといい。

Day 019

やりやすさレベル 超かんたん

色水グラデーション

温度のことなる水を重ねて、
コップの中にきれいなグラデーションをつくる。

熱膨張／水／最大密度

すすめかた

使うもの

水（氷水）、ぬるま湯、ガラスコップ（2個）、色インク、スポイトまたはストロー

1. **コップに水を入れ、氷を1〜2個入れて溶けるまで待つ。**
2. **別のコップに30℃ぐらいの水を入れてインクで色をつける。**
3. **色つきの水をスポイトで、❶のコップの水面に少しずつ入れる。**

水は温度によってわずかに体積が変化し、4℃で体積がいちばん小さくなります。同じ体積ならこの温度でいちばん重くなり、ほぼ0℃の氷水が少し温まるとこの状態です。色をつけた水は少し軽いので、冷たい水の上にのってたまります。冷たい水は、だんだん温まって上に広がるので、コップの中にきれいなグラデーションができます。

Day 020

やりやすさレベル 超かんたん

必勝こより相撲

こよりを引っかけて遊ぶ「こより相撲」には必勝法あり!?
友達といっしょに遊びながら試そう。

繊維／紙

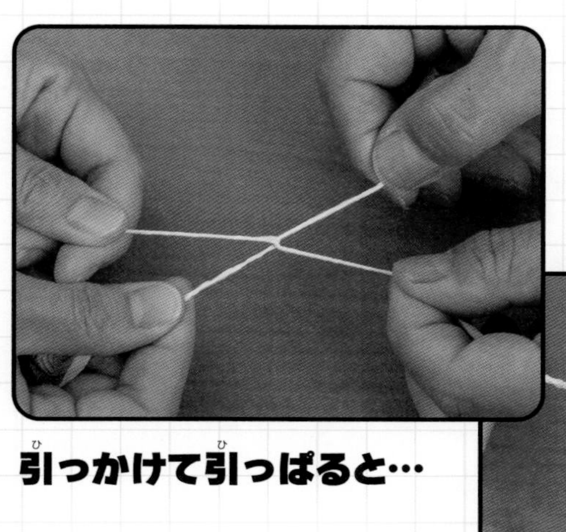

引っかけて引っぱると…

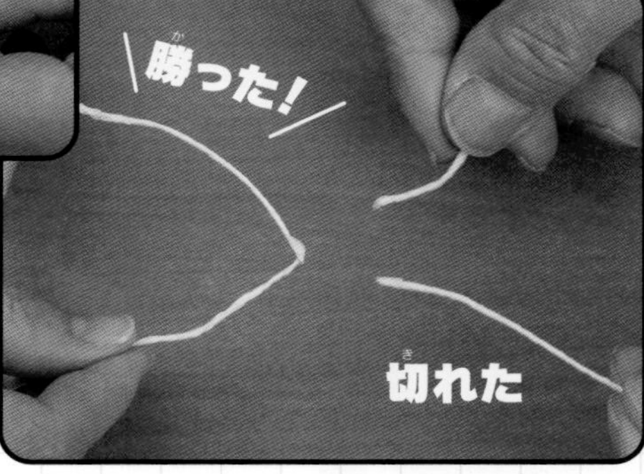

すすめかた

使うもの

ティッシュペーパー、ハサミ

1. ティッシュペーパーを切って幅2㎝ほどの帯にする（ティッシュの折り目に直角に切ったものと平行に切ったものの2種類）。
2. 自分と相手のぶんの帯を選び、端から指先でねじって「こより」をつくる。
3. おたがいのこよりを直角に引っかけて引っぱり、切れたほうが負け。

ティッシュペーパーは、ほかの紙と同じように木のせんいがからみあってできていますが、つくるときにせんいが少しそろうので、その向きだと強くなります。紙の強い向きは見た目では区別できないので、あらかじめ折り目に平行な帯と直角な帯とで強さを調べておき、相手に弱いほうの帯だけを渡せば、必ず勝てます。

注意とワンポイント

友達にこよりのつくり方を教えてあげるふりなどして、さりげなく弱いほうの帯を渡すとうまくいきそう。でも、必ずあとでタネあかしをして、なかよくね!

Day 021

やりやすさレベル 超かんたん

波紋マシン

水の表面にできる波を水の底に映して観察しよう。

波／屈折

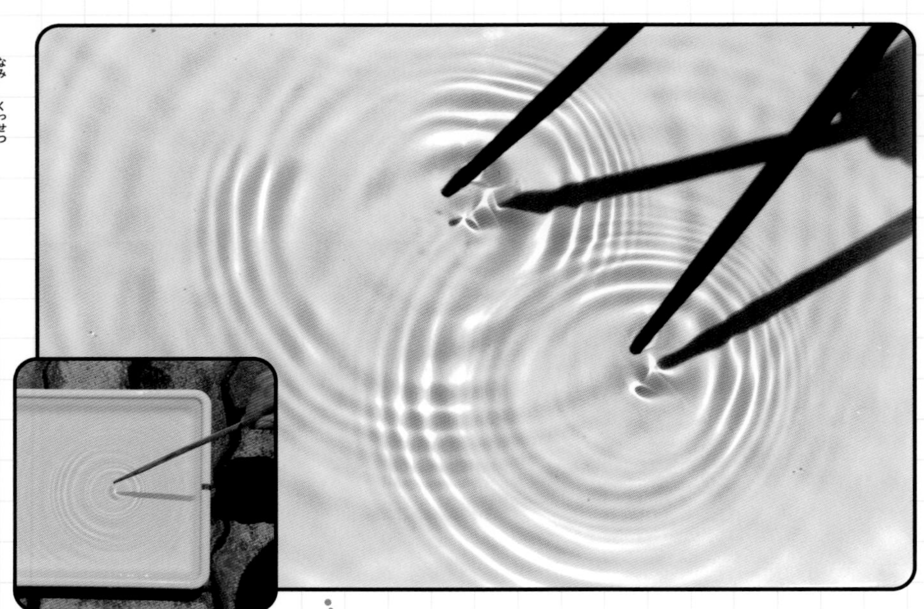

すすめかた

使うもの

広くて浅いバットや洗面器、水、はし、スポイト

1. **天気が良い日に直射日光の当たる場所で、容器に3～4㎝の深さに水を入れ、しばらく置いて水の動きがおさまるのを待つ。**
2. **水面にはしの先を当てて細かくふるわせたり、スポイトで水をぽたぽたと落としたりして波をつくり、底に映る影を観察。2か所から波を出してぶつけてもおもしろい。**

水の表面にできる波では、水面に出っぱりとへこみとができます。太陽の光はほぼ平行に届いていますが、水面が出っぱった部分は凸レンズ、へこんだ部分は凹レンズの形になり、光の道すじが変化するので、水底に光の明暗（濃淡）が現れます。そのため水面だと見えにくい波の動きをはっきり観察することができます。

注意とワンポイント

夏場は暑いので熱中症に注意。長い時間、続けて実験しないようにしよう。 水を入れる洗面器などは、白または明るい色の容器が見やすい。

Day 022

やりやすさレベル 超かんたん

うきうき紙テープ

だらりとたれ下がった紙テープ。
息で浮き上がらせて空気の動きを調べよう。

流体／コアンダ効果

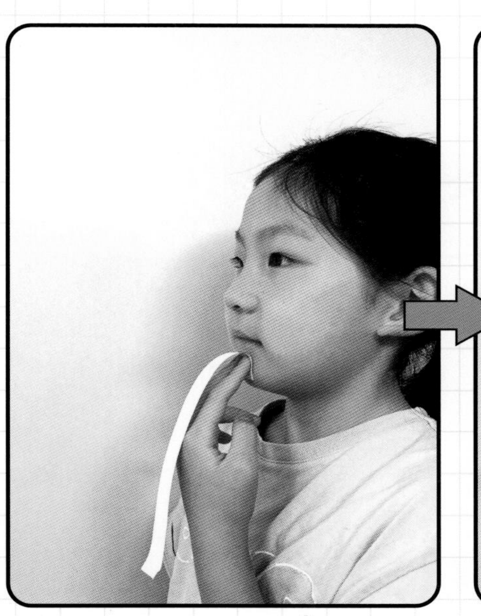

すすめかた

使うもの
紙テープまたはコピー用紙

1. **紙テープを30〜40㎝に切り取る。またはコピー用紙を幅約2㎝に切って、長さ30〜40㎝の帯をつくる。**
2. **❶の端をつまんで持ち上げ、鼻の下からぶら下げて、テープのすぐ下を吹いて観察。**
3. **次にテープを下くちびるの下からぶら下げて、テープのすぐ上を吹いて観察。**

空気はさらさらしているように感じますが、じつはわずかな粘り気（粘性）があります。粘性があると移動する（流れる）ときにまわりにあるものを引き寄せるので、速い流れがあるとまわりの空気が引きずり込まれていっしょに流れます。まわりの空気が流れることで紙テープがいっしょに動き、空気の動きを見ることができます。

注意とワンポイント

空気の中にある速い流れがまわりに及ぼす影響をシンプルな方法で観察できる。紙テープの長さや幅を変えて、いろいろ実験してみよう。

Day 023

やりやすさレベル 超かんたん

かさ袋で空気の重さ調べ

まったく重さがないように感じる空気も、ビニール袋につめればしっかり重くなる!?

質量／空気抵抗／慣性

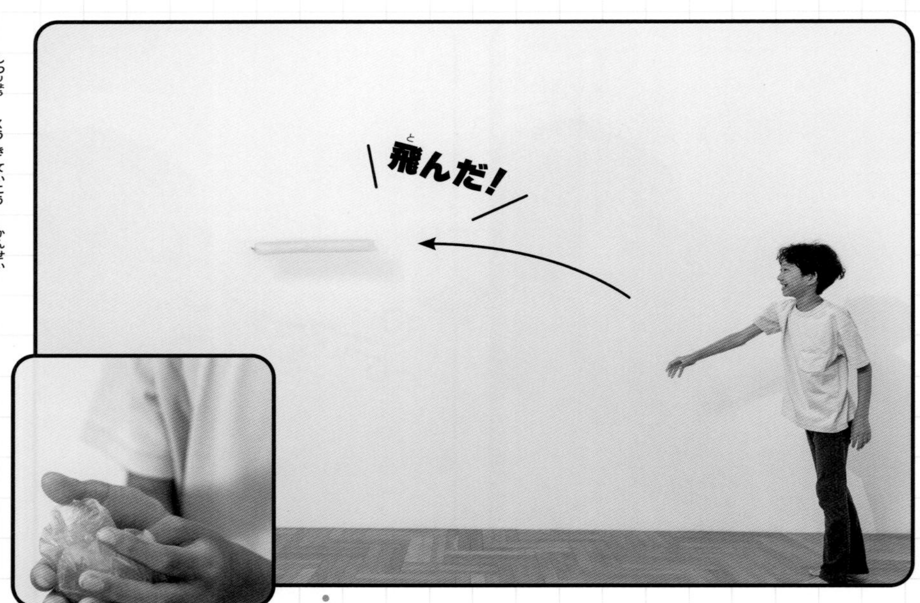

すすめかた

使うもの

かさを入れる細長いビニール袋

1. **かさを入れるビニール袋を丸めて投げる。**
2. **同じビニール袋を空気でふくらませ、端をしばって細長い形にする。**
3. **そのビニール袋を❶と同じように投げて、投げやすさや飛んだ距離をくらべる。**

ふだん空気の重さを感じないのは、まわり全部が空気なので、空気の一部分はその中に浮かんでいるのと同じになるためです。しかし、重さは感じなくても、“もの”としての重さ（質量）はあるので、慣性（動くと動き続けるはたらき）は作用します。そこで、ビニール袋に空気を入れて動かす（投げる）と、動き続けるはたらきが作用してよく飛びます。反対に、空気が入っていないビニール袋は、空気抵抗ですぐに勢いを失ってよく飛びません。

Day 024

やりやすさレベル 超かんたん

クールな輪ゴム

**ゴムを引っぱると熱くなり、
力をゆるめてもとに戻すと冷たくなる!?**

熱／熱弾性／分子運動

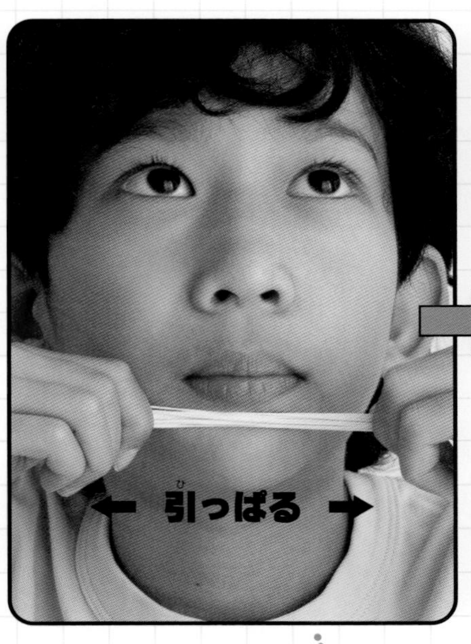

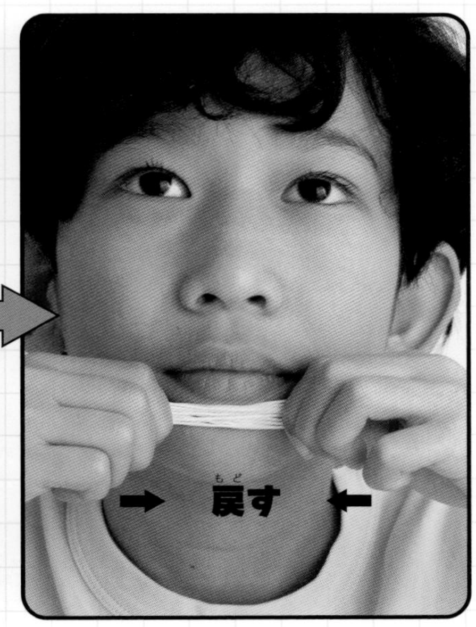

すすめかた

使うもの
太い輪ゴムまたはゴム風船

1. **太い輪ゴムまたはゴム風船を左右の手で持ち、あごに当てて持つ。**
2. **左右にすばやく引っぱってゴムをのばし、温度変化の感じを調べる。**
3. **引っぱってのばしたまま数秒待ち、さっと力をゆるめて戻したときの温度変化の感じを調べる。**

ゴムはたくさんの原子・分子が細長くつながった大きな分子でできています。大きな分子はらせんのように折れ曲がっていて、力が加わるとのび縮みします。引っぱるとその力で分子が押さえつけられて熱が出ます（温かくなる）。力をゆるめると押さえられていた分子がゆるんで熱を吸収します（冷たくなる）。

注意とワンポイント

ゴムを顔に当てるのは顔の皮膚が温度に敏感なため。集中すると手でもわかるよ。ゴムを手に当てたまま引っぱり、当てたまま戻すといい。

Day 025

やりやすさレベル 超かんたん

こよりダンシング

ティッシュペーパーをねじったこよりに水をかけると、くねくね踊りだす！

紙の繊維／セルロース

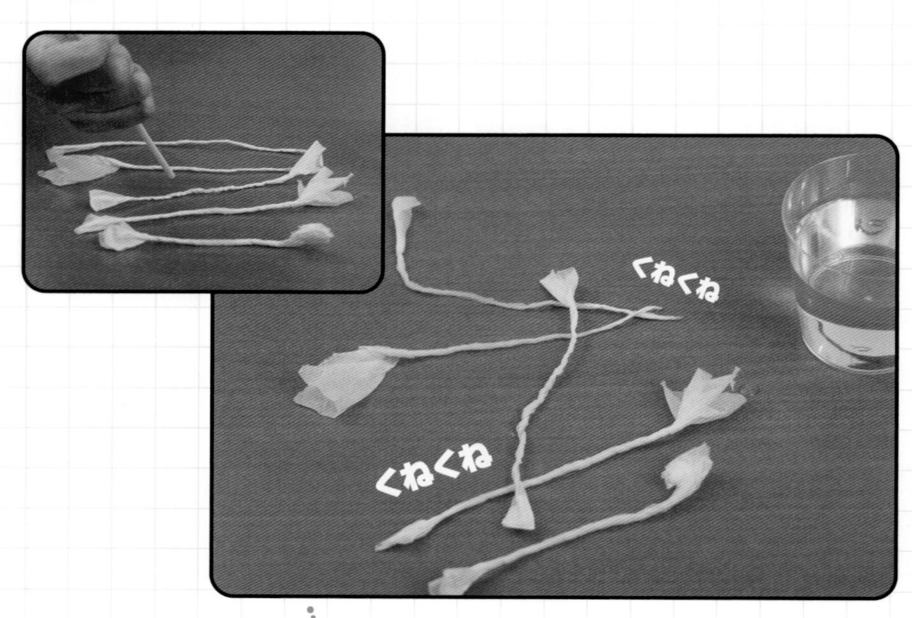

すすめかた

使うもの

ティッシュペーパーや紙ナプキンなど水がしみ込みやすい紙、スポイトまたはストロー、水

1. **ティッシュペーパーや紙ナプキンなどを幅3〜5㎝に引きさき、ねじってこよりをつくり机の上に置く。**
2. **ストローやスポイトを使って水を数滴こよりの上に落とし、変化を観察する。**

紙は木の細いせんいが集まってできています。このせんいはセルロースという成分でできていて、力を加えて形を変えると、変形したままの形を保ちます。しかし、水にふれるとふくらんでもとの形に戻る向きの力が生まれます。この実験では紙をねじって変形させていますが、水を落とすとセルロースの分子がふくらんでもとの形に戻る向きの力が生まれ、ねじれがほぐれるように動きます。

注意とワンポイント

水にぬれると困るものをまわりから取りのぞいてから実験しよう。

Day 026

やりやすさレベル 超かんたん

高速水出しワザ

ボトルからすばやく水を出す超かんたんな方法。覚えておくとおうちでも使えるよ！

流体／渦／遠心力

すすめかた

使うもの

大きめのペットボトル、容器、水

1. **ペットボトルに水をいっぱいに入れ、逆さまにして水が全部流れ出る時間を調べる。**
2. **同じように水を入れ、全体を回して水を回転させてからボトルを直立させて水を出し、全部流れ出る時間をくらべる。**

ボトルからふつうに水を出すとき、水が出ると、それと交代に空気が入り、これが続きます。すばやく水を出すには空気をスムーズに流れ込ませる必要があります。水を回転させると遠心力で外側に寄って盛り上がり、まん中に空気が集まって、外とつながった細長い筒になります。この筒を通して空気が流れ込み、水が周囲から流れ出すので入れ替わりがとてもスムーズになります。

注意とワンポイント

ボトルをうまく回せるように練習しておこう。

Day 027

やりやすさレベル 超かんたん

かんたんゆで卵チェック

生卵とゆで卵をかんたんに見分ける方法のひとつ。ズバリ、においをかげば一発！

卵／におい

すすめかた

使うもの
冷蔵庫保存した生卵、ゆで卵

1. **生卵とゆで卵をそれぞれ鼻に近づけてにおいをかぐ。**
2. **ほとんどにおいがしないほうが生卵。ゆで卵はイオウのようなにおいがする。**

生卵のカラはとても小さな穴があいていて、空気中のにおい物質（においとなる分子など）を吸着するため、さまざまな食品といっしょに保存すると、いろいろなにおいがすることがあります。ただし冷蔵庫保存だと脱臭機能のためにあまりにおいがしません。一方、ゆで卵では、熱によって白身や黄身の成分からイオウが結びついた（化合した）物質ができるため、イオウのにおいが出ます。

注意とワンポイント

使った卵は悪くならないうちに食べよう。

Day 028

やりやすさレベル 超かんたん

鏡のパラレルワールド

2枚の鏡を角度をつけて向き合わせると、見えているものは何個になるかな？

反射／鏡像

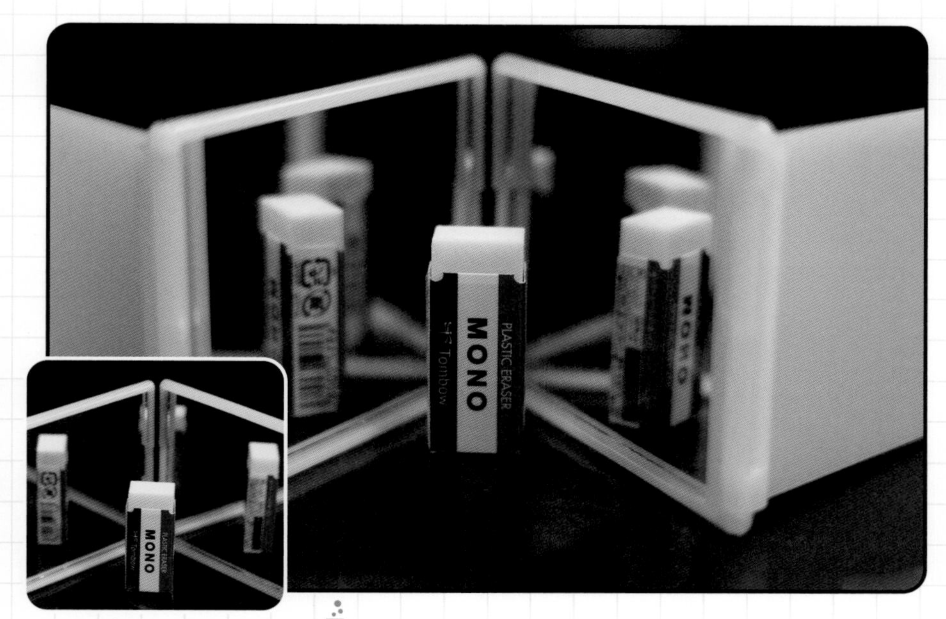

すすめかた

使うもの

折りたたみミラー（2枚）、消しゴムなど

1. 机の上にマスコットや消しゴムなど小さくてわかりやすいものを置き、その後ろの両わきに鏡2枚を置く。
2. 鏡が向かい合う角度を、120度、90度、60度、45度などに変化させて見えるものの数を調べる。
3. 鏡を平行にして中をのぞき込む。

鏡を180度より狭い角度にすると、それぞれの鏡に映ったものの姿が見えるので、実物を含めてものの姿が3つ以上見えます。鏡の角度を狭くすると、片方の鏡に映ったものがさらに反対側の鏡で反射して見え、さらにその光が反対側の鏡で…というように、何回もはね返った多数の姿が見えます。平行にして向き合わせると光は2枚の鏡の間でずっと反射し続けるので、無限に続いた列が見えます。

注意とワンポイント

ガラスの鏡は落としたりぶつけたりすると割れるので、あつかいに注意しよう。

Day 029

やりやすさレベル　超かんたん

さびしんぼう磁石

少し離して置いた2つの磁石。
手でさわらずに、一瞬でくっつけてみせましょう！

摩擦／自由落下

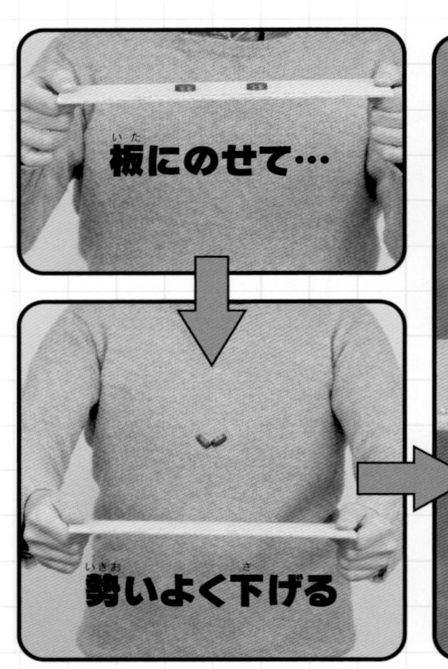

すすめかた

使うもの
木の板など、磁石（2個）

1. **板の上に、磁石2個をくっつかないように少し間隔をあけて置く。**
2. **板ごと目の高さに水平に持ち上げる。水平のまま勢いよく10㎝ほど下げると、2個の磁石がくっつく。**

磁石の力（磁力）は離れると急に弱くなりますが、かなり遠いところまで届いています。離して置いた磁石がくっつかないのは、置いてある面（この実験では板の表面）と磁石の間にはたらく摩擦力が、磁石が動くのをさまたげているためです。そして、摩擦力は面を押しつけあう力が大きいほど大きくなります。板を急に下げると一瞬だけ磁石が浮いたようになって、磁石と板を押しつけていた力がなくなるので、磁力で磁石が動いてくっついたのです。

Day 030

やりやすさレベル 超かんたん

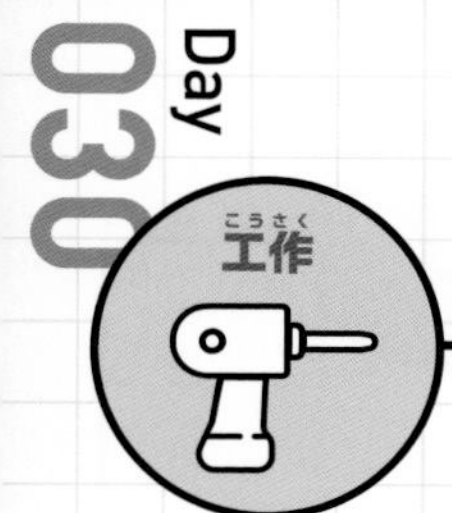

超ミニブーメラン

小さく切った紙を指ではじいて飛ばすと、ブーメランみたいに手元に戻ってくるよ。

ジャイロ効果／揚力／空気抵抗

すすめかた

使うもの

はがきくらいの厚さの紙、ハサミ、本

1. 紙を、L字、十字、への字、円、正方形などの回転しやすい形にハサミで切る。
2. 切った紙片の前を45度上げて指や本ではさんで持つ。反対側を人さし指で、するどく回転するようにはじいて飛ばす。
3. 斜め上に上がったあと、そのままの角度で手元に戻ってくる。

平らなものは、面に垂直に動かすと大きな空気抵抗を受けますが、面と平行に動かすと抵抗が小さくスッと動きます。実験では、紙の面を斜めにしてはじいているので、面の向きが変わらなければ、最初の姿勢で上がったあと同じ姿勢のまま落ち、手元に戻ってきます。面の向きを保つために、“もの”が回転するとコマのように姿勢が変わりにくくなる性質（ジャイロ効果のひとつ）を利用しています。

注意とワンポイント

切った紙片を手で持ちにくいときは、本やノートにはさむと押さえる力が調整しやすい。

もっとチャレンジしたいよね～！

絶対やりたくなる！
あの人気実験もあるよ

ただの糸電話じゃない!?
楽しいアレンジもあり！

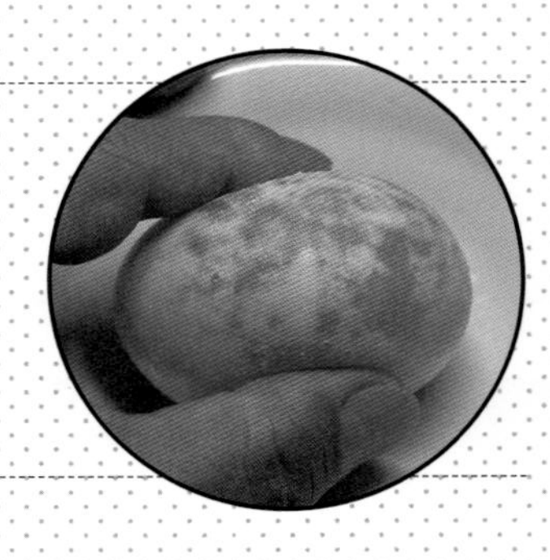

身近な食べ物を使って
意外な変化を観察するよ

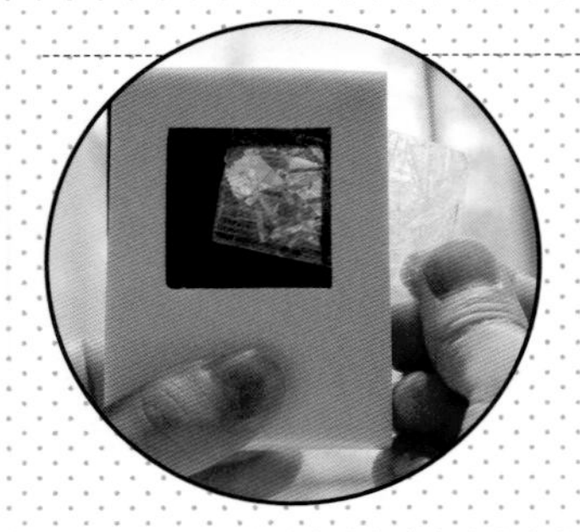

少し難しめな実験にも
どんどんチャレンジしよっ！

かがくあそびはまだまだ続くよ!

ウォーミングアップ完了(かんりょう)
どんどんあそぼう!

やりやすさレベル かんたん（キリ注意）

落下で水もれストップ

**水がもれ出る穴あきのペットボトル。
でも、手を放してボトルを落とすと水がピタッと止まる!?**

重力／自由落下／水圧

すすめかた

使うもの

ペットボトル、キリ、水

1. ペットボトルの底に近い側面にキリで穴をあけ、手で押さえて水を入れる。
2. 高いところに持ち上げて、押さえていた指を放すと、水が流れ出る。
3. そのまま手を放してボトルを落とすと、落ちている間は水の流れが止まる。

水がボトルの穴から流れ出るのは、重力のはたらきです。水の重さ（下向きの力）はボトルのかべによって支えられているため、手で持っているときは、水はボトルのかべを押しつけていて、穴があればもれ出します。しかし、落ちているときはボトルと水がいっしょに動いているので重力ははたらいていますが、かべを押す水の力がはたらかず、水の流れが止まります。

注意とワンポイント

ボトルの穴が大きすぎると、水が短時間で流れ出してしまうので実験があわただしくなる。あける穴の大きさは直径5㎜ぐらいがちょうどいいよ。

Day 032

やりやすさレベル 超かんたん

ぱっくりシャボン膜

水の表面には引っぱる力がはたらいている。
シャボン玉液で膜をつくって調べてみよう。

表面張力／界面活性剤

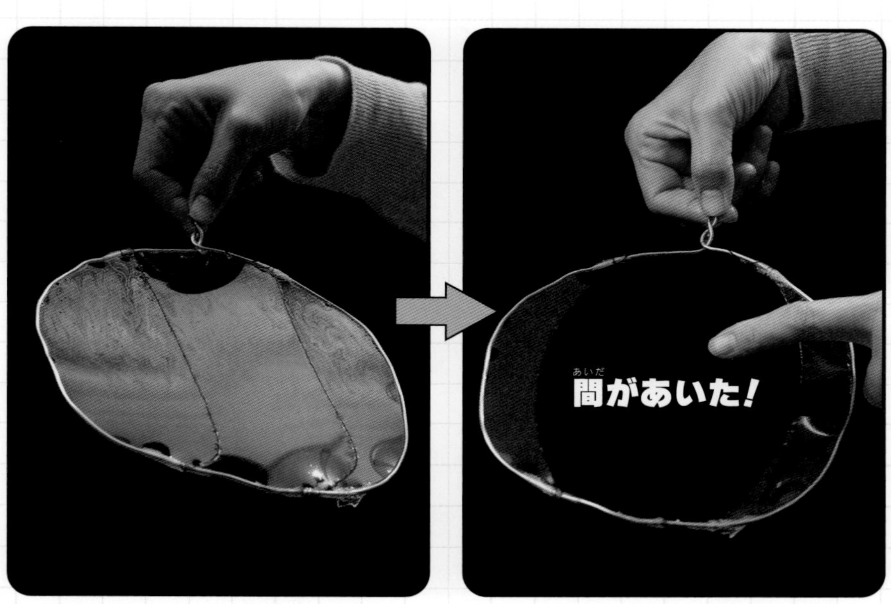

すすめかた

使うもの

針金ハンガーまたは太めの針金、ぬい糸、石けんまたは中性洗剤、水、バット

1. **針金ハンガーなどでわくをつくり、糸を2本はる。**
2. **石けん水につけて、針金と糸の間全体にシャボン膜をはる。**
3. **まん中の膜（糸と糸の間の膜）をつついて破ると、びっくりする変化が！**

水などの液体は、表面に引っぱる力（表面張力）がはたらいています。わくの全面に膜があるときは引っぱる力はつり合っていますが、まん中の膜が破れると左右の膜の引っぱる力で糸が左右に引かれ、間があきます。なお、シャボン玉など洗剤を混ぜた水でできる膜には、洗剤の成分も含まれていますが、大部分は水です。

注意とワンポイント

針金ハンガーや針金がなくても、ししゅうに使う木のわくやプラスチックのがくぶち、輪にしたホースなど、わくの形をしたものがあれば実験できるよ。

Day 033

やりやすさレベル 超かんたん

べんり

お手軽デンプンのり

手にくっつくとベトベトするご飯粒。
じつは接着剤（のり）としても使えるんだよ。

接着／デンプン／高分子

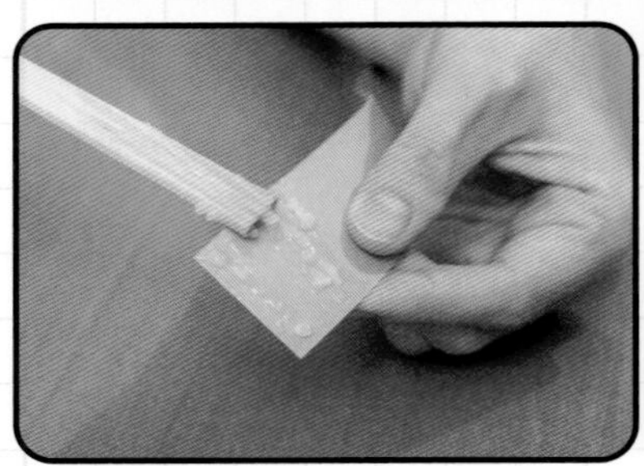

すすめかた

使うもの

ご飯、水、コップ、割りばし、紙片

1. ソラマメほどの大きさのご飯のかたまりをコップに入れ、水を数滴たらしてかき混ぜる。
2. しばらくおいてご飯がやわらかくなったら、さらに粒を押しつぶすようにかき混ぜてドロドロにする。
3. 紙にぬりつけてはり合わせ、乾かしてからくっついているかを確認。

ご飯にはデンプンという物質がたくさん含まれています。デンプンは、水分があるときはやわらかくドロドロですが、水分が蒸発するとかたまってカチカチになります。紙などにしみ込んでいると紙のせんいとからまりあってかたまるので、接着剤になります。実際にデンプンが主成分の接着剤「でんぷんのり」が売られていて、紙の工作などで使われます。

注意とワンポイント

実際につくったデンプンのりを使う場合、湿気の多いところで保管するとカビが生えることがあるので注意しよう。

Day 034

やりやすさレベル　超かんたん（におい注意）

シャボン玉空中静止

シャボン玉を落とさずに、空中にとどめておくにはどうすればいい？
もちろん手をふれたり、息で吹いたりするのはナシだよ。

比重／気体

すすめかた

使うもの

発泡入浴剤、シャボン玉液（洗濯のり、中性洗剤、水）、ストロー、洗面器や水槽、お湯、木づち、ビニール袋

1. 水と洗濯のり、中性洗剤を10：3：1の割合で混ぜてシャボン玉液をつくる。
2. 発泡入浴剤を袋のままビニール袋に入れ、木づちで軽くたたいて角砂糖ぐらいの粒にくだき、洗面器に入れる。
3. 熱い湯を入浴剤にかけ、泡が出てしばらくしてからストローでシャボン玉をつくり、真上から洗面器の中に落とす。

発泡入浴剤は成分が溶けて反応し、泡として二酸化炭素が出ます。シャボン玉の中身は空気で、膜もとても薄くて軽いので、空気よりかなり重い二酸化炭素に浮きます。泡が出ている入浴剤の入った洗面器には、目には見えませんが二酸化炭素があふれているので、落ちてきたシャボン玉が二酸化炭素の上に浮かんで止まります。風がなければ、より成功しやすくなります。

注意とワンポイント

ふつうの入浴剤はにおいが強いので、ときどき部屋の空気を入れ替えながら実験しよう。

Day 035

やりやすさレベル 超かんたん（炎注意）

炎吹き消しマジック

ビンのついたての向こうにある炎を、ひと息で吹き消してみましょう！マジックのしかけは、ついたての形にあるよ。

流体／コアンダ効果

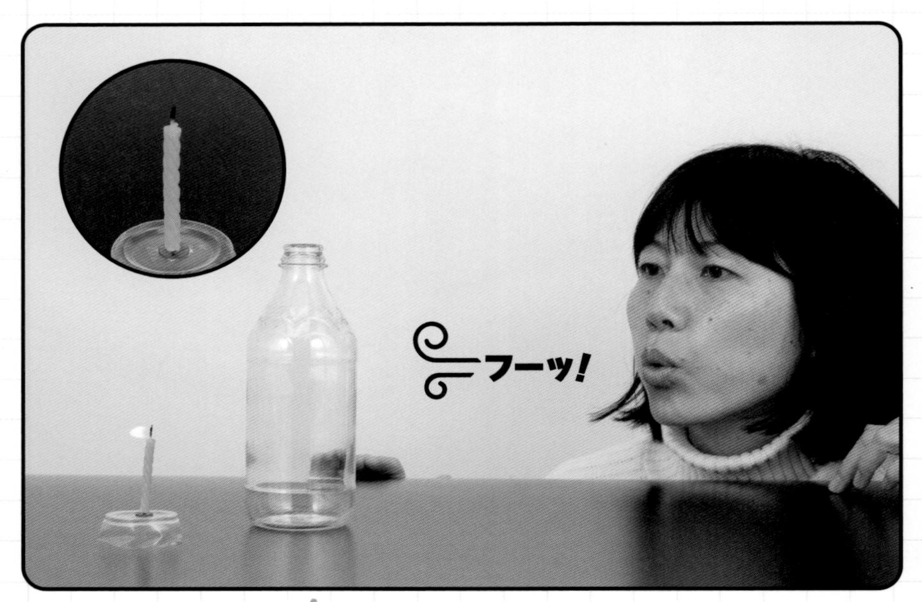

すすめかた

使うもの

しょうゆやワインなどの丸いビン、ケーキ用ロウソク、画びょう、プラスチックコップ、ガスマッチ

1. **コップを適当な高さに切り、底に画びょうを取りつけてロウソクを立てる。**
2. **目の前にビンを置き、向こう側に❶のロウソクを置いて火をつける。**
3. **手前からビンに向けて息を吹きつけるとロウソクの炎が消える。**

水や空気などの流れるもの（流体）には、「流れが何かの物体に当たると、その表面にそって流れる」という性質があります。これを「コアンダ効果」といいます。吹いた息はビンの表面にそって流れ、ビンの後ろに届いてロウソクの炎を消しました。ただし、ビンの代わりに平らな板などを使うと、空気の流れが完全にさまたげられるので炎を消すことができません。丸いビンの表面がなめらかなのが重要です。

注意とワンポイント

火のあつかいにはじゅうぶん注意。まわりに燃えやすいものがない場所でやろう。

ストローンボーン

ストローを笛にしてトロンボーンみたいに鳴らそう。
ストローの長さを変えると音の高さが変わるよ。

音／楽器

すすめかた

使うもの

ストロー、ハサミ

1. ストローの先3〜4㎝を平らにつぶし、ハサミで切って少しとがらせる。
2. 切った部分から3㎝ぐらいのところをくちびるでくわえ、強く息を吹き込むと音が出る。
3. ストローをつないだり、途中で切って長さを変えたりすると音程が変わる。

音は空気のふるえです。何かがふるえるとまわりの空気にふるえが伝わり、音になります。切ったストローの先に息が当たってふるえると音になり、さらにストローの残りの部分にある空気がいっしょにふるえて大きな音になります。残り部分の空気の長さによって起きやすいふるえの細かさ＝音の高さが決まるので、ストローの長さが変われば出る音の高さも変化します。

注意とワンポイント

ストローの口にくわえる部分を何度かしごいて、ふるえやすいようにやわらかくするとうまくいくよ。
切ったストローの先が口の中に刺さらないように注意しよう。

Day 037

やりやすさレベル 超かんたん

ブラック色分解

黒いインクはまっ黒に見えるよね。
でも、色を分解してみると別の色も現れるよ。

クロマトグラフィー／色素

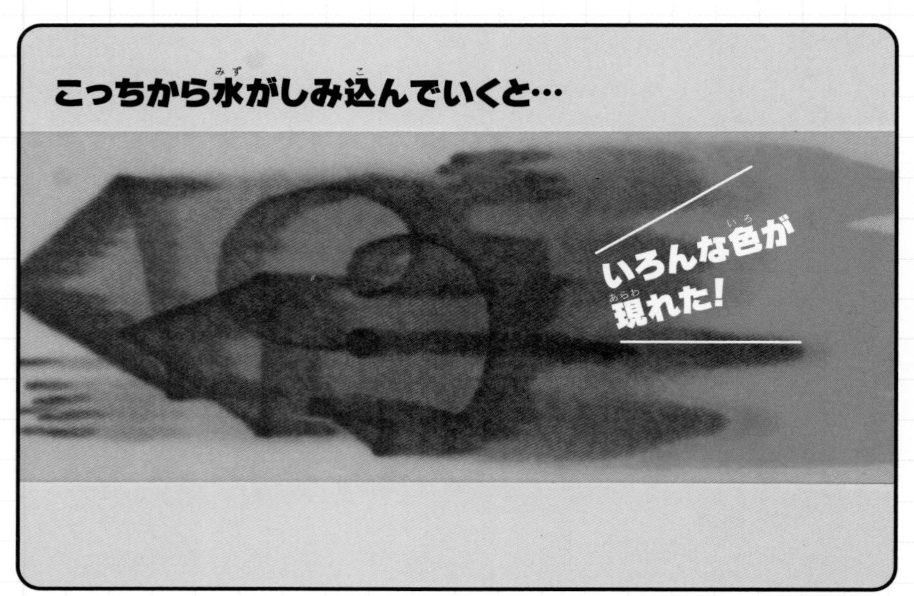

すすめかた

使うもの
吸い取り紙またはろ紙、黒の水性ペン、水、コップ

1. 吸い取り紙に黒の水性ペンで模様をかいてよく乾かす。
2. コップに2㎝ほど水を入れ、❶の紙の片側をつけて水をしみ込ませる。
3. しばらくおいて反対側まで水がしみ込むと、黒インクがさまざまな色に分かれてにじむ。

紙に水がしみ込むとき、途中にインクなどの色素があるとそれを押し流していきます。このとき、色素がどれほど動くかは、色素の大きさや重さ、水とのなじみやすさなどによってことなります。黒いインクにはいくつかの色素が含まれていて、色素ごとに性質がことなるので、動く距離が違って紙の上で分かれるのです。なお、同じ黒の水性ペンでも、メーカーや商品が違うと現れる色に違いが出ます。

注意とワンポイント
この実験では、必ず水性インクの黒ペンを使おう。油性ペンのインクは水で流れないので、うまく色分解ができないよ。

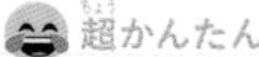

トルネード in ボトル

トルネードとは竜巻のこと。ボトルの中で超ミニサイズのトルネードをつくって、形を観察しよう。

渦／遠心力

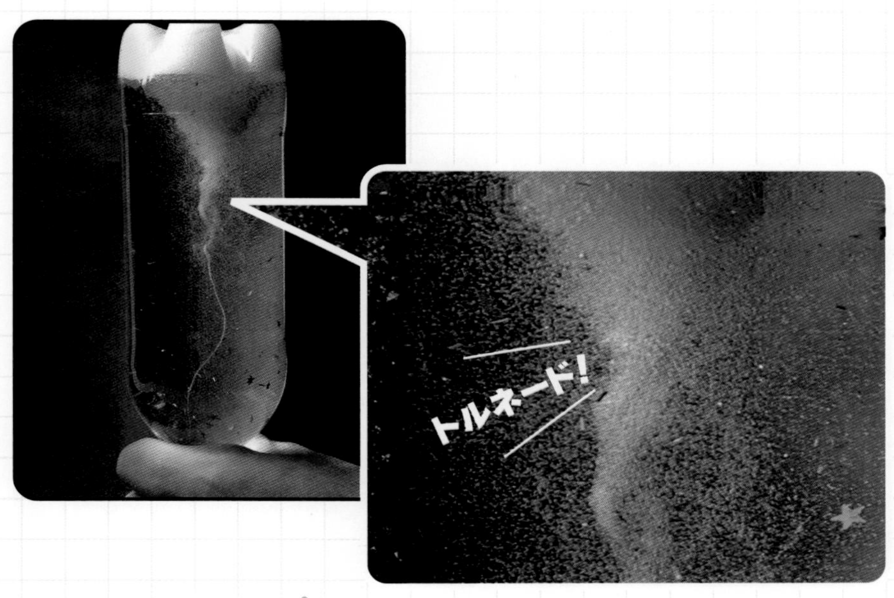

すすめかた

使うもの

円筒形のペットボトル、中性洗剤、水

1. 円筒形のペットボトルに水と1～2滴の中性洗剤を入れる。
2. キャップをして軽くふり、小さな泡を少しつくる。
3. ボトルの飲み口を持ってふり回して止めると、水中に渦ができて竜巻のような形が見られる。

水が回転するように動くのが渦です。回転していますが、一方向への安定した動きなので、まっすぐな流れのように長続きしやすいのです。また、渦では遠心力で水が外側に押しつけられ、軽い泡が中心に集まって細いすじになります。これによって渦の竜巻のような形が観察しやすくなります。なお、中性洗剤を入れるのは小さな泡をつくって渦の形を見やすくするためなので、入れなくても竜巻の姿は観察できます。

注意とワンポイント

中性洗剤を入れすぎると、泡がたくさんできて、かえって見にくくなるよ。回転させにくいときは、ボトルを上下逆さまに持って試してみよう。

Day 039

かんたん（熱湯注意）

元祖あき缶つぶし

手でつぶさなくても、かたい金属の缶が一瞬でぺちゃんこに!? ふだんは感じられない大気圧のなせるワザだ。

大気圧／水蒸気／状態変化（相転移）

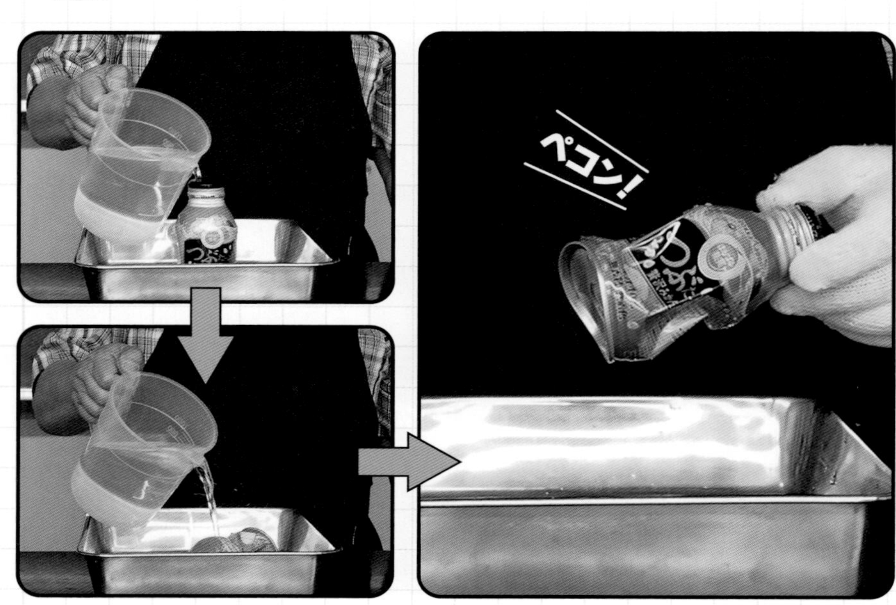

すすめかた

使うもの

スクリューキャップの飲料缶（アルミ製）、バットまたは深めの皿、お湯（ポット）、軍手、水

1. **バットのまん中にアルミ缶を立てて置き、わかしたてのお湯を缶に50mLほど入れる。**
2. **2〜3分待ってから、軍手をはめて缶を持ち上げ、中の湯をゆっくりと捨てる。**
3. **缶をもう一度立てて同じように湯を入れ、少しおいて捨てる。これを2〜3回くり返す。**
4. **最後に湯をすばやく捨ててキャップをきつくしめ、もとのように立てて冷たい水をかけると、缶が音を立ててつぶれる。**

お湯を出し入れした缶の中は、水蒸気でいっぱいになっています。水蒸気は冷えると水になって体積が1000分の1以下に縮み、中の圧力がとても低くなります。すると、私たちの身のまわりにある空気の押しつける力（大気圧）によって、缶がつぶれるのです。この力は最大だと1㎠あたり約1kgで、小さな缶でも全体で数百kgにもなります。

注意とワンポイント

お湯や熱い缶でやけどをしないように注意。お湯を入れるときは必ず缶から手を放そう。とくに軍手をした手にお湯をかけないこと!（厳重注意）

Day 040

やりやすさレベル 超かんたん

もれる水で大回転

ただ水が流れ出るだけなのに、牛乳パックがクルクル回転する。
動かしているのは地球のパワーだ！

反作用／水圧

すすめかた

使うもの

牛乳パック、曲がるストロー(2本)、プラスチック粘土(接着剤)、タコ糸、ダブルクリップ、水

1. 牛乳パックの底に近い側面に向かい合わせに2か所穴をあけ、ストローをさし込んでプラスチック粘土やホットメルト接着剤でとめる。ストローの先はたがい違いに曲げる。
2. パックの上の端のまん中にクリップを取りつけ、タコ糸でぶら下げる。
3. パックに水を入れるとストローから流れ出し、手を放すと全体が回転する。

水は重力で下向きに引っぱられ、ストローで向きが変わって水平方向に流れ出します。このときの**反作用によって流れと反対方向に力が生まれ、ストローにはたらきます。**ストローの出口がたがい違いなので、2本の流れで生まれる力は回転する向きにはたらき、牛乳パックはつるした糸を中心に回転します。

注意とワンポイント

ストローをさし込む穴はストローの直径よりほんの少しだけ小さめにしておく。ストローの先を斜めに切ってさし込むと、水もれがおきにくくなるよ。

Day 041

やりやすさレベル 超かんたん

25+25＝50じゃない!?

**水とアルコールを混ぜると体積が小さくなる!?
このふしぎなしくみのキーワードは「分子」だ。**

分子

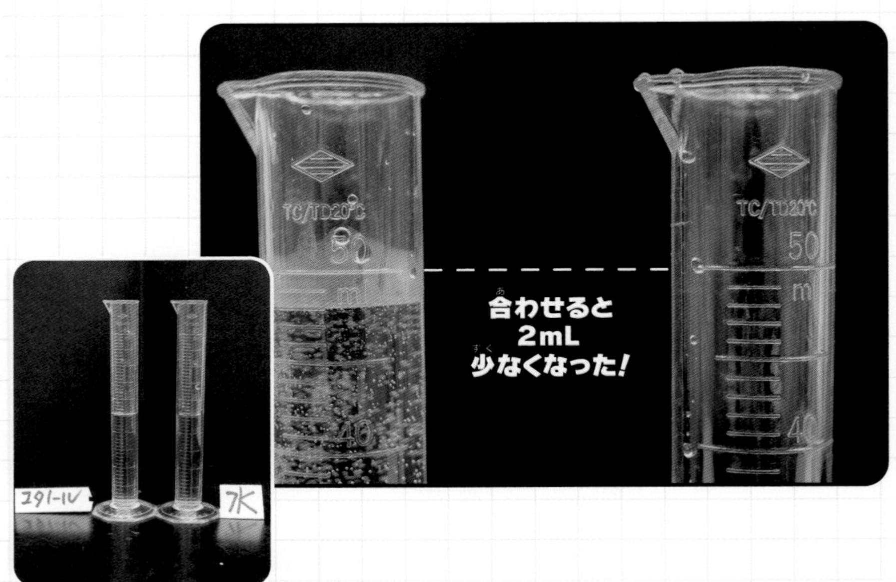

すすめかた

使うもの

水、無水エタノール（消毒用アルコールでもよい）、メスシリンダーまたは正確な計量カップ

1. **水をメスシリンダーで正確に25mL量り取る。**
2. **同じようにエタノール25mLを正確に量り、先に量った水を注いで合計の体積を調べる。**

無水エタノール（アルコール）＋水は合計48mLほどで50mLになりません。しかし、水＋水では50mLになります。水もアルコールも無色透明の液体ですが、じつは分子（ものをつくっている小さな粒）の大きさはアルコールのほうがかなり大きいのです。このため、アルコール分子のすき間に水分子が入り込み、すき間を埋めることで全体の体積が減ります。液体が分子の集まりであることを示す実験です。

注意とワンポイント

無水エタノール（アルコール）は引火しやすいので、火の気のないところで実験しよう。まず練習として、水25mL＋水25mLを試してみるといいね。

Day 042

やりやすさレベル 超かんたん

かんさつ 観察

かたまりがどろっ!

手の上にのせた白いかたまりが、いきなりドロドロに。固体が液体状になるようすを観察してみよう。

ダイラタンシー/淘汰度

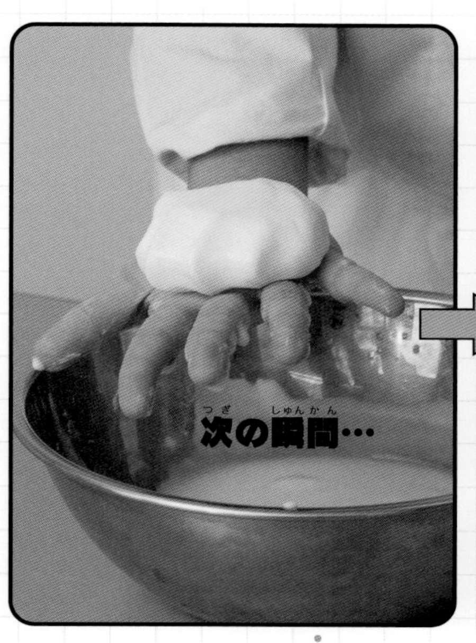

すすめかた

使うもの

かたくり粉、水、ボウル、はし、コップ

1. **かたくり粉と水を2:1の割合でボウルに入れ、はしでよく混ぜる。**
2. **手のひらにのせてかたく握りしめてから手を広げる。**
3. **最初はかたまりだが、しばらくするとどろっと広がる。**

かたくり粉はあまり水に溶けないので、混ぜると粉の粒と粒の間に水が入った状態になります。水が粒同士をすべらせるので、どろっとした液体状です。しかし、急に押しつけると粒の間から水が押し出され、摩擦によって動きにくい状態になります。力が抜けるともとのドロドロになります。つまり、すばやい力には固体のように、ゆっくりとした力には液体のようにふるまいます。このような状態を「ダイラタンシー」といいます。

注意とワンポイント

最初によくかき混ぜてドロドロにするのがポイント。粉で汚れてもいい場所で実験しよう。

Day 043

やりやすさレベル　超かんたん

水に変わるコーラ

**コーラをコップに注いだとたん、色が消えて水になる!?
つくった水は飲めないけれど、マジックとしても楽しめそう。**

🔍 還元／ヨウ素／ビタミンC

すすめかた

使うもの

透明コップ（2個）、ヨウ素入りうがい薬、レモン汁またはビタミンC粉末

1. **ヨウ素入りうがい薬を水で10倍に薄め、コップに入れておく（写真ではコーラのボトルを使用）。**
2. **別のコップにレモン汁を少量入れる。**
3. **❶を❷に静かに注ぐと、色が消えて水のように透明になる。**

うがい薬の濃い茶色（褐色）は、含まれているヨウ素の色です。ヨウ素にビタミンCが作用すると「還元」という反応が起き、無色透明のヨウ化水素に変化するので、液は透明になります。このしくみを利用すると、ビタミンCの量をくらべることもできます。

注意とワンポイント

ビタミンCの量が少なすぎたり、うがい薬が濃すぎたりすると色が消えないことがある。レモン汁は数mL、ビタミンC粉末は耳かき1杯が目安。何回か試してちょうどよい量や濃さを探ろう。

Day 044

やりやすさレベル かんたん

キュッキュ鳴き砂づくり

きれいな海岸の砂の上を歩くと「キュッ、キュッ」って音がする。この鳴き砂現象を、砂場の砂などで再現してみよう。

砂／淘汰度／粒度

すすめかた

使うもの

砂場の砂、ザルまたは目のあらいふるい、洗面器、新聞紙、コップ、割りばし

1. **コップ1杯ほどの砂場の砂を、ザルやふるいでふるって大きなゴミを取りのぞく。**
2. **❶の砂を洗面器に入れ、水を少しずつ流しかけながら何回も洗う。**
3. **砂の上にたまる水がにごらなくなったら砂を取り出し、新聞紙の上に広げて乾かす。**
4. **完全に乾いてからコップに入れ、割りばしなどで押しつけて音が出るか調べる。**

鳴き砂は、海や川の水（砂漠の場合は風）のはたらきで、粒の大きさがよくそろった砂で起きる現象です。粒の間にゴミなどがないため、押されたときに粒がこすれあって音が出ます。何回も水を流して洗うことで細かいゴミを取りのぞくと、この現象が見られることがあります。石英の多い白っぽい砂だと成功しやすいでしょう。

注意とワンポイント

砂場の砂は、持ち主や管理者（学校の砂場では先生など）にお願いして、許可をもらってから取らせてもらおう。

Day 045

やりやすさレベル かんたん

わくわく

巨大化マシュマロ

ふつうの大きさのマシュマロを直接さわらずにデカくする？
おいしそうだけど、食べられないよ〜！

気圧／真空

すすめかた

使うもの

手動ポンプつきの真空保存容器セット、マシュマロ

1. 真空保存容器の中にマシュマロを入れて、ふたを閉じる。
2. ポンプを動かして中の空気を抜き、マシュマロを観察する。
3. バルブ（弁）を操作して空気を戻し、マシュマロを観察する。

マシュマロはゼラチンなどのやわらかい材料を泡立ててつくります。泡の中身は空気ですが、その圧力はつくったときのままで、ほぼ1気圧です。空気を抜いてマシュマロの周囲の圧力が下がると、周囲より泡の中の圧力が大きくなって外に向かう力が生まれ、マシュマロ全体がふくらみます。空気を戻すと最初の状態に戻りますが、一度ふくらんだマシュマロの泡の膜が弱くなって空気が抜けるので、最初より少し小さくなります。

注意とワンポイント

写真のように、容器の外に別のマシュマロを1個置いておくと、実験後のマシュマロと大きさをくらべやすい。

Day 046

やりやすさレベル かんたん

よくばり防止コップ

見かけは、ごくふつうのプラスチックコップ。
でも、よくばりすぎると中身が全部なくなっちゃうぞ！

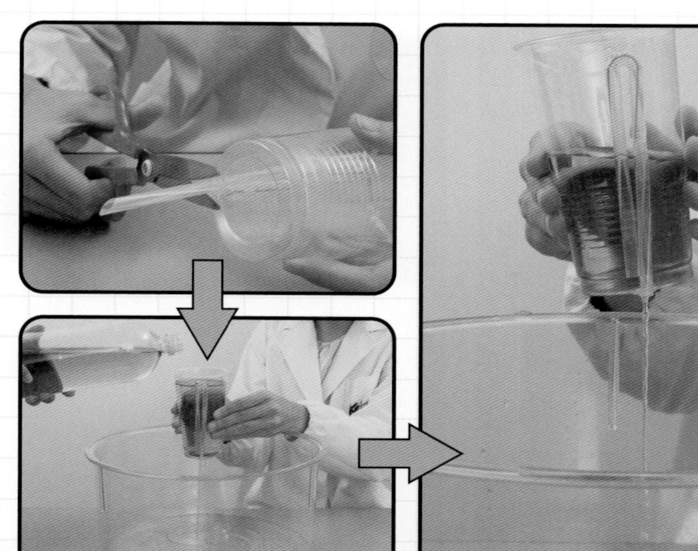

サイホン／圧力

すすめかた

使うもの

プラスチックのコップ（2個）、曲がるストロー、セロハンテープ、千枚通し、接着剤、ハサミ

1. 曲がるストローを180度曲げてセロハンテープでしばる。
2. コップの底のまん中に穴をあけ、ストローがぎりぎり通る大きさに広げる。
3. ストローの長いほうをコップの内側から穴に通し、短いほうの先がぎりぎり底につくまで押し込む。
4. コップの下からストローの根元に接着剤をつけてとめる。
5. 接着剤がかたまったらストローを5㎜ほど残して切り取る。
6. コップに水を注ぐと、ストローの曲がった部分より上にきたとたんにストローを通して水が全部流れ出る。

水面がストローの最も上の部分を超えると、水が長いほうに入って流れ始めます。サイホンを利用したもので、古くからある「教訓茶わん」を再現したものです。

注意とワンポイント

コップの穴は少し小さめにあけてストローを押し込むと、水がもれにくくなるよ。

Day 047

やりやすさレベル かんたん（やけど注意）

電池で鉄が燃える？

マッチなど火をつける道具を使わなくても火が起こせるよ。
しかも燃えるのは鉄…って、どういうこと？

電気抵抗／ジュール熱

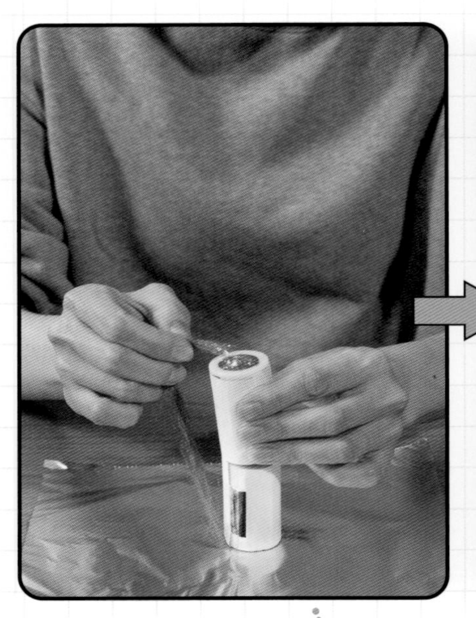

すすめかた

使うもの

単1形アルカリ乾電池（2本）、スチールウール、アルミホイル

1. 机の上にアルミホイルをしく。
2. スチールウールを引っぱって30㎝ぐらいの長さにのばす。
3. スチールウールの端の上に単1形アルカリ乾電池2本を重ねて立て、一番上のプラス極にスチールウールの反対側を接触させると、細い部分から燃え出す。

電流が流れるとき、電気抵抗が大きな部分で熱をもちます。鉄でできているスチールウールは、電気は流れますが、抵抗が大きいので、つなぐと熱が出ます。これは電気ストーブとよく似たしくみです。スチールウールは細くて酸素と結びつきやすいので、この熱で燃えます。ただし、紙などが燃えるのと違って炎は出ません。

注意とワンポイント

まっ赤になった鉄が飛び散るので、やけどをしないように注意。また、バットやまな板など、燃えにくいものの上で実験すると安心だよ。

Day 048

やりやすさレベル 超かんたん

お好み変化ジュース

グレープジュースをコップに注ぐと、ア〜ラふしぎ！飲む人の好みに合わせてジュースの種類が変わるよ。

pH／アントシアニン

すすめかた

使うもの

ムラサキイモまたはムラサキキャベツの色素液、グレープジュースのボトル（あればでOK）、プラスチックコップ（3個）、重曹または窓ガラス用洗剤、クエン酸またはトイレ用洗剤

1. **プラスチックコップ2個に、それぞれ重曹とクエン酸を耳かき2〜3杯ほど入れ、空のコップといっしょに並べる。**
2. **304、333ページでつくった色素液を水で数倍（ジュースに見える濃さ）に薄め、グレープジュースのボトルに入れておく。**
3. **❷のボトルから各コップに注ぐと、液の色がコップごとに変化する。**

重曹は水に溶けるとアルカリ性に、クエン酸は酸性になります。一方、注いだ色素液は、酸性でピンク〜赤、アルカリ性で青〜緑色に変化するので、注いだとたんに色が変わります。注ぐときに「イチゴジュースはいかが？」などと好みを聞くふりをすると、楽しいマジックになります。

注意とワンポイント

つくった色素液は、どれも飲んではいけないので注意。使ったコップや器具は実験後にじゅうぶんに洗おう。

Day 049

やりやすさレベル 超かんたん

ひょっこり干渉縞

インクも絵の具も使わないのに、きれいな虹色が現れる。
しかも、みるみるうちに色が変化していくぞ！

干渉／光

すすめかた

使うもの

黒い下じき、アルコール消毒液、半透明ビニール袋

1. 黒い下じきの上にアルコールと水を2：1で混ぜた液を数滴落とし、指で丸くのばす。
2. 半透明ビニール袋でまわりを囲って電灯や窓からの光をやわらげる。
3. 溶液が蒸発するにしたがって、虹色の模様が現れて変化する。

アルコール溶液は薄い膜になっています。当たった光は表と裏の両方で反射して目に届きますが、その差はごくわずかなので、目では合わさって見えます。このとき、表と裏とでは膜の厚さぶんだけ目に届くまでの距離に差があるので、それぞれ光の波のずれが起き、うまく重なった色（波長）の光だけが強く見えるのです。蒸発によって膜の厚さが変化すると、強く見える光の色も変化します。

注意とワンポイント

アルコールは引火しやすい液体なので、あつかいにはじゅうぶん注意しよう。

Day 050

カードでコイン落とし

カードの上のコインを、手をふれずにコップの中に落とす!?
誰でもかんたんにできるからトライしてみよう。

慣性／質量

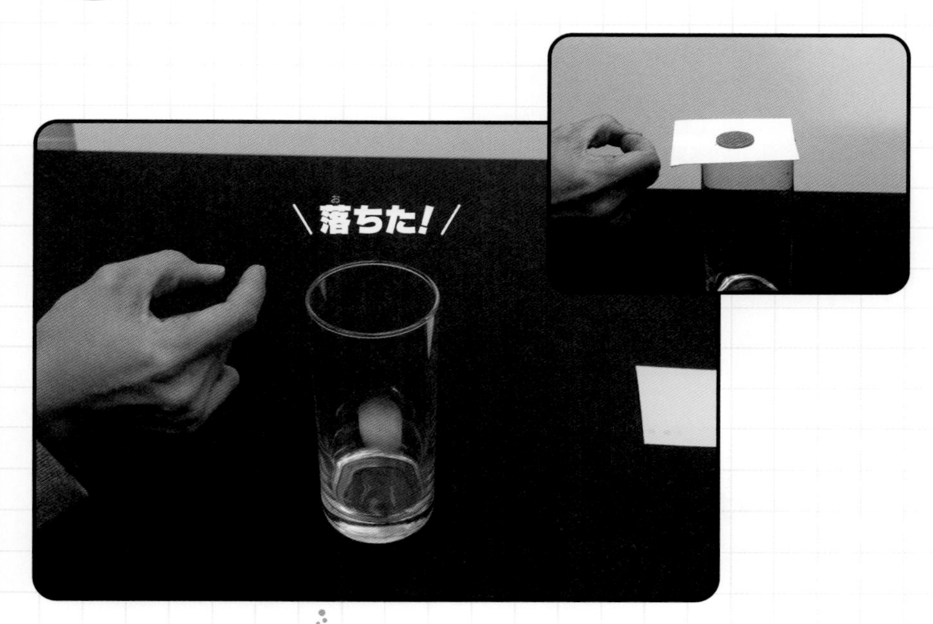

すすめかた

使うもの

コップ、トランプ大のカード(厚紙)、コイン

1. **コップの上にカードを置き、その上にコインをのせる。**
2. **カードの真横から人さし指でカードのへりを強くはじき飛ばすと、カードが抜けてコインが下に落ちる。**

18ページで紹介した「慣性のはたらき」を利用した実験です。止まっているものを動かすときにはたらく「止まったままにする向きの力」は、動く速度が速いほど大きくなるので、カードをすばやく動かせばコインを止まったままにする力も大きくなります。指で強くはじくことでカードがすばやく動くので、コインに止まったままにする向きの力が大きくはたらき、その位置のまま落ちてコップに入ります。

注意とワンポイント

カードをはじくときは、指先をコップにぶつけないよう注意。コップはやや重いほうがやりやすいよ。

Day 051

やりやすさレベル 超かんたん

ふしぎなメビウスの輪

「メビウスの輪」は有名な幾何学の実験。
紙テープをひねって輪にしてからまん中を切ると…どうなる？

メビウスの輪／位相幾何学

大きい輪になった!

2つの輪がつながった!

すすめかた

使うもの

紙テープ（幅2㎝くらいに切った紙をつないだもの）、ハサミ、のり

1. **長さ50〜60㎝の紙テープを2本用意。まず1本の両端を合わせ、片方を180度ひねってのりでくっつける。**
2. **もう1本の紙テープも同じように輪にして、片方を360度ひねってのりでくっつける。**
3. **両方ともテープのまん中をハサミで縦にぐるりと一周切ると、写真のように変化する。**

端をひねってつなぐことで、テープの裏と表の面がふつうの平面とは違う、立体的な状態になります。❶は裏と表がねじれてつながった状態、❷は表と裏は別々ですが、たがいにねじれた状態になります。テープをまん中で切ることで見た目のねじれの形が変わります。どのような変化が起きたかは、テープの表裏で色の違うテープや、まん中で色分けしたテープで確かめてみましょう。

Day 052

やりやすさレベル　超かんたん

シャボン玉観察テクニック

シャボン玉の表面に見られる色の模様。
もっとくわしく観察するためにはどうすればいい？

回折／薄膜干渉

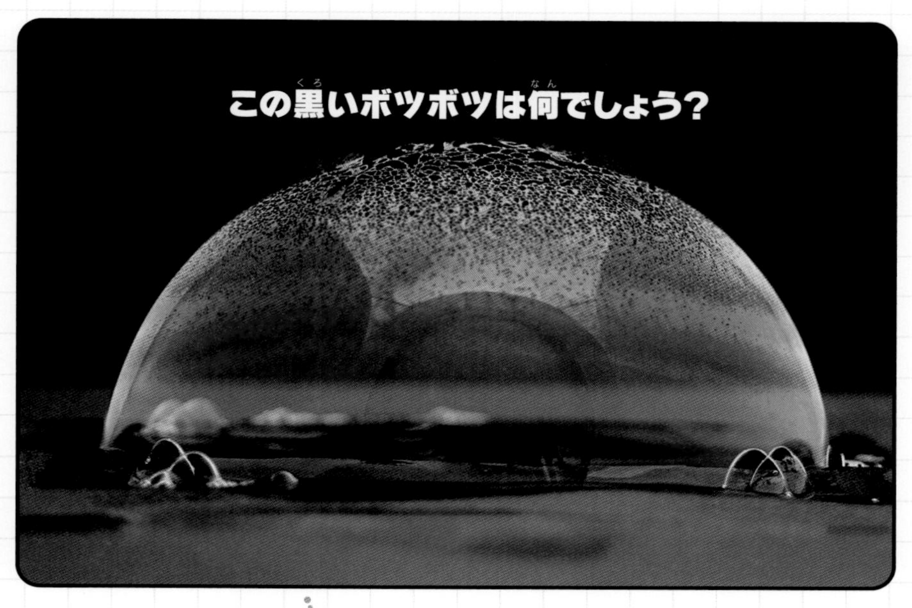

すすめかた

使うもの

シャボン玉液、ストロー、黒い下じき、半透明の紙またはビニール袋

1. **116ページのやり方で長持ちするシャボン玉液をつくり、黒い下じきの上に数滴つけて指で広げる。**
2. **ストローでシャボン玉をつくって❶の液の部分にくっつけ、さらに少しふくらます。**
3. **半透明のビニールなどで囲み、光がビニールごしに届くようにして観察する。**

シャボン玉の表面に見られる色の模様は、シャボン膜の表側と裏側ではね返った光が合わさって見えるために起きています。このとき、はね返った光の色は角度によっても見え方がことなるので、なるべくムラのない光が当たると見やすくなります。照明の光が直接当たらないように、半透明ビニールなどでまわりを囲むのはこのためです。自然の光を当てるときも、空が曇っていたり、すりガラスなどを通すと色がはっきり見えます。

Day 053

発見・発明

やりやすさレベル 超かんたん

ガリレオの落下実験

“もの”が落ちる速さは同じ…というガリレオの発見を再現。重い本と軽い風船を落とすと同時に落ちる？

自由落下／空気抵抗

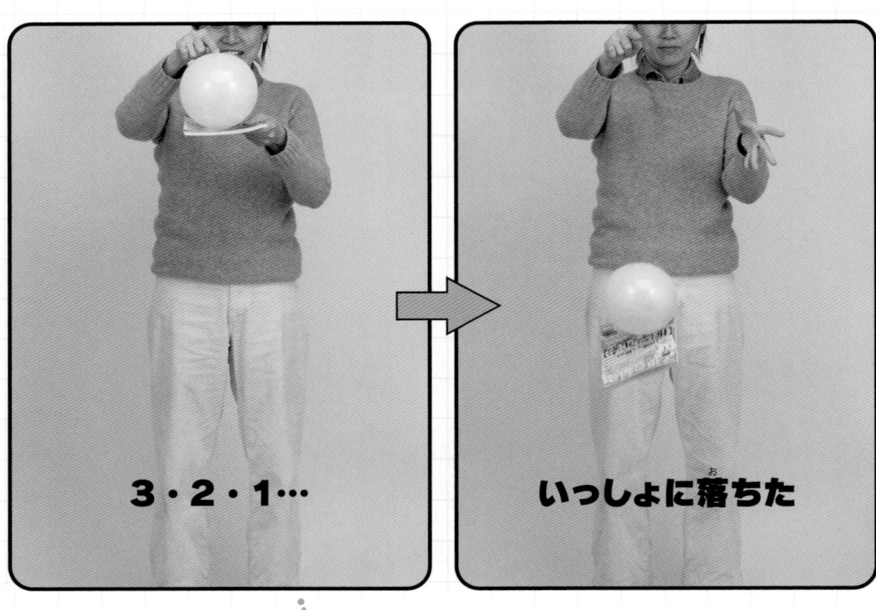

すすめかた

使うもの

本や雑誌、風船、ざぶとん

1. **床にざぶとんを置き、その真上に本と風船を横に並べて持ち、同時に手を放して落とす。**
2. **次に本の上に風船をのせて手を放して落とす。**

ガリレオ・ガリレイは17世紀はじめに「“もの”が落ちる速さは重さに関係なく一定」という法則を見出しました。ただし、これは空気のないところで…という条件がつきます。空気中で空気抵抗がはたらくためです。そこで風船を本の上にのせると空気抵抗は本が受け止めるので、風船は空気抵抗の影響がなくなり、本とほぼ同じ速度で落ちます。

注意とワンポイント

下にざぶとんを置くのは本をいためないため。不用な本や板などで実験しよう。

やりやすさレベル かんたん

らくらく糸電話

糸電話をかんたんに楽しむための「基本ユニット」をつくろう。単独でも、組み合わせても遊べるよ！

音／振動

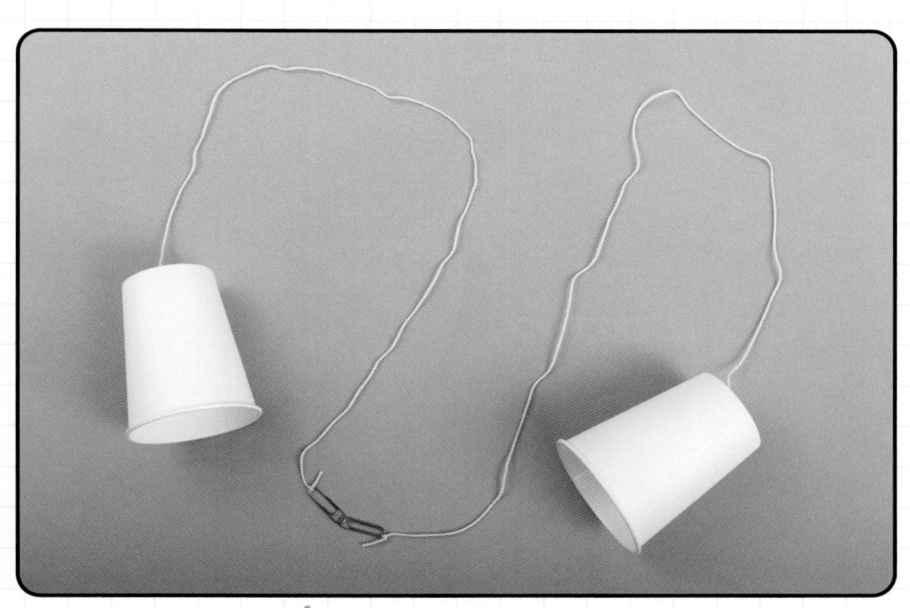

すすめかた

使うもの

紙コップ、タコ糸、ゼムクリップ、ハサミ、千枚通し

1. **50㎝ほどに切ったタコ糸の端に、ゼムクリップを結びつける。**
2. **紙コップの底に千枚通しで穴をあけて❶のタコ糸を通し、その反対側にもクリップを結ぶ。**
3. **単体で、または数個を組み合わせて（101ページ）遊ぶ。**

糸電話は、空気のふるえである音をコップのふるえに変え、さらに糸のふるえに変えて伝えるしくみです。ふつうの電話のように会話するときは、この「ユニット」を2個つくり、ゼムクリップ同士を引っかけてつないでから、糸をピンとなるように引っぱって使います。糸がゆるむと、ふるえがうまく伝わりません。

注意とワンポイント

糸を引っぱる力が強すぎると、紙コップが壊れてしまうので注意しよう。

Day 055

超かんたん

2ページでくっつく本

33ページでは2冊の本を何ページも重ねてくっつけたけど、ちょっと工夫すれば2ページずつ重ねただけでくっつく!?

摩擦

すすめかた

使うもの

小さめの本、磁石

1. 小さめの本の開くほうを向かい合わせにして開き、まん中あたりのページを2ページずつ重ね合わせる。
2. 重ね合わせたページのまん中あたりに磁石を置き、反対側にもくっつける。
3. 片方の本を持って持ち上げる。

摩擦力の大きさは、こすれ合う面の性質が一定なら、面積が大きいほど、あるいは押しつける力が大きいほど、大きくなります。同じように本をくっつける33ページの実験では、面積を増やすことで摩擦力をアップしました。この実験では、磁石のはたらきで面を押しつける力を大きくして、摩擦力をアップしています。

注意とワンポイント

この実験でも、不用な本や雑誌を使ったほうがいい。マンガ単行本や文庫本などの小さめの本がやりやすいよ。

Day 056

やりやすさレベル かんたん

水に浮かぶ絵

透明な膜に絵をかいて水に浮かべると、膜が消えて絵だけが浮かぶよ。

溶解

すすめかた

使うもの

PVA洗濯のり、プラスチック下じき、筆、油性ペン、セロハンテープ、バットまたは洗面器、水

1. 下じきの表面を洗剤で洗って乾かし、PVA洗濯のりを筆で直径6〜7㎝にぬり広げて完全に乾かす。
2. PVA洗濯のりをぬったところに油性ペンで絵や文字をかいてから、PVA洗濯のりの膜を下じきからはがす。
3. バットに水をはり、❷ではがした膜を水面に浮かべると、膜が溶けて文字や絵だけが水面に浮かぶ。

洗濯のりのおもな成分はPVAです。これはポリビニールアルコールという合成樹脂のひとつで、乾かすとビニールのような膜になります。しかし、ビニールと違って、乾いたあとでも水に溶けます。膜にして絵などをえがくと、その部分だけ溶け残り、油性ペンの色素といっしょに水面に浮かびます。

注意とワンポイント

下じきから膜をはがしにくいときは、端にセロハンテープをくっつけてはがそう。浮かんだ文字をそのままにしておくと、しだいにバラバラになっておもしろいよ。

Day 057

やりやすさレベル かんたん

観察

霧製造ペットボトル

炭酸飲料保存キャップでボトルの圧力を高めてから下げると、ボトルの中に霧が出るよ。

断熱膨張／水蒸気の液化

すすめかた

使うもの

炭酸飲料保存キャップ、炭酸飲料用ペットボトル、線香

1. **ペットボトルの内部をしっかりぬらして、線香の煙を少しだけ入れる。**
2. **炭酸飲料保存キャップをはめてバルブ（空気出入口）をロックし、ポンプを20回ほど押してボトル内部に空気を送り込む。**
3. **キャップのロックをはずして空気の出入口をあけるとボトルの中が白くなる。**

空気などの気体は体積や圧力が自在に変化します。同じ量なら体積がふくらめば圧力が下がり、同時に温度も下がります。ボトルに空気を押し込むと圧力が高まり、そのあとに口をあけると急に圧力が下がります。同時に温度も下がるので、中の水蒸気が小さな水滴になり、光を散乱して白い霧のように見えます。

注意とワンポイント

線香の煙を入れるのは、水蒸気が集まって水滴になりやすくするため。煙を入れなくても、少し見えにくいけど実験はできるよ。

Day 058

やりやすさレベル かんたん

まぜまぜスライムづくり

薬局でふつうに買える薬品を使って、スライムをつくる。黒い絵の具で真っ黒にしてみたよ。

高分子／架橋

すすめかた

使うもの

ホウ酸、重曹、PVA洗濯のり、ぬるま湯、計量スプーン、プラスチックコップ、絵の具、割りばし

1. **ぬるま湯約150mLに小さじ半分のホウ酸を入れてよく溶かし、重曹小さじ半分を入れて溶かす。**
2. **❶の液に小さじ1/4の黒い絵の具を入れて混ぜ、PVA洗濯のりをかき混ぜながら少しずつ入れ、しばらくかき混ぜる。**

よく行われるスライム実験では「ホウ砂(四ホウ酸ナトリウム)」という薬品を使いますが、ふつうの薬局にはないため、手に入れやすいホウ酸と重曹で試します。PVA洗濯のりは非常にたくさんの原子・分子がつながったひものような分子でできていて、そこにホウ酸に含まれるホウ素が結びついて網目のようになり、中に水が入り込むので、水を含んだどろどろしたスライムになります。

注意とワンポイント

水質によっては変化が起きにくいことがあるので、1回沸騰させて冷ましたぬるま湯を使うといい。PVA洗濯のりの量は100～150mLくらいを目安に。

Day 059

工作

ふつう

縦横のび～るカメラ

スリット（細いすき間）を2つ重ね合わせると、見え方が変化するカメラになるよ。

光の直進／像

すすめかた

使うもの

太さが少しことなる飲料パック、ハサミ、カッターナイフ、黒画用紙、トレーシングペーパーまたは半透明ビニール

1. **黒画用紙を折って2つの飲料パックの内側にはまる筒をつくり、それぞれ中に入れる。**
2. **両方の筒のあいている片側に、まん中に幅1㎜、長さ30㎜ほどのスリット（すき間）を入れた黒画用紙でふたをつける。**
3. **細いほうの筒は、反対側にトレーシングペーパーをはる。**
4. **2つの筒をスリットが直角になるように組み合わせて、明るい景色や電灯を観察する。**

スリットが交差すると穴のように小さな点になり、145ページのピンホールカメラと同じしくみで像が映ります。ただし上下と左右とで、穴（スリット）から像までの距離がことなります。距離が遠いと像は大きくなるので、交差する2本のスリットでできる像は、左右と上下とで比率がことなる、つまりゆがんだ像になります。

注意とワンポイント

トレーシングペーパーの代わりに半透明ビニール袋を切って使ってもいい。カッターナイフは注意して使うこと。

Day 060

やりやすさレベル かんたん

手づくりリトマス試験紙

身近にあるものを使って、
酸性・アルカリ性を調べるリトマス試験紙をつくろう。

すすめかた

使うもの

ムラサキキャベツまたはムラサキイモの色素液（304、333ページ）、ろ紙または紙ナプキン、バット、割りばし、ドライヤーなど

1. **ムラサキキャベツやムラサキイモを細かくちぎり、熱湯を注いで色素液をつくる（304、333ページ）。**
2. **ろ紙や紙ナプキンを適当な大きさに切って色素液にひたし、しみ込んだら引き上げて水切りネットなどの上に置いて乾かす。**
3. **乾いたら再び液につける。この作業を数回くり返したらじゅうぶんに乾かし、ビニール袋などに保存する。**

ふつうのリトマス試験紙のように、調べる液をつけて色の変化を見ます。ただし、この色素液を使うと、1枚で酸性とアルカリ性の両方を調べることができます。また、色の変化で酸性・アルカリ性のおおよその強さも知ることができます。じゅうぶんに乾燥させると数か月保存できます。

注意とワンポイント

色素液は、できるだけ色が濃くなるように少なめの湯でつくるといい。

Day 061

やりやすさレベル 超かんたん

たねグライダー

エンジンなしで空を飛ぶグライダー。
1枚のクッションシートですぐにつくれるよ！

揚力／飛行

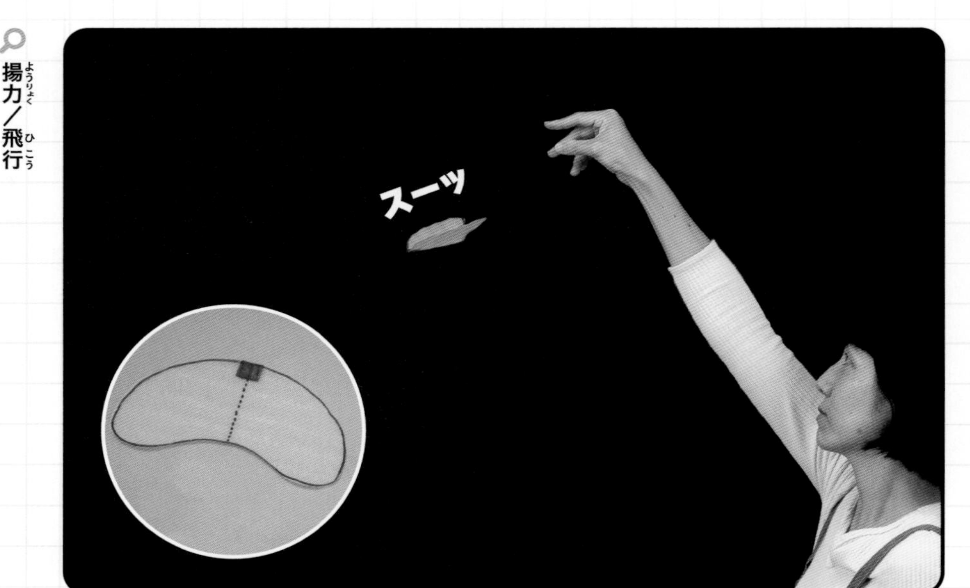

すすめかた

使うもの

クッションシート、ビニールテープ、油性ペン、ハサミ

1. こん包用のクッションシートなど薄くて軽い材料に翼の形をかいて切り抜く。
2. 切り抜いたシート中央の片側1か所に、長さ3cmほどのビニールテープを3〜4枚重ねてはり、おもりにする。まん中で谷折りにする。
3. ❷を頭上に持ち上げておもりのほうを少し下げ、そっと手を放すとシートがスーッと滑空する。

紙などの薄いものを水平にしたとき、真横（水平方向）には動かしやすいですが、上下方向だと動かしにくくなります。これは上下に動くと広い面積で空気抵抗を受けるためです。このとき、1か所におもりがあるとその重さに引っぱられ、全体が少し傾きます。おもりの重さがちょうどよいと、下面に空気の流れを受けてグライダーのように滑空します。

注意とワンポイント

何度か試して、おもりのビニールテープの長さを調節する。手を放すときは投げずにそっと指を開き、自然に落ちるようにするといいよ。

Day 062

工作

やりやすさレベル かんたん

モーター輪ゴム転がし

ふにゃふにゃの輪ゴムをコロコロ転がしてみよう。
模型工作用の小型モーターと乾電池を使うよ。

慣性／遠心力

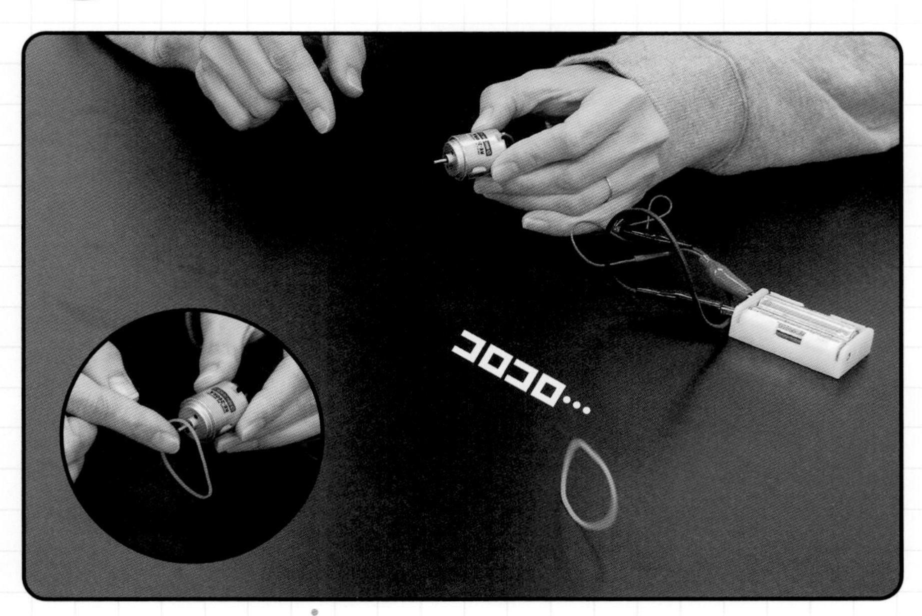

すすめかた

使うもの

輪ゴム、小型モーター、乾電池&電池ボックス

1. **乾電池ボックスとモーターをつないで、モーターを回転させる。**
2. **輪ゴムをモーターの軸にかけて回転させる。**
3. **輪ゴムが垂直になり安定して回転したら、モーターを傾けて輪ゴムだけ机の上に落とすと回転して転がる。**

回転するものは内側から引っぱらないと外に広がっていきます。この力を「遠心力」といいます。回転する輪ゴムは各部分にはたらく遠心力によって広がります。じゅうぶんに速いスピードで回転させると、重力でゆがまないほどじょうぶな輪になり、机の上を転がります。回転の勢いが弱まると遠心力が弱まってやわらかくなり、輪ゴムがゆがんで止まってしまいます。

注意とワンポイント

電流を流しっぱなしにするとモーターや電池が熱くなるので、実験が終わったら電池を抜いて片づけよう。小型モーターは模型店やネットショップなどで買えるよ。

Day 063

やりやすさレベル ふつう

古代のらせんポンプ

古代ギリシャのアルキメデスが考えたとされるポンプ。
回転で水を上に運べるシンプルなしくみだ。

らせん／アルキメデス／揚水ポンプ

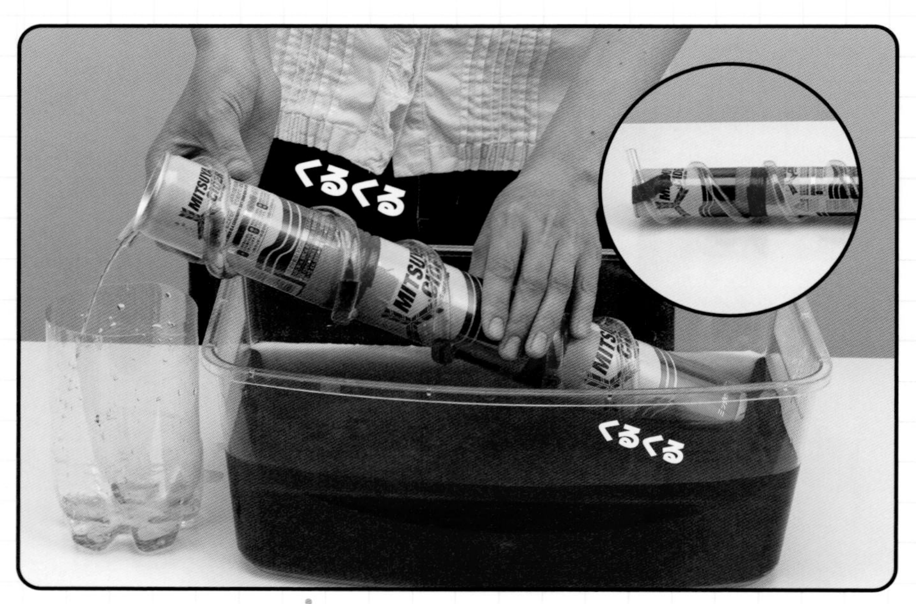

すすめかた

使うもの

飲料缶（または直径5～7㎝の筒）、熱帯魚水槽用ビニールホース（直径7～8㎜）、ビニールテープ、ホットメルト接着剤、洗面器

1. **飲料缶でつくるときは、2～3本を縦に重ねてテープでしっかりとめる。**
2. **ビニールホースの端を缶の底に近い外側に、缶に対して45度より大きな角度でビニールテープでとめ、そのままの角度で数㎝間隔で缶に巻きつける。**
3. **缶の反対側まで巻いたらテープで固定し、余分を切り取る。ホースの途中を数か所、テープまたはホットメルト接着剤で固定する。**
4. **全体を斜めにして片方の端を水につけ、回転させる。**

ホースが斜めに巻いているので、下の端から入った水は回転するとホースの巻きにそって上下に動きます。このとき、回転が止まってもホースの1巻きの中に水がたまり続けているような缶の角度であれば（缶の傾きが急すぎなければ）、上に動く向きに回転させ続けることで水はしだいに上に送られ、最後に上の端から出ます。古代ギリシャのアルキメデスが考えたとされるポンプです。

やりやすさレベル 超かんたん

モーターは磁石なの？

クリップを工作用モーターに近づけて、
中に磁石があるかどうかを調べてみよう。

モーター／磁石

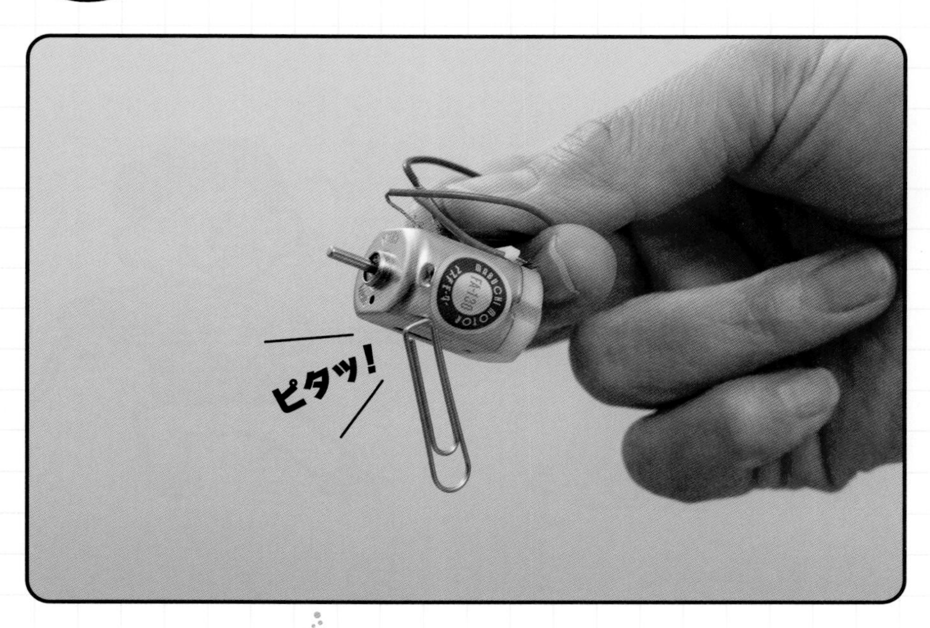

すすめかた

使うもの

工作用モーター、クリップ

1. モーターを手で持ってクリップにつけ、ゆっくりと持ち上げると、クリップがくっつく。
2. うまくいかないときは、モーターを少し回して別の部分をクリップにつける。

モーターの内部にはコイルと磁石が入っています。コイルに電流を流して電磁石にして、その磁場と磁石の磁場とが影響を及ぼしあうことで力が生まれ、これを利用して軸を回転させます。つまり、電気エネルギーを運動エネルギーに変える装置です。模型工作に使う小型モーターにはふつうの磁石が使われているので、鉄のクリップを引きつけます。

注意とワンポイント

模型工作用の小型モーターは、模型店やホームセンター、ネットショップなどで買うことができるよ。

Day 065

やりやすさレベル かんたん（転倒注意）

必勝スリッパつな引き

つな引きの必勝アイテムは相手のすべりやすいスリッパ。
勝負を決めるもうひとつの要素は「摩擦力」だ。

摩擦／摩擦係数

すすめかた

使うもの

じょうぶなロープ、敷居すべり、不用なスリッパ

1. **スリッパの裏側全面に敷居すべりテープをはる。テープが細長いときは、つま先からかかとの向きに並べてはる。**
2. **力に自信がある人が❶のスリッパをはく。じょうぶなロープを使って、床の上で1対1でつな引きをする。**
3. **スリッパをはく側を交代して試す。**

つな引きでロープを引くとき、引く力と同じ大きさで逆向きの力が腕にもはたらきます。つまり、自分が引く力で相手を引きつけているだけでなく、自分の体も前に向かって動かしていることになります。動きを食い止めているのは地面と足の裏で起きている摩擦力なので、すべりやすい素材のスリッパをはくと自分の力で自分が動いてしまいます。

注意とワンポイント

ロープがじゅうぶんにじょうぶか確認しよう。また、転んでケガをしないように注意して実験すること。

やりやすさレベル 超かんたん

紙コップ聴診器

紙コップとかたい棒があれば聴診器がつくれちゃう。さまざまな小さな音を聞いてみよう。

音／振動

すすめかた

使うもの

紙コップ、木や硬質プラスチックの棒（直径2㎝または1辺2㎝ぐらい）、両面テープ、機械式時計や工作用モーターなど小さな音をたてるもの

1. **棒の端に両面テープをはり、紙コップの底に取りつける。**
2. **小さな音を立てるものに棒の端をつき当てて、コップに耳を近づけて音を聞く。**

ふだん聞いている音は、何かのふるえが空気をふるわせ、それが耳に届いて耳の中の鼓膜をふるわせ、鼓膜のふるえをとらえる神経が音として感じ取っています。空気中を音が伝わる場合はふるえがまわりにちらばったり、空気の中でふるえが弱まったりすることがあるので、小さな音は聞こえにくくなります。この実験のように、音を出すもののふるえを棒のふるえにして耳の近くに伝えるとよく聞こえます。

注意とワンポイント

冷蔵庫やエアコン、扇風機など大きなモーターを使っている電気製品の音を聞くこともできる。ただし、倒したり羽根に巻き込まれたりしないように注意しよう。

Day 067

やりやすさレベル 超かんたん

消えるガラス棒①

理科の実験などで使うガラス棒。
サラダオイルの中にさし込むと…見えなくなる!?

屈折／屈折率

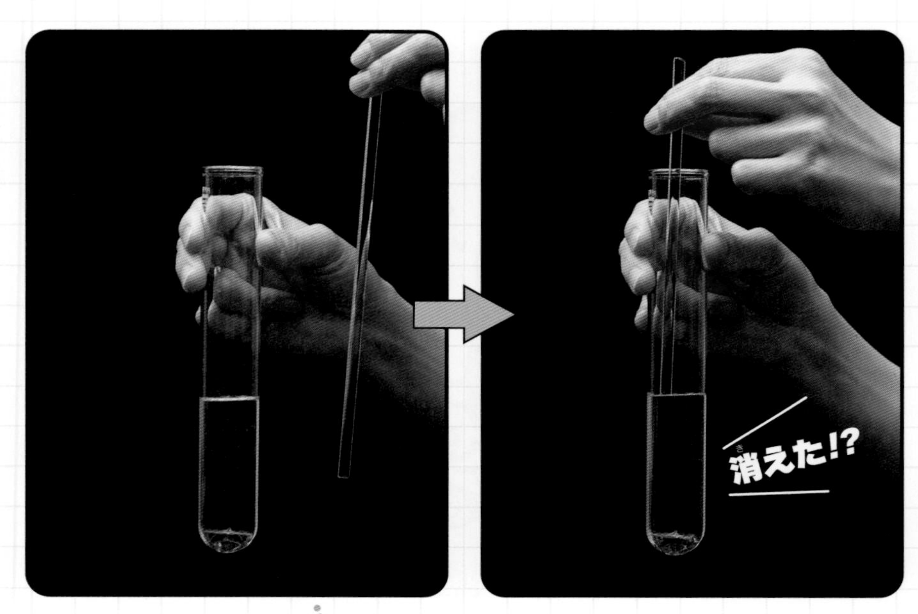

すすめかた

使うもの

ガラス棒、試験管や細いガラスコップなど細長い容器、サラダオイル

1. **試験管や細いガラスコップなどに、サラダオイルを数cmの深さに注ぐ。**
2. **ガラス棒をサラダオイルの中にさし込んで、空気中の部分とオイルの中の部分とを観察して見えやすさをくらべる。**

ガラスや水が空気中にあるときには、そのヘリで光が屈折するため、ガラスや水のヘリがあると感じられます。これは空気とガラス（空気と水）とで屈折率（光を屈折させる度合い）の差が大きいので、光が大きく屈折するためです。しかし、ガラスとサラダオイルは屈折率にあまり差がないので屈折がほとんど起きず、ガラス棒のヘリがたいへん見えにくくなります。

注意とワンポイント

実験に使ったサラダオイルは流しに捨てず、料理などに利用しよう。このために器具をきれいにしてから実験するといい。

やりやすさレベル 超かんたん

いきなりボトルつぶし

**手をいっさいふれずに、しかも一瞬でペットボトルをつぶす！
ただし、できるのはやわらかいペットボトルだけだよ。**

大気圧／圧力

すすめかた

使うもの

やわらかいペットボトル

1. **机の上にキャップをはずしたペットボトルを立て、「いっさい手をふれずにこのボトルをつぶします」と宣言。**
2. **「3、2、1!」とカウントし、ボトルを口にくわえて思いっきり吸う。**

ボトルの中の空気が減ると圧力が下がり、ボトルにかかっている大気圧（まわりの空気が押しつけている圧力）によってつぶれます。キャップをしていないときは空気がボトルの中と外とでつながっているので、ボトルには力がはたらきません。また、そのままキャップをすると、閉じこめられた中の空気が、外から加わった力を押し返すためにつぶれません。中の空気を減らしたときだけ、ボトルがつぶれます。

注意とワンポイント

セリフを言いながら、マジックのように見せると楽しい。たとえば、ボトルを口にくわえたまま見ている人のほうを向くなど、演出を工夫してみよう。

Day 069

やりやすさレベル 超かんたん

ドロドロでカチカチ？

ドロドロの液体にさし込まれた割りばし。
すばやく引き抜くと、ビックリすることが起こるよ！

ダイラタンシー／淘汰度

すすめかた

使うもの

かたくり粉、水、ボウル、コップ、割りばし

1. かたくり粉と水を約2：1の割合でボウルに入れ、はしなどでよく混ぜる。
2. できたものをコップに入れ、割る前の割りばしの太いほうを下にしてさす。
3. 割りばしをすばやく引き上げると、液体とコップがくっついて持ち上がる。

59ページと同じように、すばやい力では固体のように、ゆっくりとした力には液体のようにふるまう「ダイラタンシー」の実験です。固体のようにふるまうときには、さし込まれた割りばしとの間にも大きな摩擦がはたらくため、抜けにくくなります。反対に、ゆっくり引き上げると、すんなりと抜くことができます。

注意とワンポイント

ガラスコップは持ち上げて落ちるときに割れてしまうかも。割れにくいプラスチックコップなどで実験しよう。

Day 070

やりやすさレベル かんたん

ふくらむ発泡スチロール

発泡スチロールはプラスチックを加工して泡にしたもの。
おもに空気でできているから圧力が減ると…？

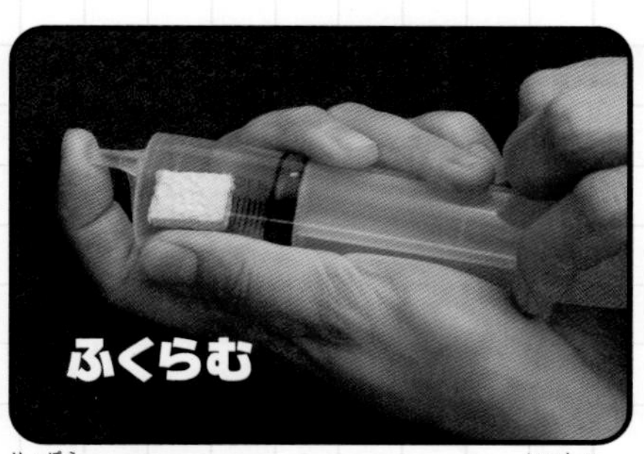

発泡スチロールはプラスチックの一種のポリスチレンを泡にしたもので、おもに空気でできています。周囲の圧力が下がるとマシュマロと同じしくみでふくらみます。

すすめかた

使うもの

シリンジ（プラスチック製注射器）、発泡スチロール

1. 発泡スチロールのかたまりを1辺3㎝ほどのサイコロ型に切る。
2. シリンジに入れてピストンを引くとふくらむ。

注意とワンポイント

圧力が減ってふくらむのは、62ページや249ページのマシュマロと同じしくみ。

気圧／真空

Day 071

やりやすさレベル かんたん（熱湯注意）

蒸気でボトルつぶし

ポットのお湯でできるボトルつぶし。
あき缶ほど迫力はないけど、みんなびっくりするよ！

56ページの「元祖あき缶つぶし」と同じしくみです。水蒸気が水に戻って中の圧力が小さくなり、大気圧に押されてボトルがつぶれます。

すすめかた

使うもの

耐熱ペットボトル、バットまたは深めの皿、お湯（ポット）、水入れ容器

1. ペットボトルに熱めの湯を深さ5㎝ほど入れ、バットの中に立てて置く。
2. 2～3分待って中の湯をゆっくりと捨ててもとのように立てる（2回くり返す）。
3. 湯気が出ているうちにキャップをしめ、冷たい水をかけるとボトルがつぶれる。

大気圧／水蒸気／状態変化（相転移）

COLUMN

かがくあそびのコツ1

手順としくみをあわせて頭に入れよう

かがくあそびや実験に限りませんが、何かをやるときには手順は大切です。とくに科学の実験では、1、2…という手順をひとつずつ読みながら進めていくと、たぶん失敗します。「なぜそうするのか？」がわからないうちにやってしまうからです。

この本の「すすめかた」では、重要なポイントだけを示しています。これは「どうやるか」ではなく「どうすすめるか」なので、どうやるかは自分で考える必要があります（たとえば「穴をあける」順序は示していますが、穴をあけるときにどうやるかはくわしく書いていません）。

ですので、かがくあそびは「はじめる前に！」内容をよく読んで何をするのかを思い浮かべ、科学のしくみもあわせて頭に入れます。そこから自分なりの「よいやり方」を考えていく…じつはこれが、かがくあそびの楽しさのひとつです。

たとえばこういうこと！

1

鉛筆の芯を粉にするのは
何のため？
そしてタイミングは？

何かをつり下げるなら、
まずはつり下げるものの
長さを考えないとね。

2

3

ロウソクを立てる前に、
立ちやすくなる工夫をプラス！
あとからだとできないかも。

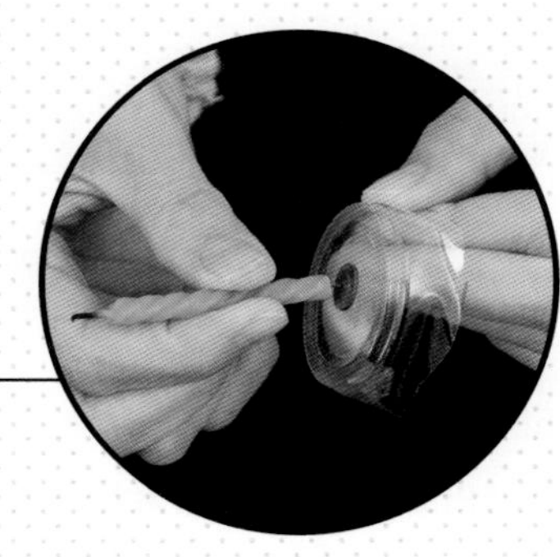

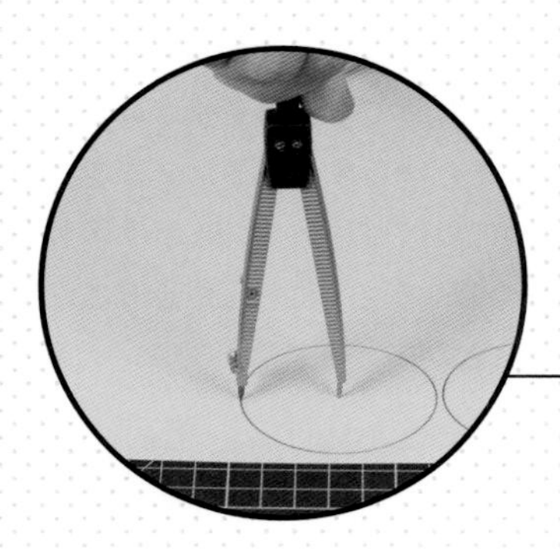

いっぱい円をかくなら、
まっすぐ並べないほうがいいかも。
並べ方も考えよう。

4

Day 072

やりやすさレベル かんたん

ふしぎなふりこ三兄弟

**重さの同じ5円玉のふりこが3つ。
でも、ゆれるタイミングに個性（?）が現れるんだ。**

ふりこ／ふりこの周期

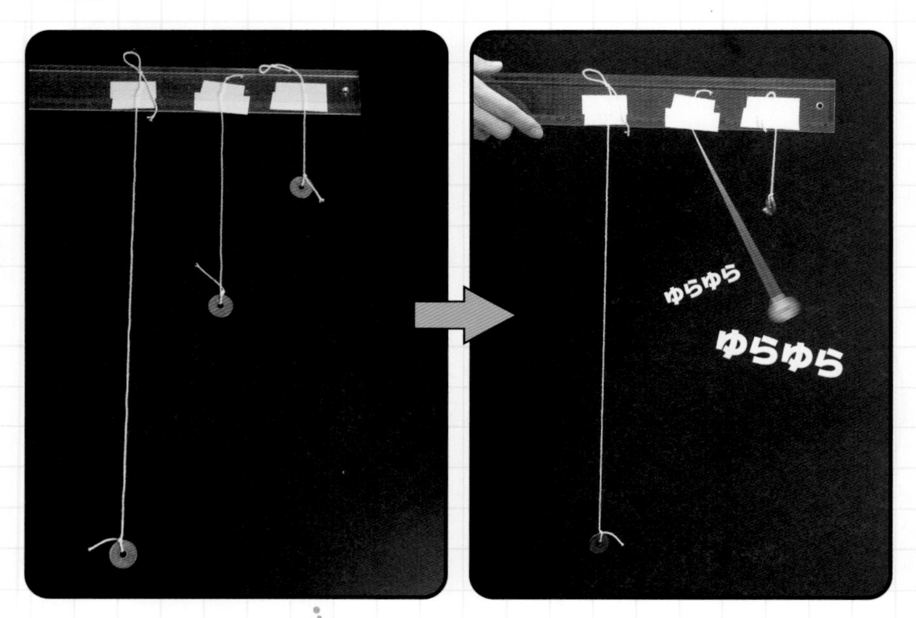

すすめかた

使うもの
5円玉（3個）、ぬい糸、定規などの棒

1. 5円玉（50円玉や釣りおもりでもよい）3つに、長さの違う糸（10、20、40㎝）を結びつける。
2. 糸の反対側の端を定規などの棒にセロハンテープでくっつける。
3. 棒の両端を持ちタイミングを調節してゆらすと、ねらった1つのふりこだけがゆれる。

ふりこのゆれる周期（1回のゆれにかかる時間）は、ふりこのふれ幅や重さには関係なく、長さだけで決まります。これは1600年ごろにガリレオ・ガリレイによって見出された法則です。ある長さのふりこの周期に棒をゆらすタイミングが合うと、そのふりこだけがゆれて、ほかはゆれません。このしくみで、ねらったふりこだけをゆらすことができます。

注意とワンポイント
糸の長さの差が小さいと、ゆれのタイミングの差も小さくなる。糸の長さを倍々にしてつくると、タイミングを調節しやすくなるよ。

Day 073

やりやすさレベル かんたん

四方八方水鉄砲

**一方向から押しているのに、あらゆる向きに水が飛び出す！
この実験で「パスカルの法則」を確かめよう。**

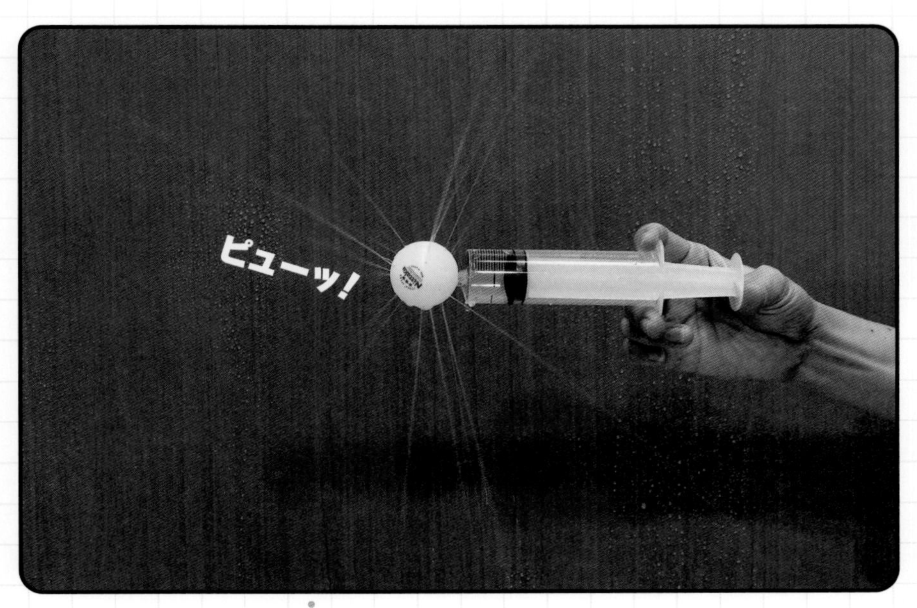

圧力／パスカルの原理

すすめかた

使うもの

ピンポン玉、プラスチックのシリンジ（注射器）、画びょう、ホットメルト接着剤、キリ

1. **ピンポン玉の表面に約20個の穴を画びょうでなるべく同じ間隔にあける。**
2. **穴の1つをキリで直径3㎜ぐらいに広げ、シリンジの先をさし込んで根元をホットメルト接着剤で固定する。**
3. **ピストンを抜いて全体を水に沈め、中を水で満たしてからピストンを戻す。**
4. **空中に持ち上げてピストンを押し込むと、水が四方八方に吹き出す。**

かたいものを押すとき、力は加えた方向にはたらきます。でも、水など流れるものの中では、力は加えた方向だけでなく四方八方に圧力として伝わります。これは、フランスの科学者ブレーズ・パスカルが発見した「パスカルの原理」です。ピストンを押す力が水の中で四方八方に伝わるので、上下左右のすべての穴から水が吹き出します。

注意とワンポイント

キリで穴を広げすぎないように注意。穴が大きすぎるとシリンジの先が抜けてしまうよ。

Day 074

やりやすさレベル かんたん

マルチ小便小僧のひみつ

ペットボトルを使った水圧の実験。
海の底では大きな圧力がはたらく理由を考えよう。

静水圧／圧力

すすめかた

使うもの

ペットボトル、千枚通し、洗面器などの水受け容器

1. 千枚通しやキリで、ペットボトルの側面に上下一列に、間隔3～4㎝で4～5個の穴をあける。
2. ボトルいっぱいに水を入れ、キャップをしめて少し高いところに置く。
3. キャップをゆるめて水を出し、それぞれの穴からどのように流れ出るかを観察。

下の穴ほど勢いよく水が流れ出て遠くに届きます。ボトルから水を押し出す力＝圧力は、下の方が大きくなっています。この圧力を生み出しているのは、穴の上にある水の重さです。下の穴ほど上に水が高く積み上がっているので重さが大きく、圧力も大きくなります。深い海ほど大きな圧力がはたらくのと同じしくみです。

注意とワンポイント

千枚通しやキリで穴をあけるときは、ケガをしないようにじゅうぶん注意しよう。

Day 075

やりやすさレベル かんたん

ボトルでふくらむ風船

ガラスビンの内側に取りつけた風船が、
何もしていないのにふくらんでいく！

大気圧／体積変化

すすめかた

使うもの

大きめのガラスビン、ゴム風船、お湯、じょうご

1. ガラスビンに約50℃のお湯を入れる。数分温めてからお湯を捨て、熱いお湯を下4分の1ぐらいに入れる。
2. 2〜3分待って湯気が口からじゅうぶんに出たら湯を捨て、すばやくゴム風船をかぶせる。
3. 風船の上の端を引っぱって持ち上げ、少し待ってから離すと引き込まれてふくらむ。

お湯を入れると、ガラスビンの中は**水蒸気でいっぱいになります。水蒸気は冷えると水になって、体積が1200分の1以下になるので、中の圧力が下がります。**ビンに風船をかぶせておくと、ビンの**外の大気によって風船は内側に押し込まれ、ふくらみます。**

注意とワンポイント

ゴム風船はあらかじめ何度かふくらませて、やわらかくしておくのがコツ。最初から熱い湯を入れるとガラスビンが割れることがあるので、まず低い温度の湯を入れてビンを温めてから実験しよう。

Day 076

やりやすさレベル かんたん

ひっくりカエル

カードにえがかれたカエルが、
ゴムにためられた力で突然ひっくり返る！

運動エネルギー／ゴム／蓄力

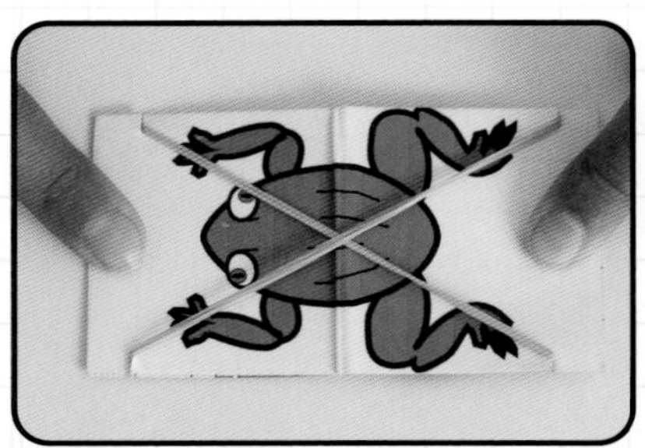

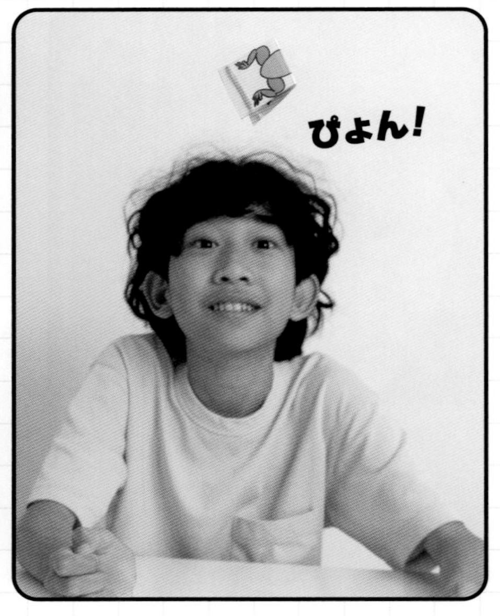

すすめかた

使うもの

厚紙、小さめの輪ゴム、マーカーペン、定規、ハサミ

1. 厚紙を5～6㎝×8～10㎝の大きさに切り、まわりの4か所にゴムかけの切れ目を入れる。表と裏にカエルなどの絵をかいて、まん中で半分に折る。
2. 背中をかいた側で交差するように輪ゴムをかけて切れ目にはめる。
3. 交差した輪ゴムが外側になるように（反対側に）折って机に置き、しばらく待つとひっくり返る。

反対に折ったときに引きのばされた輪ゴムが、もとに戻ることで厚紙がひっくり返ります。戻りはじめのうちはあまり長さが変わりませんが、ある程度戻ると長さの変化が急になるので、パチンと動きます。動かしているのは、引きのばしたときにゴムにたまった力です。

注意とワンポイント

うまくひっくり返らないときは、ゴムのはりが強くなるように調節してみよう。

Day 077

やりやすさレベル　超かんたん

下じき水レンズ

透明でまん中がふくらんでいれば何でも凸レンズになる？
水で超かんたんな凸レンズをつくって試そう。

屈折／レンズ

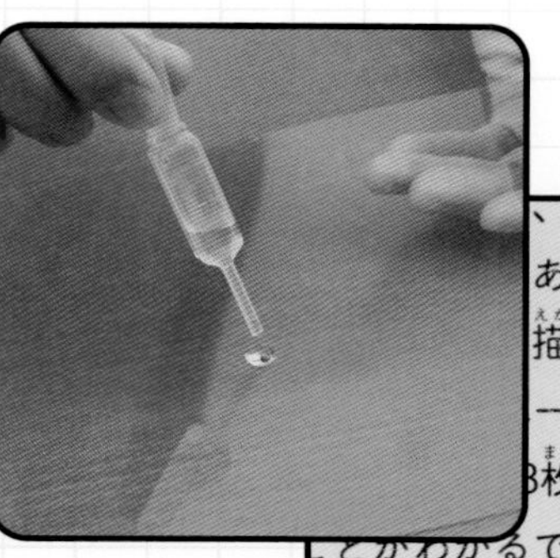

大きく見える

すすめかた

使うもの

透明下じき、水、スポイトまたはストロー

1. **下じきの表と裏をきれいにする。石けんで洗わないほうが水をよくはじくのでうまくいく。**
2. **スポイトかストローを使って、下じきの上に水を1滴たらし、半球形に盛り上げる。**
3. **水滴を凸レンズに見立てて、ものに近づけて観察する。**

ものを拡大して観察するルーペは凸レンズでできています。凸レンズはレンズのひとつで、ヘりにくらべてまん中が厚い形で、光を集めたりものを大きく見せたりします。この実験では、平らな面に落ちた水滴はまん中がふくらんだ凸レンズの形になるので、これを凸レンズのように使えるかを試します。水の量などを工夫すると度の強い（焦点距離の短い）凸レンズになります。

注意とワンポイント

水滴がうまく盛り上がらないときは、下じきに軽くさわって指のあぶらを薄くつけるとうまくいくことがある。

Day 078

やりやすさレベル 超かんたん（火気注意）

舞い上がれティーバッグ

紅茶の入っているティーバッグだけを使って、熱によって起きる空気の移動を観察しよう。

熱膨張／上昇気流

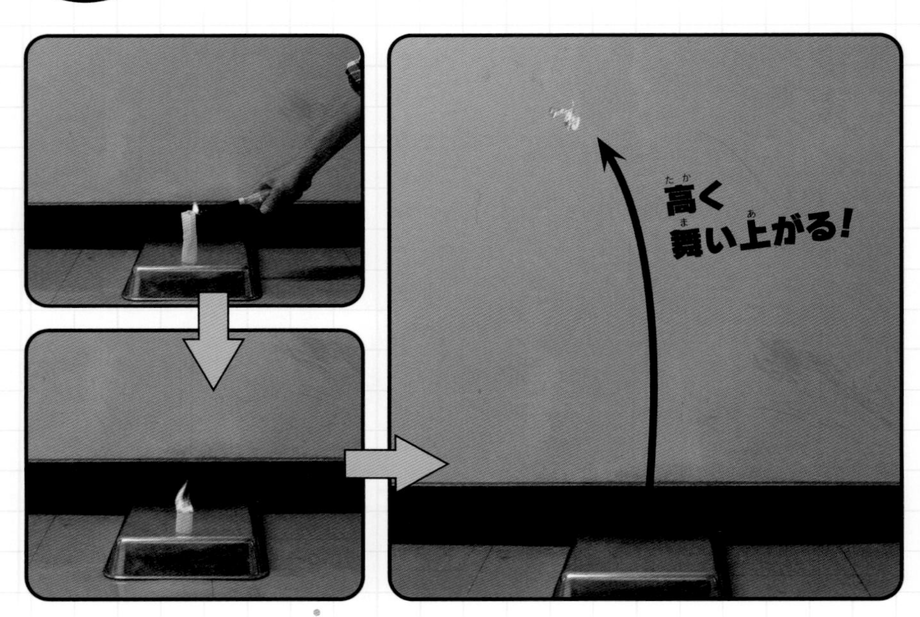

すすめかた

使うもの

紅茶のティーバッグ、陶器か金属のカップまたはあき缶、ガスマッチ

1. ティーバッグの上の部分を切って中の紅茶を取り出し、バッグを筒にする（中の紅茶はきれいな紙などに出し、ポットでいれるなどして使おう）。
2. カップなどを逆さまにして置き、底にティーバッグの筒を立てて置く。
3. ティーバッグの先端にガスマッチで火をつけ、舞い上がったティーバッグを、火が消えるまで見守る。

火をつけると、その熱でまわりの空気が暖められてふくらみます。ふくらんだ空気は、まわりの空気よりも軽く（比重が小さく）なるので上昇気流になり、まわりや下から空気が流れ込みます。ティーバッグの燃えかすはとても軽いので、この空気の流れに乗って舞い上がります。

注意とワンポイント

燃えかすが飛ぶので、まわりに燃えるもののない場所で実験すること。できれば学校の実験室などで先生に指導していただこう。

Day 079

やりやすさレベル かんたん

おまじない糸カット

上か、それとも下か…どっちの糸が切れるかな？
おまじないをすれば、切る人の思い通りにカットできる！

慣性／質量

すすめかた

使うもの

石（こぶし2個大）、タコ糸、ぬい糸

1. **石にタコ糸を十文字にしばり、上下にぬい糸を50㎝ずつしばりつける。**
2. **ぬい糸の片方を木やスタンドにしばって全体をつり下げる。**
3. **下の糸を持ち、ゆっくり引くと必ず上側の糸が切れる。勢いよく引っぱると下側の糸が切れる。**

ゆっくり引いたとき、上側の糸には引く力＋石の重さがかかりますが、下側の糸にかかるのは引く力だけなので、上側が先に切れます。しかし、勢いよく引くと石に慣性がはたらくのですぐには動き出さず、上側の糸に力がはたらくのをさまたげるため、糸の下側が切れます。

注意とワンポイント

上側の糸が切れたとき、石が足の上などに落ちないように注意しよう。おまじないの言葉を考えて、マジック風にしても楽しい。

Day 080

やりやすさレベル かんたん

ピンポン玉で温度計

空気は熱によってふくらんだり縮んだりする。その性質を利用してかんたん温度計をつくろう。

熱膨張／温度計

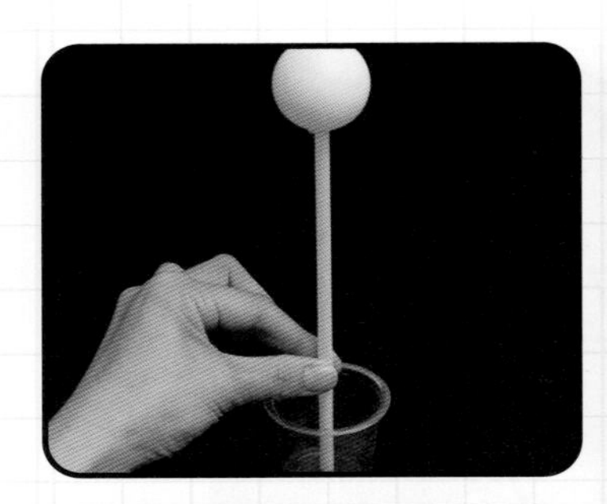

すすめかた

使うもの

ピンポン玉、細めのストロー、ホットメルト接着剤、コップ、水など

1. **ピンポン玉にストローがぎりぎり通る穴をあけ、ストローをさし込んで根元をホットメルト接着剤などで空気もれがないようにとめる。**
2. **ピンポン玉を手で包んで3分ほど温めてから、コップの水にストローの先を入れて温めるのをやめ、水が1㎝ほどストローに入ったら出して逆さにしてまっすぐ立てる。**
3. **ピンポン玉を手で温めたり水で冷やしたりして水滴の動きを観察する。**

空気は温度が高くなるとふくらみ、下がると縮みます。ピンポン玉内の空気が手の熱でふくらむと、ストローの中の水滴を押すので水滴が上に動きます。冷やしたときはこの逆になります。手ではなく空気の温度変化を調べるときは、ストローを持つようにします。

注意とワンポイント

水滴がなくなってしまったら、いったんピンポン玉を温めてから同じ手順でストローに水を入れよう。ホットメルト接着剤の代わりに温度で変形するプラスチック粘土を使ってもOK。

Day 081

やりやすさレベル 超かんたん

工作

ストローで霧吹き

ストローにちょいと切れ込みを入れるだけで、
かんたん霧吹きのできあがり！

流体／ベルヌーイの定理

すすめかた

使うもの

ストロー、ハサミ、セロハンテープ、コップ

1. ストローのまん中に、幅2㎜ぐらいを残して切れ込みを入れる。
2. 切れ込みのところを折って直角より少し大きく曲げ、角度が変わらないようにセロハンテープでとめる。
3. 口で吹く側の切れ込み部分を少し押しつぶす。
4. 下側をコップの水に入れ、もう一方から強く息を吹き込むと、水が上がり霧になって吹き出す。

空気など流れるものの中で速く流れる部分があると、まわりの空気を引き込んで流れます。この引っぱる力が下側のストロー内にはたらいて空気を吸い出すので水面が上がります。水が切れ目のところまで上がると空気と混ざって、霧のように細かい粒になって飛び散ります。

注意とワンポイント

強く息を吹き続けているとくらくらするかも。短く強くフウッと吹くのがコツ。うまくいかないときはストローの太さを変えてみよう。

Day 082

やりやすさレベル　超かんたん

氷砂糖のもやもや

料理などに使う白い氷砂糖を水の中に入れると、
もやもやしたものを出しているみたいだぞ。

光／屈折率

すすめかた

使うもの

氷砂糖、タコ糸、割りばし、透明コップ、白い紙、水

1. 氷砂糖の大きめの粒をタコ糸でしばって、割りばしのまん中につり下げる（割りばしから氷砂糖まではコップの高さの半分ぐらい）。
2. コップいっぱいに水を入れ、❶の氷砂糖を水中に入れて観察する。
3. 氷砂糖から出たもやもやとしたものが水中を流れ落ちる。

水中の氷砂糖のまわりでは砂糖が溶けて濃い砂糖水ができ、これは水より少し重いので下に向かいます。そして、砂糖水は水より光を曲げる度合い（屈折率）が少し大きいので、真水との境目で屈折が起き、目に見えます。白い紙を、真正面から見てコップのまん中にかかるように置くと、水と砂糖水の境目が見やすくなります。

注意とワンポイント

周囲をやや暗くして紙だけに光を当てると、もやもやしたものがよく見えるよ。

Day 083

やりやすさレベル かんたん

糸電話のマルチホン

ふつうのマンツーマン糸電話じゃなくて、数人で同時に話せるマルチ糸電話をつくって話そう。

音／振動

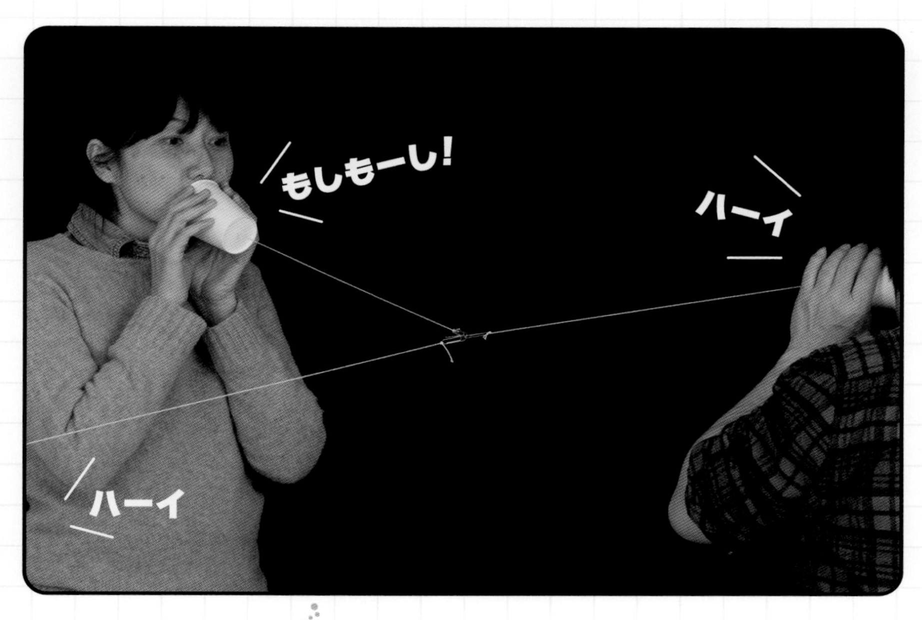

すすめかた

使うもの

人数分の糸電話基本ユニット（71ページ）

1. **71ページで紹介した糸電話の「基本ユニット」を人数分つくり、ゼムクリップ同士を引っかけて合わせるか、ほかの電話の糸にゼムクリップをかけてつなぐ。**
2. **1つのユニットを1人ずつが持って会話をする。**

声はコップをふるわせ、さらに糸のふるえとして伝わります。糸が何本にも枝分かれしていると、ふるえはそれぞれの糸にも伝わっていくので、その先にコップがついていると音として聞くことができます。ただし、相手の糸とコップの数が増えると、それらをすべてふるわせるには大きなエネルギーが必要になるので、より大きな声ではっきりと話す必要があります。

注意とワンポイント

よく聞こえるためには、全員分の糸が全部ピンとはっている必要があるよ。相手が何人ぐらいまで話せるか、試してみるのもおもしろい。

Day 084

やりやすさレベル かんたん

なんちゃって入浴剤

お湯に入れると、ぶくぶく泡が出る発泡入浴剤。重曹やクエン酸などで入浴剤もどきをつくろう。

二酸化炭素／化学反応／発泡

すすめかた

使うもの

重曹、クエン酸、プラスチックコップ、プラスチック小容器または製氷皿など型になるもの、エタノール、割りばし

1. **重曹とクエン酸を同じ量（大さじ2杯）取ってプラスチックコップに入れ、割りばしでよくかき混ぜる。**
2. **エタノールを1〜2滴入れ、さらによくかき混ぜてから製氷皿などに入れ、割りばしでつきかためる。**
3. **風通しのよいところで乾燥させ、取り出してくずれなければできあがり。コップのお湯などに入れて泡が出るか試す。**

重曹とクエン酸は水のあるところで混ざると反応して二酸化炭素を出します。乾燥したところで混ぜ合わせておき、あとで水やお湯に入れると反応するしかけです。両方ともエタノールにはわずかしか溶けないので、うまく混ぜると全体をかためることができます。

注意とワンポイント

しっかりかためなくても、混ぜた粉を水に入れるだけで泡が出るよ。エタノールがない場合はこの方法を試そう。

Day 085

やりやすさレベル かんたん（火気注意）

燃えるスチールウール

鉄はふつう燃えないゴミに分別されるけれど、条件がそろえばしっかり燃えるんだ。

酸化／鉄

すすめかた

使うもの

スチールウール、アルミホイル、ガスマッチ

1. **アルミホイルをしいて、まん中にピンポン玉ぐらいの大きさに切ったスチールウールを置く。**
2. **スチールウール（洗剤のついていないもの）を少し引きのばして細くとがらせ、先端にガスマッチの炎を近づけると、赤く光って燃える。**

スチールウールは鉄でできていますが、ウール（羊毛）という名のとおりとても細いせんい状です。かたまりだと熱が周囲に伝わって逃げるのでなかなか熱くなりませんが、細いとすぐに温度が上がります。また、空気中の酸素とふれやすいので、反応しやすくなります。この「温度」と「酸素」の条件がそろうので、ガスマッチの炎の温度でも酸素と結びつく反応＝燃焼を起こすことができます。

注意とワンポイント

周囲から燃えやすいものを取りのぞいて実験しよう。火をあつかうので、やけどにもじゅうぶん注意しよう。

Day 086

観察

やりやすさレベル ふつう

ぷよぷよ卵（ぷよたま）

卵のカラは酸に溶けるので、酢を使って取りのぞくことができる。それならカラがないと卵はどうなる…？

炭酸カルシウム／酢／半透膜

すすめかた

使うもの

生卵、酢、ガラス容器、割りばし、調理用トング

1. 生卵を軽く洗って表面をきれいにする。
2. コップに3分の2ほど酢を入れて卵をひたす。泡が出てカラが溶けるので、割りばしで数分ごとに回転させる。
3. 泡がいっぱいになったら数時間ごとに酢を取り換える。丸1日おいてトングでそっと取り出し、水を入れた容器に移す。

卵のカラは、炭酸カルシウムという物質でできています。これは酸性の溶液に溶ける性質があります。酢は酸性なので、卵をつけておくとカラが溶け、卵は薄皮だけになります。薄皮はやわらかいうえ、水分を内側に取り込むので、卵はぷよぷよしたやわらかい状態で少し水を吸ってふくらみます。

注意とワンポイント

実験に使った卵は食べられない。また、しばらくするとくさってしまうので、その前に観察して廃棄しよう。

Day 087

やりやすさレベル ふつう

ビー玉で拡大レンズ

丸いビー玉は凸レンズのようにはたらく。
小さな昆虫などの姿をかべに大きく映して観察しよう。

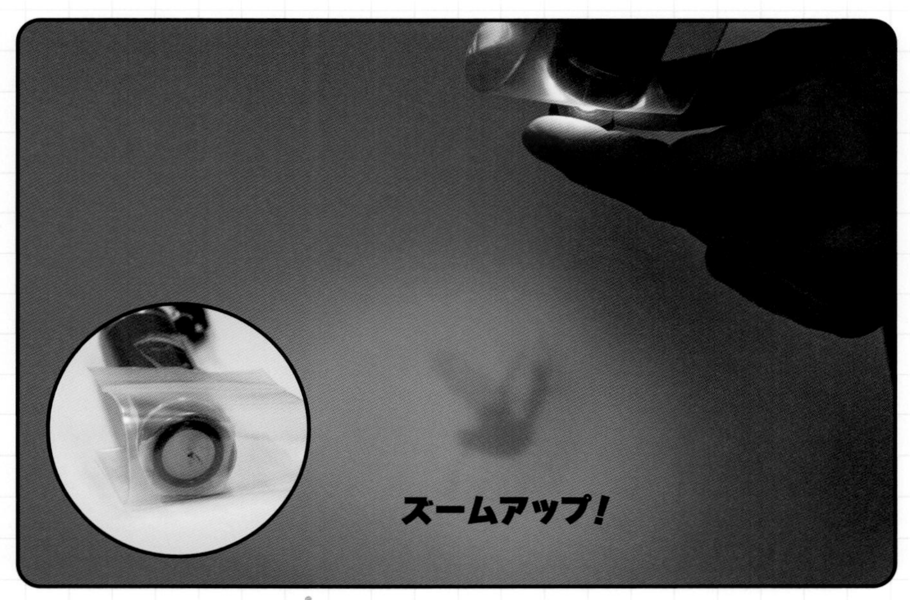

レンズ／凸レンズ／像

すすめかた

使うもの

懐中電灯、半透明の紙（トレーシングペーパーなど）、チャックつきビニール袋、透明なビー玉、セロハンテープ

1. 懐中電灯の先端に、光を拡散させるための半透明紙をはりつける。チャックつきビニール袋に観察するものを入れ、そのものがまん中になるようにテープなどでとめる。
2. 懐中電灯をつけて白いかべやノートに向け、先端にビー玉を近づける。
3. かべに映った像を見ながら、ビー玉と観察するものとの距離やスクリーンまでの距離を調節し、ピントを合わせて観察する。

ビー玉は球体ですが、「周囲にくらべてまん中が厚い」という凸レンズと同じ特徴があるので、凸レンズのようにはたらきます。とても強い凸レンズなので、小さなものを大きく映すのに適しています。

注意とワンポイント

最初はティッシュペーパーをちぎった破片などを観察し、練習しておこう。

Day 088

やりやすさレベル 超かんたん

1円玉が磁石にくっつく?

アルミ製の1円玉は磁石に引きつけられないはず。でも磁石をすばやく動かすと…1円玉がくっつく!?

電磁誘導／渦電流

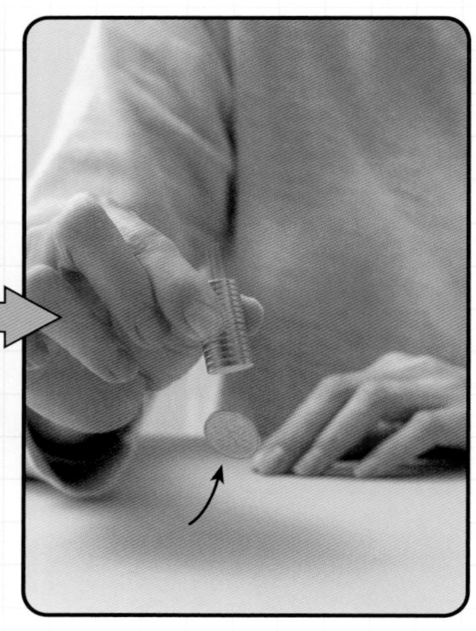

すすめかた

使うもの

1円玉、ネオジム磁石（直径1～2㎝、厚さ数㎜のもの数個）

1. **ネオジム磁石数個を重ね合わせ、1円玉に近づけてくっつかないことを確認。**
2. **机の上に1円玉を置き、その上に重ねたネオジム磁石を置く。**
3. **磁石をつまんで勢いよく引き上げると、1円玉もつられるように飛び上がる。**

アルミニウムの1円玉は磁石にくっつきません。しかし、その近くで磁石が動くとその磁場（磁力が届いている場所）の動きに応じて、アルミの中に回転するような電流が発生します（渦電流）。この電流によって電磁石のように別の磁場が生まれ、もとの磁場と力を及ぼしあいます。磁石を持ち上げるスピードがじゅうぶんに速ければ、1円玉が磁石に引きつけられ、磁石といっしょに持ち上がります。

注意とワンポイント

ネオジム磁石はとても強力なので、磁気カードや時計、精密機器などに近づけないこと。

Day 089

やりやすさレベル 超かんたん（火気注意）

吹き消せない炎

ロウソクの炎を吹き消すとき、じょうごの細い先をくわえて吹くと火が消えない？

流体／コアンダ効果

すすめかた

使うもの

ロウソク、小皿、じょうご、ガスマッチ

1. **ロウソクを小皿などに立てて置き、ガスマッチで火をつける。**
2. **まず30cmほど離れて息を吹きつけ、火が消せることを確かめる。**
3. **同じ位置から、じょうごの細いほうを口にくわえて息を吹きつけ、消せるかどうかを確かめる。**

吹いた息は空気の流れ＝風としてロウソクの炎に届き、燃えているロウの蒸気（ガス）を吹き飛ばすので炎が消えます。しかし、じょうごをくわえると息がまっすぐに進まず、風が炎に届きません。空気や水のような流れるもの＝流体は何かにふれると、その表面にそって流れるためです。このはたらきはコアンダ効果と呼ばれ、流れるものが物体の表面から抵抗を受けることで起きる現象です。

注意とワンポイント

火をあつかうので、やけどや火事にじゅうぶん注意しよう。

Day 090

やりやすさレベル　かんたん

結晶オブジェ

キラキラと光をはね返してきれいな結晶を、モールにくっつけてオブジェにする。

溶解度／再結晶

すすめかた

使うもの

焼きミョウバン、モール、ガラスコップまたはビーカー、手なべ、割りばし、糸、混ぜるもの

1. **モールで好きな形をつくり糸を結びつける。コップのまん中に割りばしをかけわたしてつり下げる。**
2. **手なべに約200mLの常温の水を入れ、ミョウバンを溶けるだけ溶かす。しばらく置いてから、弱火でぬるま湯程度に加熱しながらミョウバンを大さじ2～3杯追加する。**
3. **温度が上がりすぎないように火力を調整しながらかき混ぜ、にごりがなくなったら❶のコップに流し込んでしばらく待つ。**

ミョウバンは水の温度が高いと多く溶けます。ぬるま湯ぐらいで溶かしておいて冷ますと、溶けていられなくなったミョウバンが固体に戻り、このときに分子が規則正しく結びついて決まった形（結晶）になり、モールなどにつきます。377ページの食塩でやる、かがくあそびと同じしくみです。

注意とワンポイント

失敗したら、できたかたまりをもう一度少しのお湯に入れて溶かしてやり直すと、よりきれいな結晶ができる。焼きミョウバンはスーパーやドラッグストアなどで売られている。

やりやすさレベル 超かんたん

もれない破れボトル

ペットボトルの途中に切れ目を入れて、水をいっぱい入れると…あれ？水がもれないぞ！

大気圧

すすめかた

使うもの

ペットボトル、割りばし（適当な棒）、カッターナイフ、洗面器または水槽、水

1. **ペットボトルの横に5〜6㎝ほどの切れ目を入れて開き、割りばしなどで閉じないように押さえる。**
2. **洗面器などに水を満たして❶を入れ、水中でキャップを閉めて立てる。**
3. **キャップを持って持ち上げ、水の外に出す。**

ボトルの切れ目より高い部分にも水がありますが、水は出てきません。ボトルの上部分にある水は、キャップをしているため上からの大気の圧力を受けていません。また、さけめの部分の水面には大気の圧力がかかっていて、その力でボトルの上部分にある水を支えています。キャップをはずすと空気が入って上部分の水にも大気の圧力がはたらくので、支え切れなくなって水があふれます。

注意とワンポイント

水をたくさん使うので、ぬれてもいい場所で実験しよう。

Day 092

やりやすさレベル 超かんたん（転倒注意）

瞬間缶つぶし

飲料缶は意外にじょうぶで人間が乗ることもできる。それが、わずかなゆがみでぺちゃんこに！

圧力／座屈／構造強度

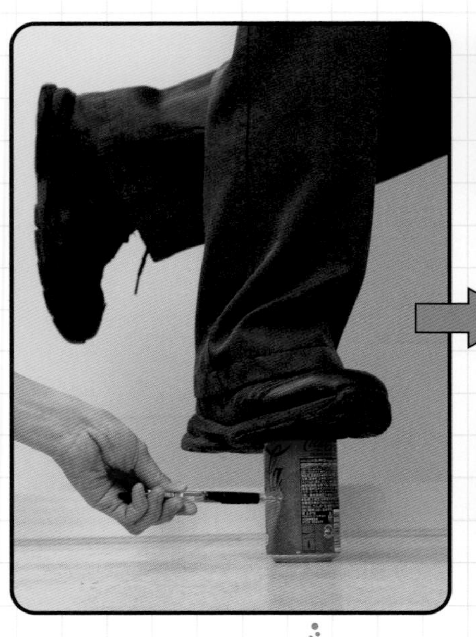

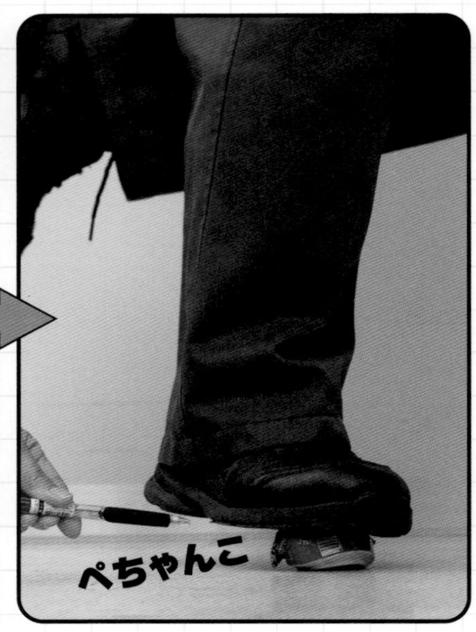

すすめかた

使うもの

プルタブの飲料缶、イスまたは机、ボールペン

1. **平らでかたい床の上に飲料のあき缶を立てて置き、すぐそばにイスか机を寄せる。**
2. **かたくて平らな底のくつをはいて、イスの背や机で体を支えながらゆっくりと缶の上に乗る。**
3. **横にいる人がボールペンなどの先で缶の横を軽くつつく。**

缶は薄い金属でできていますが、とても正確な円筒形です。力がまっすぐ下向きにかかっていれば、まわりに均等に力がかかるために、かなり大きな力（重さ）を支えることができます。ただし、少しでもゆがんで正確な円でなくなると、バランスしていた力が1か所にかかってつぶれ、いっぺんに全体がつぶれます。

注意とワンポイント

缶の上に乗るときは、体重を足先でまっすぐにゆっくりかけるのがコツ。体がぐらつくとそれだけで缶がつぶれて、バランスをくずしやすいので転ばないように注意しよう。

Day 093

やりやすさレベル 超かんたん

静電気で氷動かし

電気とはまったく関係なさそうな氷でも、静電気の力で動かすことができるってホント？

静電気／静電誘導

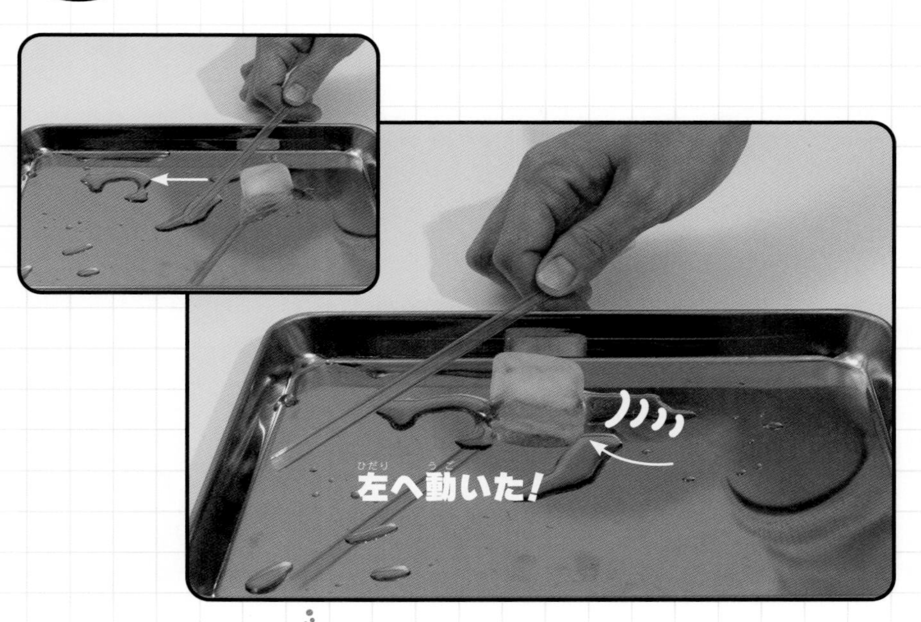

すすめかた

使うもの

ストローまたは塩化ビニールパイプ、ティッシュペーパー、氷、底が平らなトレイなど

1. **トレイに氷を入れ、氷の表面がぬれて動きやすくなるまで待つ。**
2. **ストローや塩化ビニールパイプをティッシュでこすって静電気を起こし、氷にそっと近づけると引き寄せられて氷が動く。**

静電気を帯びていない物質（ここでは氷）では、ふだんは電子と物質にあるプラスの電気がつり合っていますが、ストローのプラス（またはマイナス）が近づくと氷の表面の電子が片側に引き寄せられ（または押しのけられ）電気的なかたよりが生まれます（静電誘導といいます）。かたよったマイナス（またはプラス）と、近づいたストローのプラス（またはマイナス）が引きあい、氷が動きます。

注意とワンポイント

「この魔法のストローを近づけると…氷が動きます」なんてせりふを言いながら、マジック風に紹介してもおもしろそう。

Day 094

やりやすさレベル かんたん(紫外線注意)

ブラックライトで何が光る?

紫外線を出すブラックライトを使って、身のまわりのさまざまなものを観察しよう。

紫外線/蛍光

すすめかた

使うもの

ブラックライト、黒画用紙や黒い布など、蛍光染料入り洗剤、蛍光ペン、お札、蛍光ビーズ、白いタオルなど

1. **観察するものを黒画用紙のような反射の少ない背景の上に置いて周囲を暗くし、少し上からブラックライトの光を当てる。**
2. **ブラックライトを消してふつうの明かりで照らし、見え方の違いを観察する。**

紫外線は英語の頭文字でUVと呼ばれる、目に見えない光の一種です。太陽光に含まれますがブラックライトからもたくさん出ます。エネルギーが大きく物質を変化させるはたらきがあり、たとえば日焼けは太陽光の紫外線で皮膚がダメージを受けて起こります。物質の中には紫外線のエネルギーを受けて目に見える色の光を出すものがあり(蛍光物質)、身のまわりのさまざまなものに利用されています。

注意とワンポイント

ブラックライトから出る光には紫外線が多く含まれていて、直接見ると目の健康に害がある。自分だけでなく、ほかの人の顔にも絶対に向けてはいけない。

Day 095

やりやすさレベル ふつう（刃物注意）

顕微鏡でエイリアン発見

イワシの食べたものを顕微鏡で観察。
家にいながらにして海の生物研究ができる。

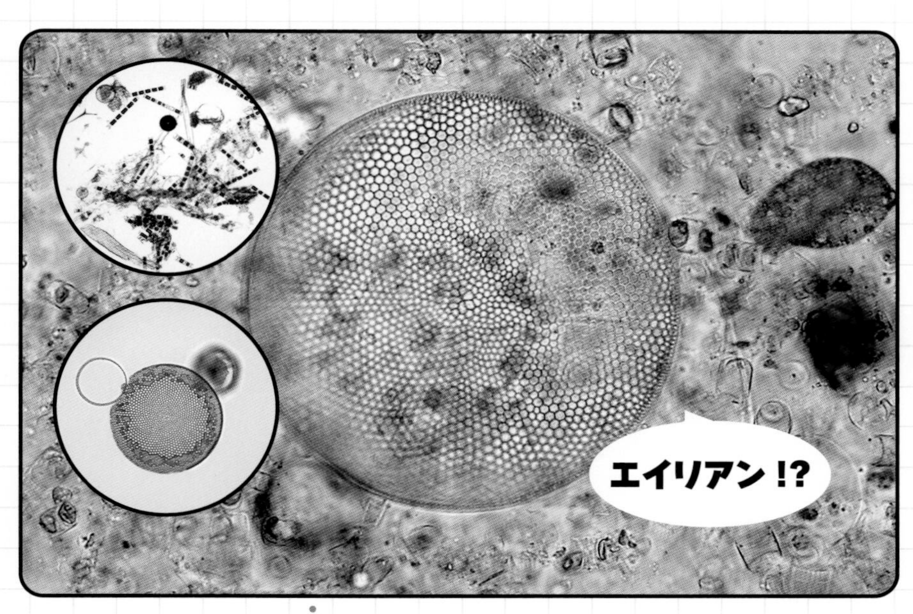

食物連鎖／プランクトン／顕微鏡

すすめかた

使うもの

顕微鏡、生イワシ、包丁、スポイト、スライドグラス、カバーグラス、水

1. **生のイワシを切って内臓を取り出し、その中身を押し出す。**
2. **内臓の中身を水で薄めてスライドグラスの上にのせ、カバーグラスをかけてプレパラートをつくる。**
3. **顕微鏡で観察（40〜200倍が見やすい）。**

漁でとれてからあまり時間がたっていない新鮮な魚の体内には、ほとんどの場合は食べたものが残っているので、解剖して観察することができます。イワシは海の中でプランクトンを食べて生活しているので、大量のプランクトンが見られます。家にいながらにして海の生物を調べることができ、プランクトンを食べて育った魚を私たちが食べているという関係を考えるのにも役立ちます。

注意とワンポイント

包丁のあつかいにはじゅうぶん気をつけよう。内臓の中身はくさるとかなりにおいがきついので、早めに処分すること。魚の身の部分はムダにせずに食べよう。

Day 096

やりやすさレベル かんたん

コップで虹づくり

水の入ったコップやペットボトルを使って鮮やかな光の虹をつくろう。

虹／屈折／分散

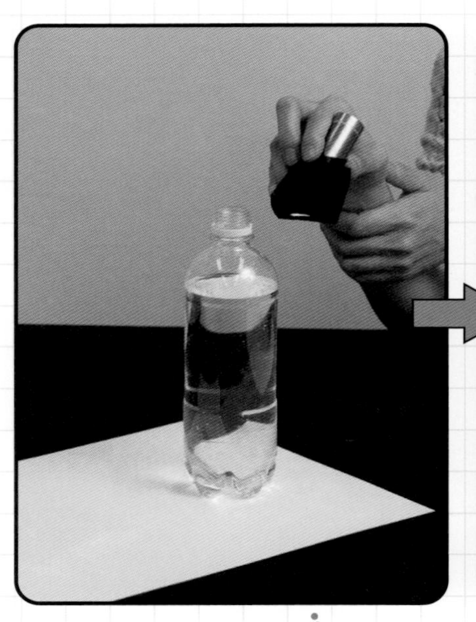

すすめかた

使うもの

円筒形のコップまたは円筒ペットボトル、懐中電灯、黒い紙、白い紙、カッターナイフ、セロハンテープ

1. **黒い紙を懐中電灯の先端より少し大きめに切り取り、まん中に幅2㎜ほどのすき間をカッターナイフであける。懐中電灯の先にかぶせてテープでとめる。**
2. **円筒形のコップか円筒ペットボトルに水を満たし、白い紙の上に置く。**
3. **まわりを暗くして懐中電灯の光を斜め上から水面に当てると、反対側の机の上に虹ができる。**

空の虹では、空気中に浮かんでいる水滴に太陽の光がさし込み、屈折して色ごとに分かれます。光は屈折するとき、含まれている色ごとに折れ曲がる角度がことなるためです。この実験でも同じように水で光を屈折させて色ごとに分解することで、虹の色をつくり出しています。

注意とワンポイント

水面に当てる光の角度をいろいろ変えて実験してみよう。

やりやすさレベル かんたん

回すと見えないシート

灰色のフィルターのように見える偏光シート。
重ねて回転させると、びっくりするような変化が起きるよ。

偏光／消光

すすめかた

使うもの

偏光シート（2枚）、見るもの

1. **1枚の偏光シートを目の前にかざし、もう1枚の偏光シートを重ねて持つ。**
2. **2枚目の偏光シートだけを回転させて、通り抜ける光の明るさを観察する。**

光は波の性質があり（粒の性質もある）、波うって進みます。波のゆれは、ふつうは四方八方ですが、1方向だけになることもあります。これが「偏光」です。ミクロのすだれのようなしくみで偏光をおこすのが偏光シートで、2枚を組み合わせて回転させると、写真のような変化が観察できます。

注意とワンポイント

偏光シート（偏光フィルムシート）はホームセンターやネット通販などで買えるよ。

Day 098

超かんたん

じょうぶなシャボン玉

シャボン玉ってきれいだけど、すぐに割れちゃう。
「割れにくいシャボン玉液」を身近にある材料でつくろう。

プラスチック／表面張力／高分子

すすめかた

使うもの

PVA洗濯のり、中性洗剤、ガムシロップ、やかん、水、計量カップ、プラカップなど

1. **水200mLを5分ほど沸騰させてからぬるま湯の温度まで冷ます。**
2. **❶のお湯100mLにPVA洗濯のり30〜50mLを入れて1〜2分混ぜ、中性洗剤10〜15mL、ガムシロップ小さじ1を入れてよく混ぜる。室温になったら使用する。**

水にはかなり強い表面張力がありますが、洗剤に含まれる界面活性剤のはたらきで表面張力が弱まり、膜になりやすくなります。これを利用して薄い膜で球をつくるのがシャボン玉です。洗濯のりの成分であるPVAはひものように細長い分子でできていて、薄い水の膜を補強します。ガムシロップや砂糖の成分は水の蒸発を弱めるとされています。

注意とワンポイント

シャボン玉液は飲み込まないように注意。もし口に入ったら、すぐにはき出して大量の水でうがいをすること。

Day 099

やりやすさレベル かんたん

一瞬で凍る水①

ペットボトルに1粒の氷を放り込むと、ボトル全体があっという間に凍る！

過冷却

すすめかた

使うもの

小さめのペットボトル、水、冷蔵庫（保冷室）、温度計

1. **保冷室を−3〜5℃に設定し、水を入れたペットボトルを丸1日入れて冷やす（凍ったら温度を少し上げてやり直す）。保冷室が使えない場合は、大きめのボウル半分の氷に食塩大さじ3〜6杯を混ぜると−10℃ぐらいまで冷えるのでこれで試す。**
2. **振動や衝撃を与えないようにボトルを取り出してそっとキャップをあけ、1粒の氷を入れると全体が瞬間的に凍る。**

水が凍るのは0℃ですが、振動や衝撃を与えないように静かに冷やすと、これより低い温度でも凍らないことがあります。この状態を過冷却といいます。とても不安定で、ボトルをぶつけたり氷が飛び込むなどの小さなショックで凍り始めます。

注意とワンポイント

冷蔵庫を使うときは家の人にお願いして、実験中はボトルにショックを与えないようにするなど協力してもらおう。

Day 100

やりやすさレベル　かんたん

オストアツクナル

シリンジ（プラスチック製注射器）にシート温度計を入れて押すと…？ヒントはこの実験のタイトルにあるよ。

圧力／温度／分子運動

使うもの

30～50mLのシリンジ、シート型温度計（液晶インク温度シート）、ゴムシートなど

1. **シート型温度計（温度が変わると色や数字が変化するシート）を表示が外からわかるように工夫してシリンジの中に入れる。**
2. **シリンジに空気をいっぱいに入れ、空気が抜けないように先をゴムシートに押しつけてピストンを押しながら温度表示を観察。**
3. **逆に空気をいっぱいに抜いてからゴムシートに押しつけ、ピストンを引いて温度表示を観察。**

温度とは、ものをつくっている分子の運動の激しさです。ピストンを押し込むと内部の圧力が上がりますが、これは空気の分子がより激しくシリンジの内側やピストンに当たるためです。つまり圧力を上げると温度も上がります。

注意とワンポイント

ピストンの押し引きは力が必要なので、自信がないときは大人に手伝ってもらおう。実験は手の熱が伝わらないように注意し、1回ごとに時間をあけて（室温に戻るのを待って）行う。

やりやすさレベル かんたん

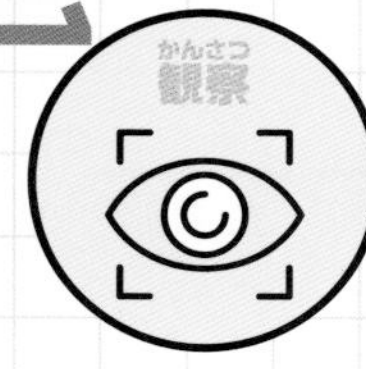

スキャナが顕微鏡に!?

スキャナは書類などをスキャンしてパソコンに取り込む装置。使い方を工夫すれば顕微鏡みたいに超拡大ツールにもなる。

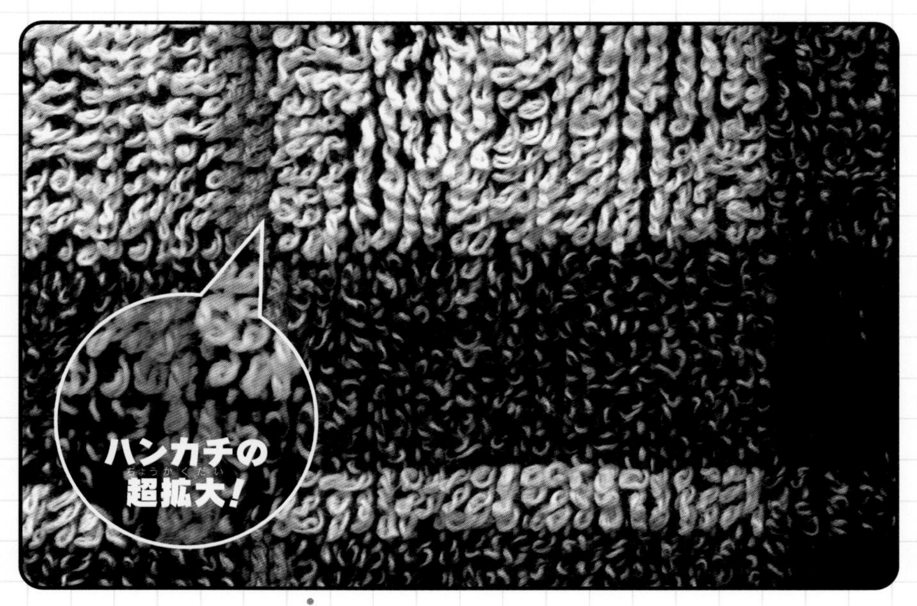

すすめかた

使うもの

スキャナ、コンピュータ、布や紙など光をさえぎるもの

1. **スキャナのガラス台に観察するものを置き、布などをかぶせて（スキャナのフタをせずに）できるだけ高解像度でスキャンする。**
2. **スキャンした画像をパソコンに取り込んで、拡大して観察する。**

スキャナとは書類などをスキャンしてパソコンに取り込む装置です。拡大して印刷したり美しい画像をつくるために、画面表示や印刷するときの解像度よりはるかに高解像度でスキャンできるしくみになっています。このためソフトで拡大して見ると、実物を目やルーペで観察するよりずっと細かく見ることができます。取り込んだ画像の一部を印刷してメモを書き込むと観察記録にもなります。

注意とワンポイント

スキャンするときに強い光が出るので、布などをかぶせて光が目に入らないように注意しよう。

やりやすさレベル 超かんたん（火気注意）

元祖あぶりだし

わくわく

あぶりだしは昔からある「かがくあそび」のひとつ。
酸や砂糖の反応によって絵や文字が現れるぞ。

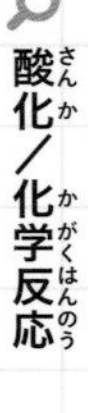

すすめかた

使うもの

酢やミカン汁、砂糖水、オレンジジュースなど、小皿、筆または綿棒、コピー用紙、ホットプレートまたはコンロ、古新聞紙など

❶ 酸性溶液の酢やミカン汁、砂糖水、オレンジジュースなどを、筆や綿棒につけてコピー用紙に絵や文字をかき、しばらく乾かす。

❷ ホットプレートを200〜220℃に設定し（コンロでは弱火）、❶の紙を置いて1〜2分加熱すると、かいたものが現れる。

昔は火鉢やストーブなどで熱していたので、（火に）あぶって（文字を）出すから「あぶりだし」と呼ばれました。熱することで酸性溶液が紙と反応したり、砂糖成分が茶色に変化することで文字が現れます。なれるとフライパンとガスコンロでもできます。

注意とワンポイント

やけどや火災にはじゅうぶんに注意しよう。紙は加熱するだけで、黒くこがす必要はない。こげやすい場合は温度を下げるといい。

Day 103

やりやすさレベル かんたん

ゆれる建物テスト

地震で建物がゆれるときの
ゆれやすさや強さについて実験で考えよう。

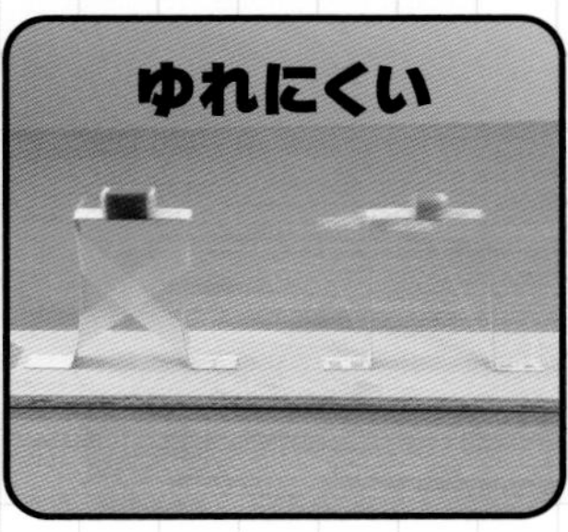

耐震/かすがい/ラーメン構造

すすめかた

使うもの

厚紙、ハサミ、定規、敷居すべり、のり、板、消しゴム(大小)、ビニールテープ、セロハンテープ

1. 厚紙を幅2㎝ほどの帯に切り取り、定規を使ってΩ字型に折り曲げる。
2. 同じサイズのものを2個つくり、片方に重いおもり(消しゴム大)、もう片方に軽いおもり(消しゴム小)を固定する。
3. 板の下面に敷居すべりテープをはりつけ、上面に❶の下の足をのりづけする。
4. 板の端を持って左右に細かくゆらし、ゆれ方を観察。次にセロハンテープを斜めにはってゆれ方を観察する。

建物が地震でゆれるとき、天井の重さの違いで「ゆれやすくなるタイミング」が違うのがわかります。また大きくゆれるゆれでも、何かを斜めにかけわたすとゆれにくくなります。「かすがい」という補強です。

注意とワンポイント

幅と高さをさまざまなパターンでつくって、ゆれやすさや強さの違いを調べてもおもしろいよ。

Day 104

やりやすさレベル かんたん

超ミニたこあげ

風があればたこは上がる。
扇風機の風でも超ミニのたこならOK！

揚力／空気抵抗／力の合成・分解

すすめかた

使うもの

画用紙、コピー用紙、セロハンテープ、ぬい糸、画びょう、扇風機

1. 画用紙を7㎝×10㎝の大きさに切り、縦半分に折り目をつける。折り目の上から1／3〜1／4のところに画びょうで穴をあけてぬい糸を通し、裏側をテープでとめる。
2. コピー用紙を幅7㎜、長さ15㎝に切り、紙の下にぶら下がるようにはる。
3. 扇風機の風の方向を斜め上に向けてスイッチをいれ（首ふりはOFF、強さは中）、糸の根元を下で持ってかまえる。たこあげのやり方で風の中にたこを入れて放す。

風が当たると、たこは後ろ斜め上に力を受けます。斜め上の力のうち、真後ろに向かう力は糸を引く力とつり合いますが、斜め上の「上」に向かう力がたこの重さを支えます。この力が揚力です。

注意とワンポイント

扇風機は小型の送風扇がベスト。画用紙の代わりに同じくらいの厚さの紙を使ってもいい。

Day 105

やりやすさレベル かんたん（火気注意）

水を吸い上げるロウソク

コップの中の炎が消えると水が上昇する!?
昔からある有名な科学マジックだよ。

燃焼／酸素

すすめかた

使うもの

小さなロウソク、皿、画びょう、コップ、セロハンテープ、ガスマッチ、水

1. **ロウソクの根元に画びょうをさして皿のまん中に立て、皿に深さ数㎜の水を入れる。**
2. **ロウソクに点火してからコップをかぶせる。**
3. **しばらくすると火が消え、コップの中の水位が上がる。**

コップをかぶせるとロウソクの火はコップ内の酸素を使って燃え続けますが、酸素を使いつくすと消えます。空気中の酸素は約21％なので、使われるとこの分だけ空気の体積が小さくなり、コップの中の圧力が下がって水を吸い込みます。このとき圧力が下がることでコップが皿にくっつかないよう、コップのヘリ2～3か所にテープをはって、すき間ができるようにしておくとうまくいきます。

注意とワンポイント

炎の熱がコップに伝わらないように、少し大きめのコップか、耐熱ガラスのコップを使うといい。

Day 106

やりやすさレベル 超かんたん

固体と液体の三重奏（層？）

比重がことなる液体と固体の食品をコップに入れて、下から上へ重ねてみよう。

比重

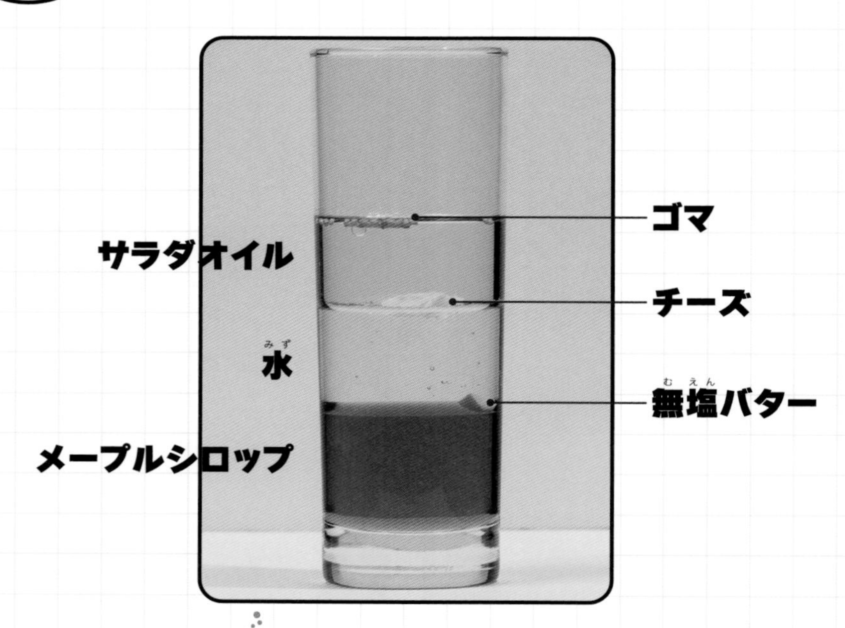

すすめかた

使うもの

メープルシロップ、サラダオイル、水、無塩バター、プロセスチーズ、白ゴマ、細長いコップなど

1. 細長いガラス容器にメープルシロップを深さ4分の1ほど注ぎ、その上にサラダオイルを同じ深さに注ぐ。さらに水を少しずつゆっくり注ぐと、下からシロップ、水、オイルの3層になる。
2. 直径1㎝ほどに切った無塩バターをはしで水の層まで押し込み、プロセスチーズをオイルの層まで押し込む。最後に上からゴマをかけると、それぞれが境界に浮かぶ。

同じ体積で“もの”の重さをくらべ、水を1とした比率で示した値を比重といいます。この実験で上下の順番は、それぞれの比重の順番になっています。固体のバターやチーズの比重は、上下の液体（シロップと水、水とオイル）の中間なので、液体の境目に浮かびます。いちばん比重が小さいゴマはオイルの上に浮きます。

Day 107

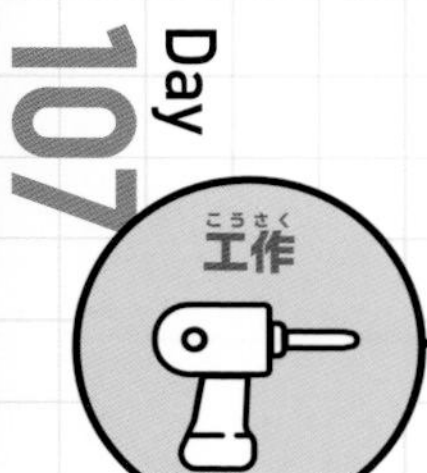

やりやすさレベル　超かんたん

牛乳パックぴょんいもむし

牛乳パックで、とびはねる「いもむし」をつくろう。
どっちがうまくとぶか、友だちとくらべてみてもいい。

ばね／紙

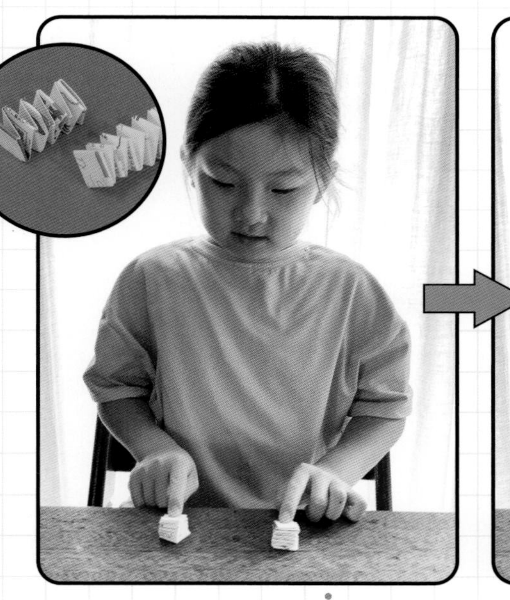

すすめかた

使うもの

牛乳パック、ハサミ、定規、ホチキス、セロハンテープ

1. 牛乳パックをきれいに洗って開き、幅1.5〜2㎝の帯を数本切り取る。
2. 同じ長さの帯2本の端を直角に組み合わせて、ホチキスで1回とめる。
3. 片方をもう一方の上に重ねて折り、たがい違いに折り重ねていく。折り終わりをホチキスで❷と同じようにとめる。
4. 平らなところに立て、上から指で軽く押さえてはじく。

紙を折った部分がもとに戻る力を利用した、紙のばねです。**牛乳パックは質のよい紙が使われていて、さらに表面にポリエチレンのフィルムがはられていてじょうぶ**なので、この実験の目的に合っています。たがい違いに直角に組み合わせたので、立体的な形を保ちます。

注意とワンポイント

ホチキスの針が飛び出ているとケガをしやすいので、テープをはってカバーしておこう。

Day 108

やりやすさレベル かんたん

RGBカラー影絵

ふつうの影絵では影は黒いよね。
でも、ちょっとした工夫で3倍以上楽しめるカラー影絵になるぞ！

光の三原色

すすめかた

使うもの

色セロハン（赤・緑・青）、懐中電灯（3本）、白い紙（白いかべでもよい）

1. **懐中電灯3本にそれぞれ赤・緑・青のセロハンをかぶせ、白い紙やかべに向けて光を重ねる。**
2. **懐中電灯との間に影になるもの（手や物など）を入れると影ができ、影の重なり合った部分にさまざまな色が現れる。**

懐中電灯による赤・緑・青の3つの光は向きが少しずつずれるので、できる影も少しずつずれます。このため、全部の光がさえぎられた影だけでなく、1つまたは2つの色の光だけがさえぎられた影もできます。影の部分で合わさる色の種類によって、赤、緑、青以外のさまざまな色の影ができるのです。なお、赤・緑・青は「光の三原色」といい、割合を変えて混ぜるとすべての色がつくれます。

注意とワンポイント

懐中電灯3本をひとりで持って試すのは難しいので、友達やおうちの人に手伝ってもらおう。

やりやすさレベル 超かんたん

わくわく

定規でだるま落とし

コインを重ねて定規で一番下をたたくと、たたいた10円玉だけが飛び出す！

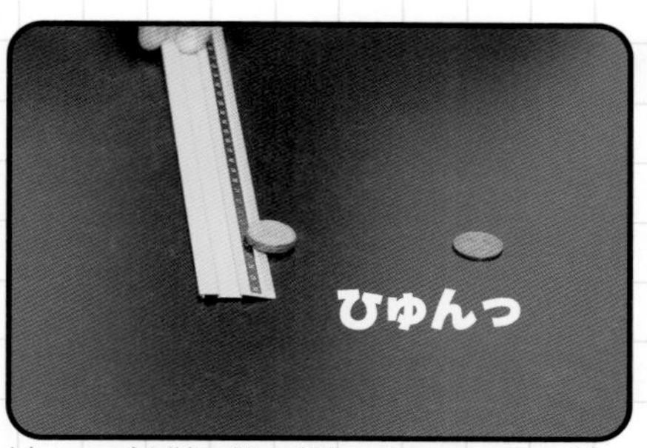

下の10円玉1枚に力を「すばやく」加えると、上の100円玉は慣性がはたらいて動かず、10円玉だけが動きます。

すすめかた

使うもの

100円玉や10円玉を数枚、ヘリが薄い定規

1. **10円玉を数枚重ね、一番上に100円玉をのせる。**
2. **定規を机の表面をすべらせるように動かして下の10円玉1枚を真横からたたくと、100円玉が上にのったまま10円玉が飛び出す。**

注意とワンポイント

定規をすばやく動かすのがコツ。

慣性／質量

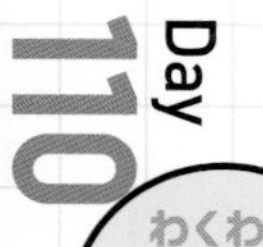

やりやすさレベル 

さくっと糸カット

おもりのついた糸を引っぱる速さを変えると、「切る」「切らない」が思い通りに。

ゆっくりだと糸を引く力は摩擦力と同じですが（向きが逆）、勢いよく引くとおもりの重さが動きをさまたげるはたらき（慣性）も加わるので糸が切れます。

すすめかた

使うもの

おもり（水を入れたペットボトルなど）、ミシン糸

1. **おもりに糸を50㎝ほど手もとを残して結びつける。**
2. **おもりを床に置き、最初はゆっくり引く（おもりが動く）。**
3. **次に勢いよく引くと糸が切れる。**

注意とワンポイント

97ページの「おまじない糸カット」とよく似たしくみ。

慣性／質量

Day 111

やりやすさレベル かんたん

風船ホバークラフト

机の上をスイスイすべるように動くCD。
友達といっしょに走らせて競争するのも楽しそう。

摩擦／ホバークラフト／慣性

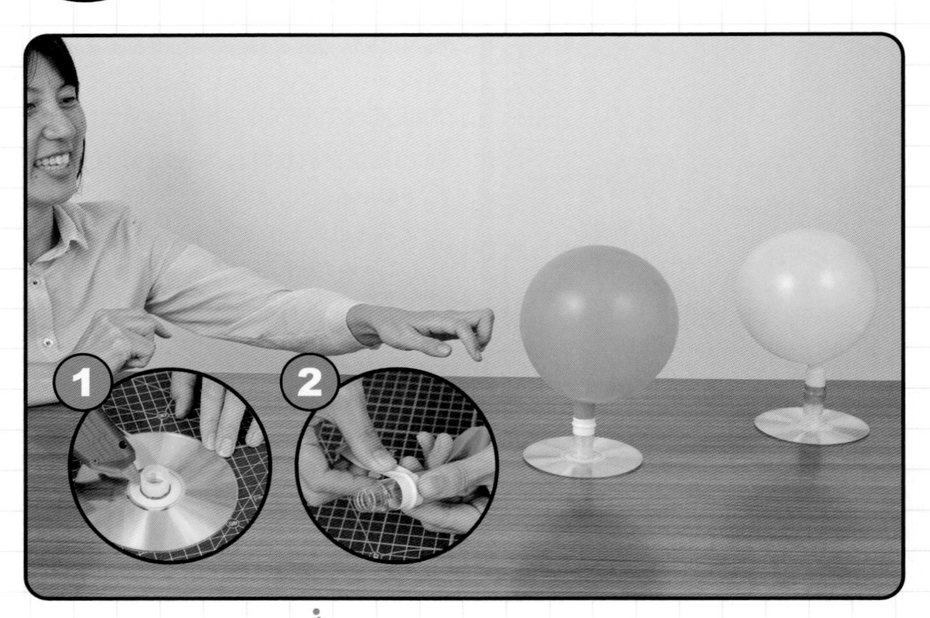

すすめかた

使うもの

不用なCDやDVD、プラスチック製の小容器（キャップが取れるもの）、ホットメルト接着剤、ゴム風船、糸など

1. **小容器のキャップと本体の底に空気穴をあけ、キャップをCDの記録面（キラキラ光る面）のまん中にホットメルト接着剤で接着する。**
2. **小容器の本体にゴム風船をかぶせ、糸などでしばってとめる。**
3. **小容器の本体に息を吹き込んで風船をふくらませ、CDにつけたキャップに取りつけてから机の上に置いてすべらせる。**

風船から出た空気は、小容器の穴を通ってCDの下に吹き出ます。空気はCDと机表面とのすき間に流れて、CDを机表面から少しだけ浮き上がらせます。**CDと机は直接ふれていないので摩擦がほぼない状態**になり、風船の空気が全部抜けるまですべるように動きます。

注意とワンポイント

小容器にあける穴は直径2㎜ぐらいでいい。大きすぎると早く空気が抜けてしまうよ。

Day 112

やりやすさレベル かんたん

観察

波再現ストロー

ストローなど身近なものを使って、
波の動きを再現するシンプルな装置をつくろう。

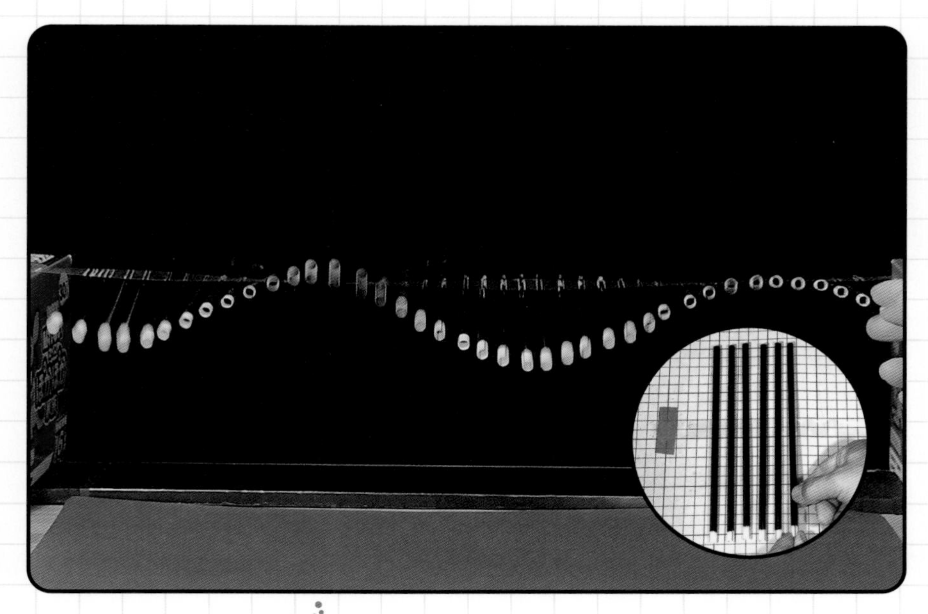

波

すすめかた

使うもの

ビニールテープ、ストロー(多数)、箱(台になるもの)

1. 1mほどの長さに切ったビニールテープを机の上に「粘着面を上にして」固定(両端を短いテープで机にくっつける)。
2. ストローのまん中に印をつけ、❶のテープに直角に1～1.5㎝間隔で並べてくっつける。
3. テープの両端を15㎝ほど残してストローを並べ、両端を箱などにつけて固定する。
4. 端のストローの先端をはじくと、波の動きが再現される。

水の表面などを伝わる波は、1点が上下する運動が左右に少しずつ遅れながら伝わっていきます。この装置では、あるストローの動きが、まん中のテープによって少し遅れてとなりに伝わるので、横から先端を見ていると波の動きになります。波の重なりやはね返るようすを見ることができます。

注意とワンポイント

ストローの先端を白くぬっておくと動きが見やすくなるよ。

Day 113

やりやすさレベル 超かんたん

まんまるレインボー

音楽CDなどのディスクは光を反射すると色が見える。光の当て方を工夫すると、まんまるな虹が現れるよ！

回折／分光

すすめかた

使うもの

不用なCD、懐中電灯、コピー用紙

1. **懐中電灯にコピー用紙を1枚かぶせてとめ、光を弱める。**
2. **CDを立てかけて置き、30㎝ほど離れた場所からまん中に光を当てながら向きを調節すると、CDに円形の虹が現れる。**

CDなどには細かいすじ（実際は、ごく小さな穴の列）がついていて、当たった光を虹のような色の光に分散します。このすじは同心円（中心が同じで大きさがことなる円）状なので、分散した光も丸くなりますが、ふだんは一部だけが見えるので丸くありません。でも、**まん中の真正面からまんべんなく光が当たり、同じ向きから観察すると円形に見えます**。この虹は、プリズムや空にかかる虹とは別の「**回折**」という現象で起きています。

注意とワンポイント

反射した光は明るすぎるので、コピー用紙をかぶせて光を弱めている。それでも光を見つめ続けないように注意。

Day 114

やりやすさレベル かんたん

超重くなる下じき

つまんで持ち上げられるはずの下じきが、なぜか超重い。下じきを押さえつけているのは何だ？

🔍 大気圧／吸盤

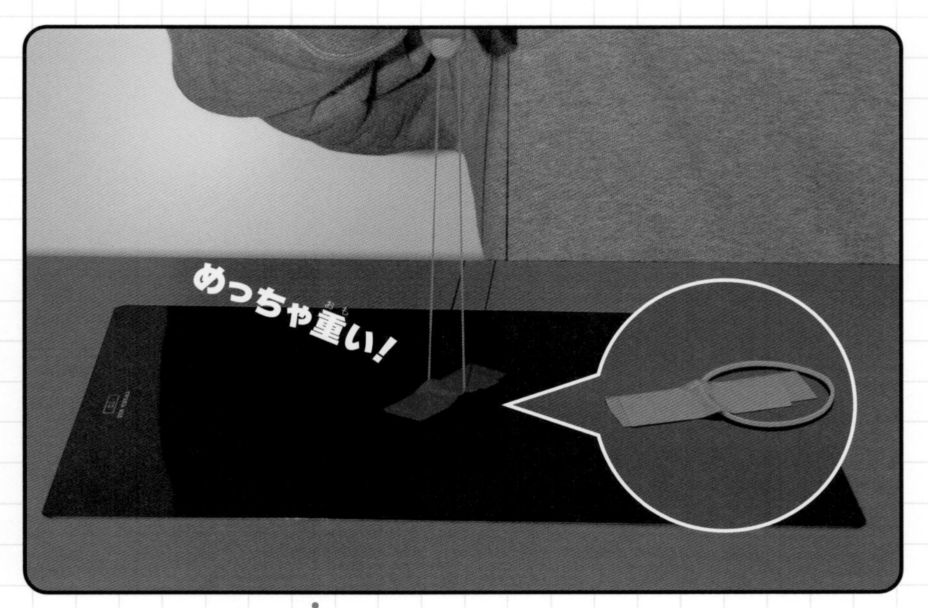

すすめかた

使うもの

下じき、ガムテープ、輪ゴム、タコ糸

1. **下じきのまん中にガムテープで輪ゴムをはりつける。**
2. **輪ゴムを持って下じきをぶら下げたあと、平らでなめらかな机の上などに置き、引っぱり上げようとすると…？**

身のまわりの空気（大気）には1 ㎠あたり約1 kgの圧力がかかっています。下じきが空中にあるときは、上と下から同じ力がかかるので感じられません。しかし、机の上に置いたときは下側には空気がないので、上側からの力だけがはたらいて机の表面に押しつけられるので、輪ゴムがのびても持ち上がらなくなります。

注意とワンポイント

輪ゴムを思いきり引っぱるとゴムが切れてしまう。ゆっくり引っぱって重さを感じよう。

Day 115

やりやすさレベル かんたん（やけど注意）

かんさつ 観察

ガスコンロ炎色反応

金属を熱して炎の色を見る「炎色反応」の実験。179ページのナトリウムより、もっとお手軽に試そう。

炎色反応

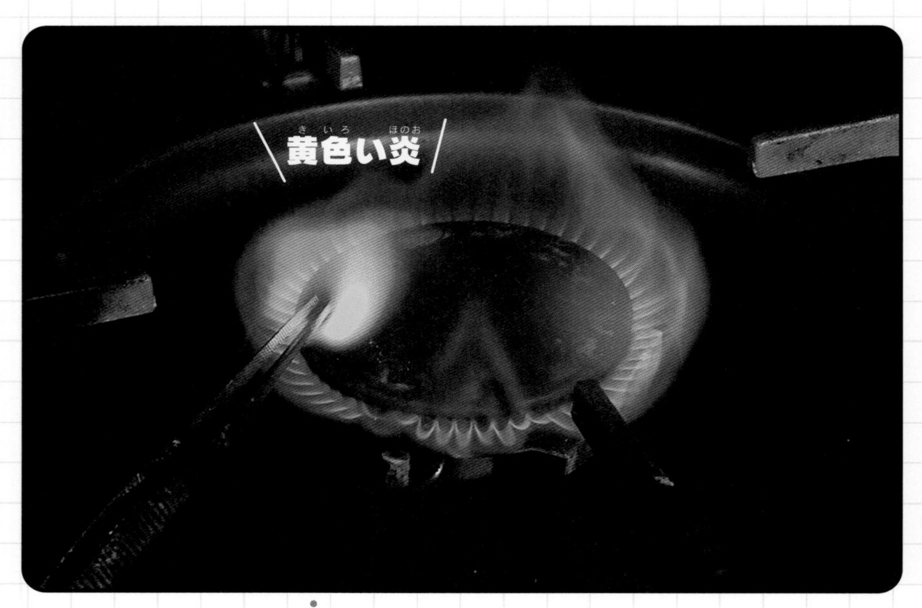

すすめかた

使うもの

ピンセットまたは火ばし、ガスコンロ、食塩水

1. **食塩水をつくり、ピンセットまたは火ばしの先につける。**
2. **コンロに着火し、部屋の照明を暗くする。**
3. **食塩水のついたピンセットまたは火ばしの先を炎の中に入れ、炎のようすを観察。ピンセットなどの先から黄色い炎が出る。**

さまざまな金属元素を熱して炎の色を調べる「炎色反応」。食塩に含まれるナトリウムの原子にエネルギー（この場合は熱）を加えると、原子の中にある電子がエネルギーを受け取って活発な状態になります。電子はすぐもとの状態に戻りますが、このときに受け取ったぶんのエネルギーを特定の色の光として出します。ナトリウムではこの特定の色が黄色なので炎が黄色い光を出すように見えます。

注意とワンポイント

ガスコンロを使うときは、家の人に許可をもらってから。炎の中に入れたピンセットや火ばしはとても熱くなるので、やけどに注意しよう。

レトロ水準器

下でつながった水の面が水平になるしくみを利用して、昔からある水準器で高さの差を調べよう。

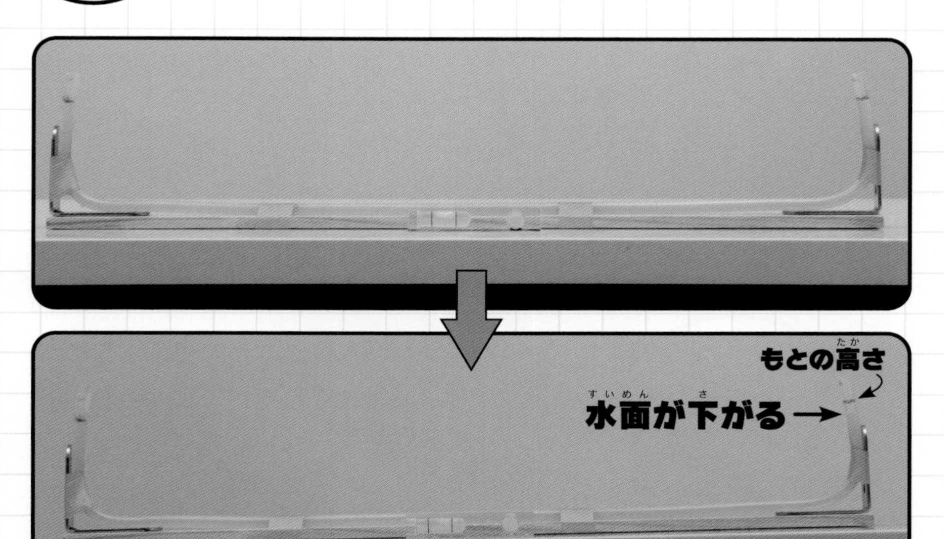

水平／水面／圧力

すすめかた

使うもの

長い棒、L字金具、ビニールホース、ビニールテープ、定規、油性ペン、スポイト、水入れ、水など

1. **長い棒の両端にL字金具を取りつけ、ホースをU字型になるようにテープで固定する。**
2. **両端のホースの立ち上がった部分に、左右に同じ高さの目印を油性ペンでつける。**
3. **水平な机の上でホースの目印まで水を入れ、机を傾けて水面のようすを観察。**

「水平」という言葉のように、水面は重力の向きに常に直角になります。このとき水面がつながっていなくても、水全体がどこかでつながっていれば、水面になったすべての部分で高さが同じになります。水にかかる力は水のどの部分にも同じ比率で伝わるため、どこかで盛り上がると別のところに水が送られ、水面は同じ高さになります。

注意とワンポイント

これと同じような道具は、江戸時代には「水盛台」と呼ばれて建築などで活躍したよ。

Day 117

工作

やりやすさレベル かんたん

黒白なのに色が出現

**黒い模様だけなのに、回転させると色が見える!?
コマをつくって確かめてみよう。**

色覚／錯覚

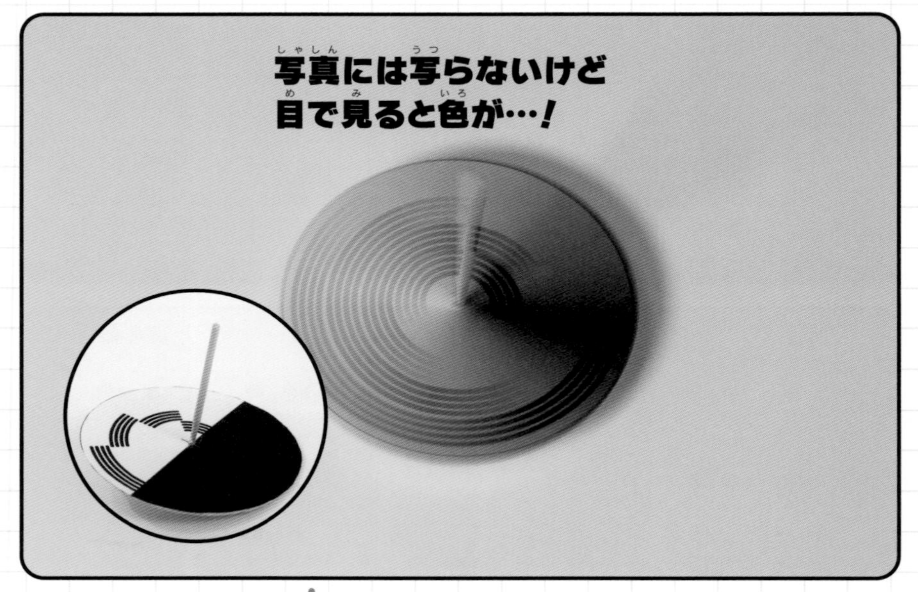

すすめかた

使うもの

厚紙、コンパス、黒サインペン、竹ぐしまたはつまようじ、ハサミ、画びょう、木工用接着剤

1. **厚紙に8㎝ぐらいの円をえがき、黒ペンで写真左のような模様をかく。**
2. **周囲を丸く切り取り、中心に画びょうで穴をあけて、接着剤を少しつけた竹ぐしをさし込む。**
3. **接着剤がかたまったら、机の上で竹ぐしをつまんで回転させる。**

コマがすばやく回転しているとき、黒白模様の部分に赤や緑などの色が現れます。写真には写らないことから、白と黒がくり返すことで、目が色を見ているとかん違いするためと説明されています。ただし、当たっている光が古い蛍光灯だと実際に色がついて写真に写ることもあります。

注意とワンポイント

画びょうや竹ぐしをあつかうときはケガに注意して、ていねいに工作しよう。少しぐらい黒い部分がはみ出しても問題ないよ。

Day 118

観察

やりやすさレベル 超かんたん

トルネード in コップ

水の中に砂煙（？）をあげるミニトルネードが出現。
コップの中の渦の動きを観察しよう。

流体／渦／遠心力

すすめかた

使うもの

コップ、はし、かたくり粉

1. コップ7分目まで水を入れ、かたくり粉をひとつまみほど入れて軽くかき混ぜる。
2. 水がにごるので、そのまま30分ほど静かに置いておく。
3. 水が透き通ったら水面に近い部分にはしを入れてゆっくりかき回すと、しだいにかたくり粉がうずまき状にわき上がる。

トルネードとは竜巻のことで、ふつうは身のまわりの空気（大気）の中に発生するうずまき状の風の流れをいいます。かたくり粉は水にはあまりよく溶けないため、粉として底のほうにたまりますが、水の動きといっしょに巻き上がるので、渦の動きがわかります。

注意とワンポイント

かたくり粉以外に、小麦粉やカレー粉でやっても同じようにトルネードが出現するか試してみよう。

Day 119

マジック

やりやすさレベル　超かんたん

逃げろゴマ!

水面にちらばったゴマに魔法の呪文をとなえると、まるで生きているみたいにさっと動くよ。

表面張力／界面活性剤

すすめかた

使うもの

皿やトレイ、ゴマ、中性洗剤

1. **皿やトレイに1㎝ほどの深さに水を入れ、水の動きがおさまるまで数分待ってからゴマをできるだけムラのないようにパラパラとまく。**
2. **中性洗剤を2〜3倍に薄めたものを指先に1滴つけて、水面の端に軽くふれると、ゴマが指から逃げるようにさっと動く。**

水の表面に引っぱるようにはたらく力＝表面張力を利用した実験です。中性洗剤には水の表面張力を弱める成分が含まれているので、水面にふれるとその部分の引っぱる力が弱くなり、まわりから引っぱられて水面が動きます。水面の動きはふつうは見えませんが、ゴマが浮いているのではっきりわかるというしくみです。

注意とワンポイント

白ゴマなら皿は暗めの色のものが見やすい。水面にふれるとき「逃げろゴマ!」と声をかけると、マジックみたいにして楽しめるよ。

やりやすさレベル かんたん

脱臭剤で電池

冷蔵庫の脱臭剤の中に入っている
ヤシガラ活性炭を使って電池をつくろう。

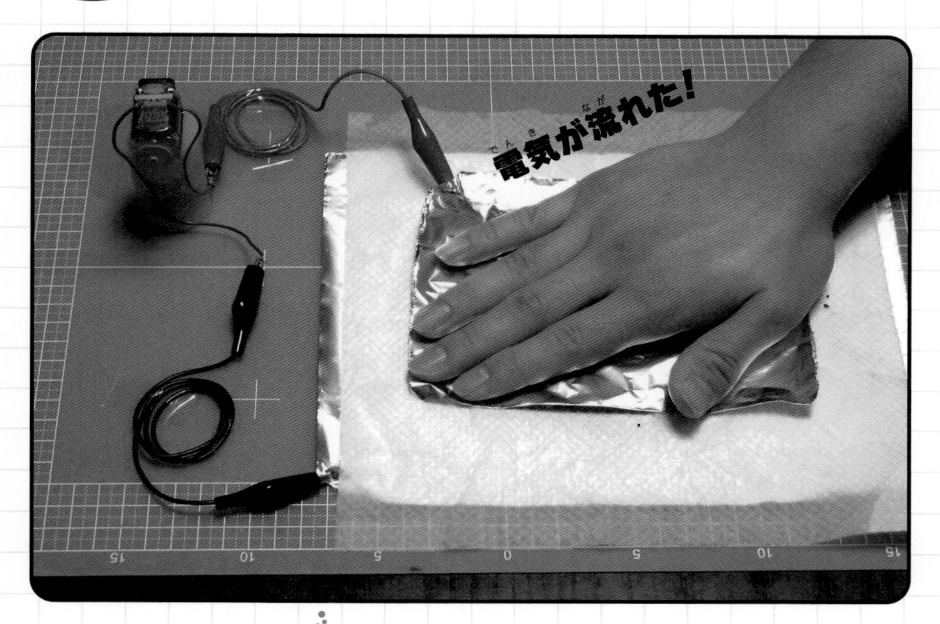

電池／イオン／電解質

すすめかた

使うもの

冷蔵庫脱臭剤(ヤシガラ活性炭と記されたもの)、アルミホイル、ペーパータオル、食塩、水、プラスチックコップ(水の容器)、ミノムシクリップつきリード線(2本)、小型モーター&プロペラ

1. **水に食塩を溶けるだけ溶かして濃い食塩水をつくる。**
2. **アルミホイルの上にペーパータオルをのせ、その上に冷蔵庫脱臭剤から取り出した活性炭を平らに広げて食塩水をひたひたにかける。**
3. **一番上に小さめに切ったアルミホイルをのせる。モーターをつないだミノムシクリップつきリード線を上下のアルミホイルにつなぎ、ホイルを上からしっかり押さえるとモーターが回る。**

183ページと同じく、プラス極が活性炭、マイナス極がアルミホイルを使った電池です。アルミニウムイオンが食塩水に出て活性炭に移動し、アルミイオンから離れた電子(電気のもとになる)がモーターを通って活性炭に移動することで電流が流れます。

注意とワンポイント

上下のアルミホイルが接触しないように注意。

Day 121

やりやすさレベル かんたん

氷でレンズづくり

ふつうのレンズはガラスやプラスチックでできている。でも透明なものなら何でもレンズがつくれるんだ。

屈折／レンズ／氷

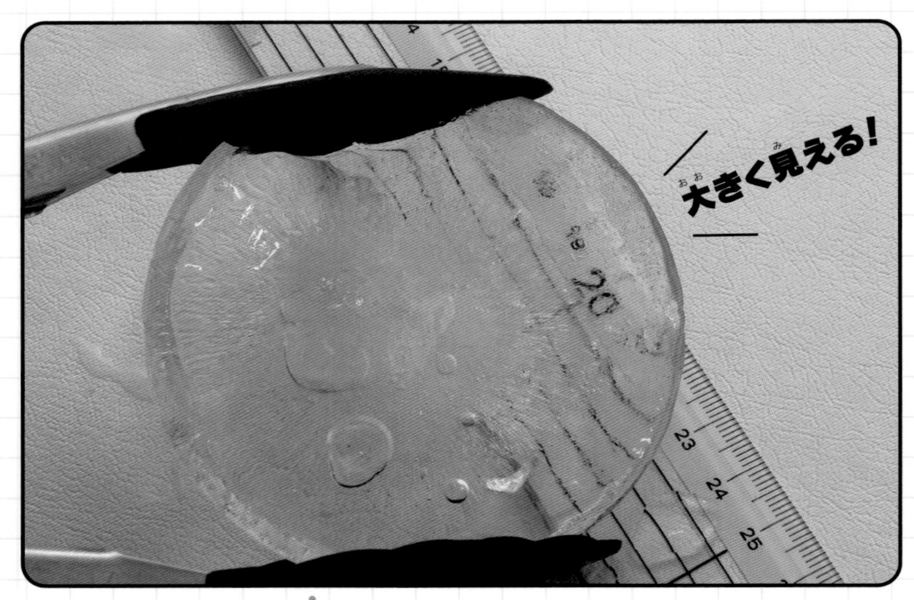

すすめかた

使うもの

底が丸い（球面の）茶わん、食品ラップ、弁当保温シート、水、やかん、コップ

1. 水道水200mLを5分以上沸騰させ（空気をできるだけ追い出す）、そのままゆらさないように置いて冷ます。
2. ❶を茶わんに深さ1㎝ほど入れてラップをかぶせ、保温シートを数回重ねてくるむ。冷凍庫に「茶わんが水平になるように」入れてひと晩以上かけて凍らせる。
3. できた氷を取り出し、手を当てて少しずつ溶かして凸レンズ型に整えて文字などを観察する。

透明なものなら、周辺よりまん中が厚い形にすれば何でも凸レンズになります（空気以外）。水は凍るときに溶けている空気などが泡になるので白くにごります（透明でなくなる）。保温シートなどでくるむと冷えるのがゆっくりになり、泡が逃げ出す時間があるので透明になり、その氷の形を整えればレンズになります。

注意とワンポイント

ひと晩で凍るように冷凍庫の温度設定を調節するといい。ただし、家の人に断ってから実験しよう。

Day 122

やりやすさレベル かんたん（火気注意）

紙コップロケット発射！

エタノールが燃えるときに出る熱を使って紙コップのロケットをポンッと飛ばそう！

燃焼の条件／燃焼の速度

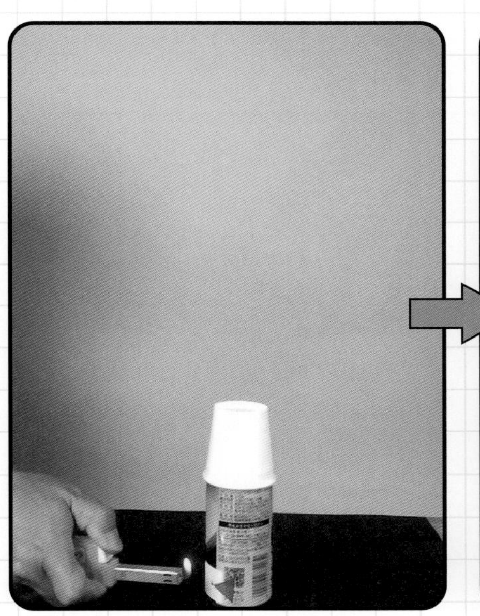

すすめかた

使うもの

飲料缶、紙コップ、エタノール（アルコール）、霧吹き、ガスマッチ

1. **飲料缶（あき缶）の底から3㎝ほどのところに直径3～5㎜の穴をあける。**
2. **缶の中に霧吹きでエタノールを3～5回スプレーし、上から紙コップをかぶせてギュッと押してはめる。**
3. **全体を両手でしばらく温めてから机の上に立て、ガスマッチの炎を缶の穴に近づける。**

ものが燃えるとき、ものと酸素とがよく混ざっているとより激しく燃えます。缶の中では霧状のエタノールが手の熱で温められて蒸発し、気体になって空気とよく混ざりあっているので、液のエタノールにくらべて圧倒的に速く燃え、急に大きな熱が出ます。この熱で空気がふくらんで外向きに力がはたらき、紙コップを吹き飛ばします。

注意とワンポイント

まわりに燃えるものがないところで実験すること。実験直後は缶の中の炎が消えていない場合があり、また熱くなっているのでじゅうぶんに注意しよう。

Day 123

やりやすさレベル かんたん

カラーインクアート

しみ込みのよい紙に色をしみ込ませて、自然に混ざりあってできる色模様を楽しもう。

毛細管現象

すすめかた

使うもの

色インク、小コップ、吸い取り紙またはろ紙や障子紙、ペーパータオル、スポイトまたはストロー

1 小コップに色インクを入れ、吸い取り紙などの数か所にスポイトで数滴ずつしみ込ませる。

2 数分ごとにようすを見て、しみ込んだ場所が重なりあうまで数滴ずつ追加する。

3 濃すぎるところに水をたらし、色の上に別の色をたらすなど工夫し、乾かして鑑賞する。

水などの液体が狭いすき間に入り込んでいくことを毛細管現象といいます。紙は細いせんいでできているため、そのすき間で毛細管現象が起きてインクがしみ込んでいきます。インクが混ざりあう部分では色の成分が反応して、思わぬ色や模様が現れます。

注意とワンポイント

色インクの代わりに各色の食紅を水に溶かしたものを使ってもいい。色がしみ込んで下にあるものを汚さないように、必ずビニールシートなどをしいて実験しよう。

Day 124

やりやすさレベル 超かんたん

つき刺しても割れない①

ふくらませたゴム風船に画びょうやキリをグサッ！
パチンと割れてしまうかと思ったけど…？

プラスチック／表面張力

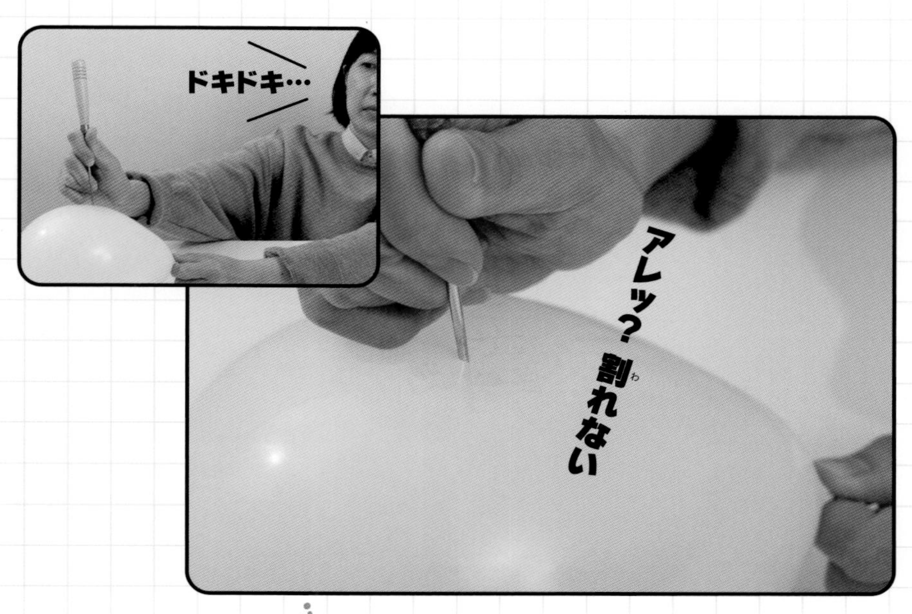

すすめかた

使うもの

ゴム風船、画びょうまたはキリ、セロハンテープ

1. **ゴム風船をふくらませて口をしばってから、表面の1～2か所にセロハンテープをはりつけておく。**
2. **風船の根元を持ち、テープをはったところに画びょうなどを刺す。**

昔からよく知られているプチマジックです。ふくらませたゴム風船ではゴムの膜に大きな「引っぱる力」がはたらいているので、あいた穴が小さくても引っぱられて大きくさけて広がり、破裂します。しかし、ゴムの上にさけにくいテープがはってあると、穴があいても膜がさけないので穴が広がらず、破裂しません。ただし、空気は少しずつもれるので、最後にはしぼんでしまいます。

注意とワンポイント

画びょうで手を刺さないように注意。159ページのビニール袋とくらべて実験するとおもしろいよ。

Day 125

やりやすさレベル かんたん（火気注意）

わくわく

蚊取り線香トルネード

ペットボトルの中に立ち昇る線香の煙を、
ちょっとした工夫で回転させて渦にしてみよう。

流体／渦／遠心力

すすめかた

使うもの

蚊取り線香、1.5 Lの円筒形ペットボトル、ダブルクリップ、食品ラップの芯、ガスマッチ、ハサミ

1. **ペットボトルの底を切り取り、下部に高さ3～4㎝の「逆L字型」の切れ込みを入れて、切った部分を内側に45度に折り込む。ボトルの先にラップ芯を固定する。**
2. **蚊取り線香を5㎝ほど折り取りクリップではさんで立て、火をつけて❶をかぶせる。**

蚊取り線香の火の温度でまわりの空気が温まり、上昇気流が生まれます。空気が昇っていくと下から空気が流れ込みますが、入口が斜めになっているので空気全体が回転して渦になります。渦は規則正しい動きなので長く続き、そのようすを煙で見ることができます。なお、上に筒をつけることで上昇気流が加速され、下から引き込む力がより強くなります。

注意とワンポイント

蚊取り線香でやけどしたり、まわりに火がついたりしないようにじゅうぶん注意して実験しよう。

やりやすさレベル かんたん

うなるブザー

**一定の音が出るブザーでも、
ふり回すとウィンウィンとうなりだす！**

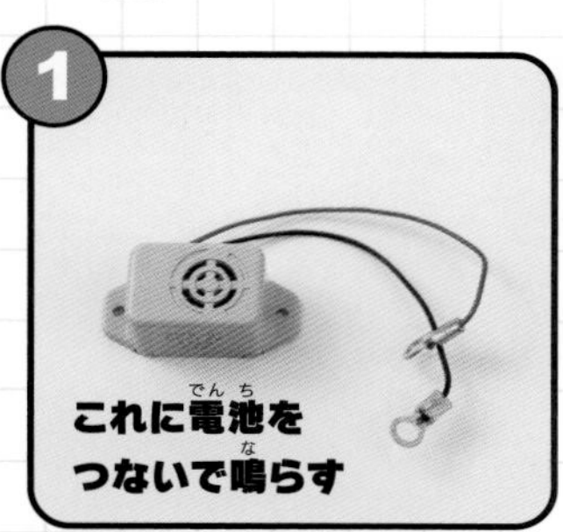

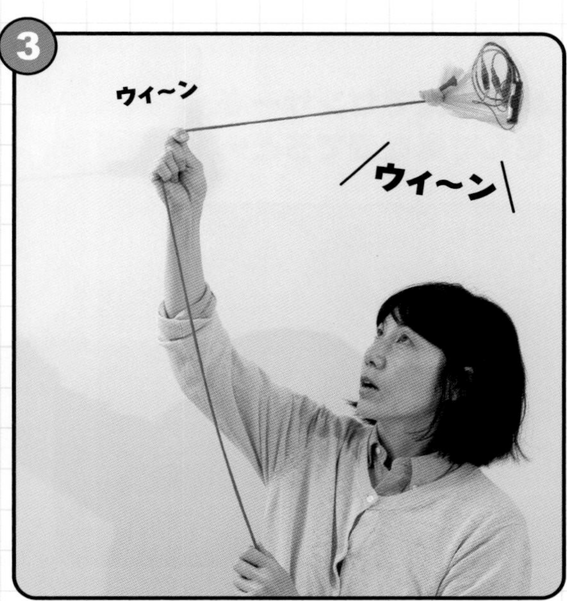

2

波／ドップラー効果

すすめかた

使うもの

電子ブザー、単3形乾電池&電池ボックス、ミノムシクリップつきリード線、水切りネット、ひも

1. **ブザーと電池を直列につないで音を出す。**
2. **ブザーと電池を配線ごと水切りネットに入れて口をひもでしばり、端から約50㎝のところをにぎる。**
3. **頭上でふり回し周囲からブザーの音を聞く。**

音は波の性質をもっています。波は、出すもの（発生源）が近づくと押し縮められ、遠ざかると引きのばされます。音では高さが変わります。この効果をドップラー効果といいます。波の進む速さにくらべて動きが速いと変化がよくわかり、まわりで聞くと回転するブザーは近づいたり遠ざかったりするので、ウィンウィンとうなるように聞こえます。

注意とワンポイント

ブザーをふり回したとき、まわりの人やものにぶつからないように注意。回していても周囲からはね返った音で変化がわかるけれど、周囲で聞くとさらによくわかるよ。

Day 127

やりやすさレベル　かんたん

びっくり

ぬれると冷え冷え

乾いているときにくらべて、ぬれていると冷たく感じるのはなぜ？

気化熱

ぬれた紙でセンサーを包んで風を当てると…

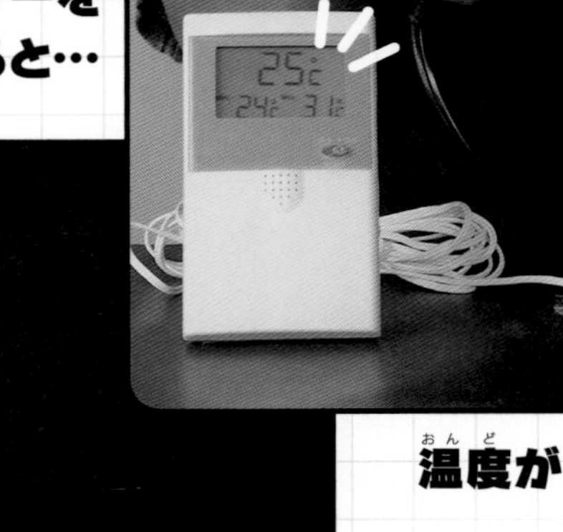

温度が下がった！

すすめかた

使うもの

温度計、ペーパータオル、水、ヘアドライヤー

1. **温度計のセンサー部分（棒温度計の場合は先端の液だまり）にペーパータオルを巻きつけて温度を測る。**
2. **そのままペーパータオルに水を少しつけて2～3分待ってから温度を測る。**
3. **そのままペーパータオルにドライヤーで冷風を当てて温度を測る。**

ペーパータオルが乾いているときより、ぬらすと少し温度が下がります。さらに風を当てると急激に温度が下がります。つまり、ぬれたタオルが冷たいのは、水の冷たさよりも水が蒸発することが原因だとわかります。ドライヤーを少し離れたところから当てると、冷風ではなく温風でも温度を下げることができます。

注意とワンポイント

感電を防ぐため、ぬれた手でドライヤーなどの電気製品にさわらないこと。温度計はデジタル式が使いやすいけれど、棒温度計でもOK。

やりやすさレベル かんたん

しくみ

ピンホールカメラ

古くから知られているピンホールカメラ。レンズを使わずに像を映すしくみを試そう。

すすめかた

使うもの

適当な大きさの箱、画びょう、半透明紙またはトレーシングペーパー、墨汁または黒のポスターカラー

1 箱の底またはふたの部分に、周囲を1.5～2㎝ほど残した窓を切りとり、内側をすべて黒くぬる。

2 窓の部分にテープなどで、半透明紙またはトレーシングペーパーをはる。これがスクリーンになる。

3 箱の窓と反対側の面のまん中に画びょうで穴を1か所あけ、明るいほうに向けてスクリーンを観察。まわりが明るくて見えにくいときは、箱と頭にジャンパーなどをかぶってのぞくといい。

1か所から発せられた光は、四方八方にまっすぐに広がります。途中に小さな穴があると進む方向がせばまり、スクリーンの前に穴があれば、スクリーンのある1点には特定の方向からの光だけが届きます。スクリーンには穴とちょうど向き合う位置にあるものからの光が映るので、全体で見ると上下左右反転したものの姿になります。

注意とワンポイント

半透明紙やトレーシングペーパーの代わりに、半透明ゴミ袋を切って使ってもいい。

Day 129

やりやすさレベル　かんたん（やけど注意）

離れたくないボウル

2つの金属ボウルを大気の圧力でくっつける。17世紀にオットー・ゲーリケが行った「マグデブルク半球」をまねた実験だ。

マグデブルク半球／大気圧

すすめかた

使うもの

金属製のボウル（同じ大きさのもの2個）、画用紙、コンロ、ハサミ、スポイト、水

1. **画用紙に、ボウルの口に合う大きさで幅3㎝ぐらいのドーナツ形をかいて切り取る（2枚つくる）。**
2. **コンロの上に金属製ボウルを置き、水を30～80mLほど入れる。湿らせたドーナツ形の画用紙をヘリにのせてから、もう1つのボウルをかぶせる。**
3. **画用紙をときどき水で湿らせながら数分沸騰させたあと火を止め、しばらくおくと2つのボウルがくっついてはずれなくなる。**

2つのボウルの中の空気が水蒸気で追い出され、水蒸気が冷え、水に戻って体積が小さくなることで中の圧力がとても小さくなります。するとボウル全面にはたらくまわりの空気（大気）の圧力によって、ボウルがはずれなくなります。

注意とワンポイント

画用紙は空気もれをふせぐパッキンの役目。乾くと空気がもれやすくなる。お湯を沸騰させて作業するときは、やけどに注意しよう。

Day 130

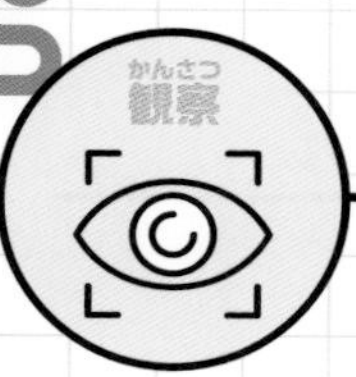

やりやすさレベル かんたん

水中の泡の形調べ

水中の泡ってどんな形？
浮かぶスピードをゆっくりにして調べよう。

浮力／運動／流体抵抗

すすめかた

使うもの

円筒形のペットボトル、洗濯のり、スポイト、千枚通し、ホットメルト接着剤

1. ペットボトルのキャップに穴をあけ、スポイトの先をさし込んでホットメルト接着剤でとめる。
2. ボトルに洗濯のりを8分目ほど入れ、❶のキャップを取りつける。
3. ボトルを逆さまにして、スポイトを押して空気を洗濯のりの中に「少しずつ」送り込み、浮かび上がる泡を観察。

水の中を浮かび上がる泡は、かなりスピードが速くてよく見えませんが、洗濯のりはどろっとしているので、その中では泡の動きが遅くなり、形をくわしく見ることができます。水の中と洗濯のりの中とでは泡の形に少し差がありますが、泡の大きさでの速さの違いなど、おもしろい現象を見ることができます。

注意とワンポイント

空気を押し込むとそのぶん、洗濯のりがスポイトに戻ってくる。満タンになったらボトルの上下を戻してスポイトの中身を押し出せば続けて実験できるよ。

Day 131

やりやすさレベル かんたん

ミラーシートの万華鏡

**曲げられるシート状の鏡を使って
きれいな万華鏡をつくろう。**

反射／鏡像

すすめかた

使うもの

ミラーシート、厚紙、定規、黒画用紙、セロハンテープ

1. **ミラーシートを厚紙にできるだけ平らにはりつけ、定規を当てててていねいに3つに折って筒にする。**
2. **外側に黒画用紙を巻きつけてテープでとめる。**
3. **花やカラー印刷物など色鮮やかなものに向けてのぞく。**

万華鏡とは、鏡3枚を内側に向けて三角柱の形に向かい合わせたものです。外からの光が鏡に反射したあとで別の鏡に反射し、それがくり返されるしくみです。見えるものが無限に広がり、どんなものも花（華）のように見えるのでこの名前があります。ここではガラスの鏡ではなく、100円ショップでも手に入れやすいプラスチックのミラーシートを形を保つために厚紙にはりつけて使います。

注意とワンポイント

転ぶ危険はもちろん、思わぬ事故になりかねないので、のぞきながら歩かないこと。

やりやすさレベル かんたん

光る氷砂糖

ペンチではさんだ氷砂糖がつぶれるとき、わずかな光が見える！

結晶／摩擦発光／ピエゾ効果

すすめかた

使うもの
氷砂糖、大きめのペンチ

1. 机などの上で氷砂糖をペンチではさみ、手の位置を固定する。
2. 氷砂糖のほうを見たまま周囲をできるだけ暗くして十数秒～数分待ち、目をならしてからペンチを持つ手をにぎって氷砂糖をつぶす。

氷砂糖は砂糖の分子が規則正しく並んで結びついています。このように分子が「規則正しく並んで結びついた」ものを結晶といいます。結晶には、内部にプラスとマイナスの電気を帯びた分子をもつものがあります。このような結晶が強い力を受けてつぶれるとき、電気的なバランスがくずれて電流が流れ、電流とまわりの空気の気体分子が反応して光を出すことがあります。これを観察します。

注意とワンポイント

くだけた氷砂糖が飛び散るので、掃除のしやすい場所で実験しよう。暗やみで待つ時間を数分に長くして目をよくならせば、意外に明るく見えるよ。

Day 133

やりやすさレベル　かんたん

工作

磁石で芯が動く？

磁石の上の電気の通り道に電流を流したとき、どのような力が発生するかを調べよう。

磁場／ローレンツ力

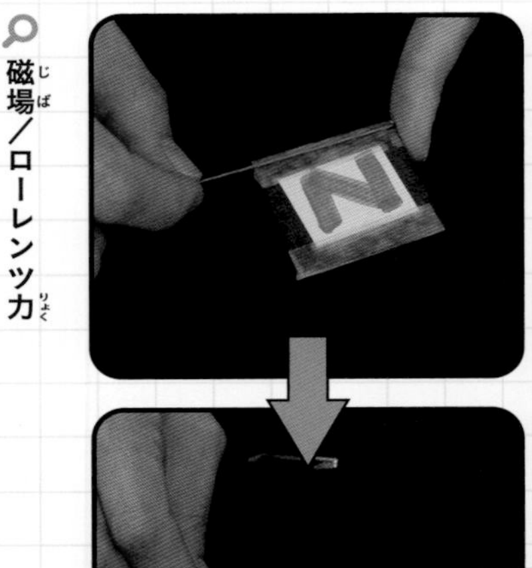

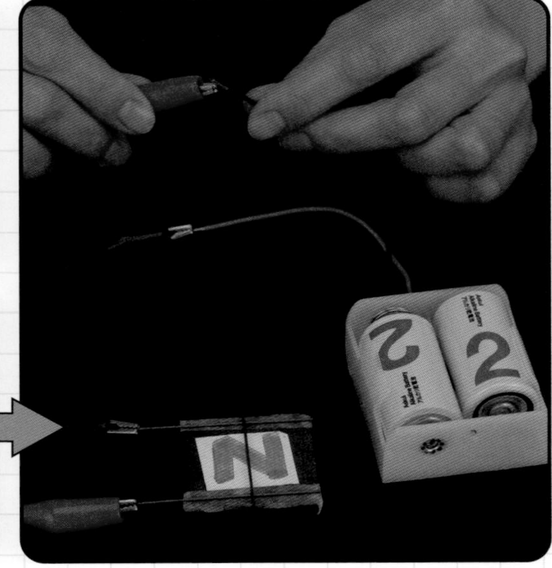

すすめかた

使うもの

大きめのフェライト磁石（表裏にNSが出ているもの）、シャープペンシルの芯、両面テープ、単1〜単2形乾電池、乾電池ボックス、ミノムシクリップつきリード線など

1. **磁石の広い面に、平行に両面テープをはり、裏紙をはがしてシャープペンシルの芯2本を平行にはりつける。机の上に置いてシャープ芯にそれぞれ別のミノムシクリップつきリード線をつないでおく。**
2. **乾電池ボックスに乾電池を入れ、マイナス極をリード線の片方につなぐ。**
3. **平行な芯にかけわたすように別のシャープ芯をのせる。**
4. **つないでいないリード線の先でボックスのプラス極にふれると、のせた芯が動く。**

電流が流れると周囲に磁場（磁石の力がはたらく空間）ができ、近くに別の磁場があると力を及ぼしあい、その力を受けて芯が動きます。電流の向きを逆にすると磁場も逆になるので、芯の動く方向も逆になります。

注意とワンポイント

単3形乾電池でもできるけれど、長時間つなぐと熱くなる。できるだけ単1または単2形乾電池で行い、つなぎっぱなしにしないこと。

Day 134

やりやすさレベル かんたん

入浴剤で火山噴火

火山の噴火は地下でマグマからガスが発生して起きる。
このしくみを実験で試そう。

化学反応／発泡／二酸化炭素

すすめかた

使うもの
発泡入浴剤、ペットボトル、お湯（約60°C）、PVA洗濯のり、中性洗剤、古新聞紙、ハンマー

1. **入浴剤を包装袋のまま古新聞紙でくるんで軽くたたき、ボトルの口に入る大きさにくだいて入れ、安定した場所に立てる。**
2. **ボトル1／4のお湯に、お湯の1／4のPVA洗濯のり、中性洗剤5～20mLを入れて軽く混ぜ、❶のボトルに入れて変化を見る。**

火山の地下にたまっているマグマ（岩石が溶けたもの）が地面の近くに上ると、圧力が下がって溶け込んでいたさまざまなガスが気体（泡）になり、体積が急に増えて火口から吹き出します。この実験では入浴剤から泡が出ることが、マグマの体積増加の現象にあたります。洗濯のりはマグマの粘り、中性洗剤は泡を保つはたらきを受けもっています。

注意とワンポイント

入浴剤をたたくとき新聞紙でくるむのは、中身が飛び散るのを防ぐため。実験中は破裂の危険性があるので、絶対にボトルにキャップをしないこと。

Day 135

やりやすさレベル かんたん

一瞬で凍る水②

117ページの「一瞬で凍る水」の別バージョン。
もっとお手軽に（？）瞬間氷結を試そう。

過冷却

すすめかた

使うもの

酢酸ナトリウム（結晶）、なべ、ビーカーなどの耐熱容器、水、食品ラップ、コンロなど

1. **コンロに水を入れたなべをのせ、酢酸ナトリウム大さじ2〜3杯と水数mLを入れたビーカーをなべに入れて加熱する。**
2. **全部溶けたら火から下ろしてラップをかけ、室温になるまでゆらさずに置いておく。**
3. **手でさわれる温度になってから、酢酸ナトリウムを数粒入れると全体が瞬間的に凍る。**

氷は0℃で固体から液体に変化しますが、酢酸ナトリウムは60℃ぐらいで固体から液体になります。室温では固体で凍った状態です。しかし、117ページで紹介したように、凍る温度を下回っても凍らないことがあり、その状態が破れると全体がいっぺんに凍ります。なお、この実験では過冷却と別のしくみもはたらいています。

注意とワンポイント

酢酸ナトリウムは毒物ではないので薬局などで買えるが、できれば理科の先生にお願いして少し分けていただき、指導していただこう。

Day 136

やりやすさレベル かんたん

かんたん指紋調べ

コップについた指紋にササッと粉をふりかけて指紋を検出。ドラマのカリスマ鑑識官になりきって指紋調べに挑戦！

指紋／微粒子

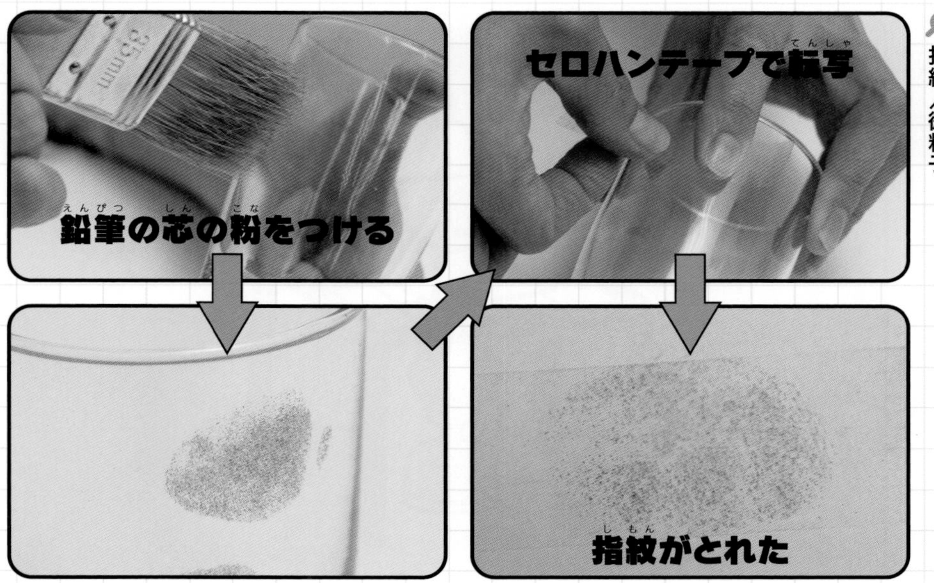

すすめかた

使うもの

絵筆または刷毛、鉛筆、カッターナイフ、ガラスコップ、セロハンテープ、白い紙

1. **鉛筆の芯をカッターなどでけずって細かい粉をつくる。**
2. **ガラスコップなどの表面をきれいに洗ってよく乾かしてから、指先を押しつけて指紋をつける。**
3. **❶の粉を乾いた絵筆などに少しつけて指紋の上に落とし、軽くはらってから、セロハンテープをはりつけて転写する。**
4. **テープをはがして白い紙にはりなおす。**

指紋がつくとは、指の表面にある脂がガラス面などに指紋の形にくっつくことです。この脂に細かい粉をつけてセロハンテープなどで写し取ると、かんたんに指紋の採取ができます。

注意とワンポイント

鉛筆芯の粉の代わりに、化粧用の粉ファンデーションでもいい。その場合は黒い紙を使おう。ルーペがあるとくわしく観察できるよ。

Day 137

やりやすさレベル かんたん（直火注意）

紙なべで湯わかし

料理をしたいけど、なべがない…。
そんなときはじょうぶな紙でなべがつくれる？

沸点／水

すすめかた

使うもの

厚手の画用紙、ホチキス、水、コンロ

1. **画用紙の四隅を三角に折って全体を箱形にする。四隅をホチキスで数か所ずつとめて固定する。これが紙なべになる。**
2. **紙なべに水を入れ、コンロにのせて弱火で加熱する。なべの底から炎がはみ出さないように火力を調節（はみ出ると紙なべの上のヘリが燃えてしまう）。**

燃えやすいはずの紙のなべですが、火を直接あてても燃えません。じゅうぶんにじょうぶな紙であれば何かを煮たり、ご飯を炊いたりすることもできます。**水は100℃で沸騰し、沸騰が続いている間はずっと100℃のままです。**一方、紙は300℃以上にならないと燃えないので、水がすべて水蒸気になってなくなるまで加熱できます。

注意とワンポイント

水が少なくなると、はみ出した炎で紙なべの上のヘリ（水にふれていない部分）に火がつきやすくなるので注意しよう。

やりやすさレベル　超かんたん

木の拓本アート

木の幹の模様を写し取るかんたんな方法。
植物の標本として、またアートとしても楽しめる。

すすめかた

使うもの

障子紙などぬれても破れにくい紙、絵の具、パレット、タンポ、霧吹き、刷毛

1. **木の幹の表面に霧吹きで水をかけて湿らせ、紙をはりつけて刷毛などで押さえてなじませる。**
2. **タンポに絵の具を少しつけて紙の表面から軽くたたき、木の幹のデコボコを写し取る。はがして乾燥させればできあがり。**

紙の表面が木の幹にぴったりくっついていると、タンポがふれた部分だけに絵の具がついて、表面の凹凸にしたがった模様ができます。この方法なら木の幹を汚したり傷めたりすることなく、表面のようすを写せます。石碑などの文字を写したり、つり上げた魚の姿を記録するために行われる拓本という技法です。

注意とワンポイント

タンポは脱脂綿などをぼろ布でくるみ、糸でしばってつくれる。実験はよその庭の木などで勝手にやらず、必ず許可をとってから。絵の具が木の幹につかないように注意。

Day 139

やりやすさレベル かんたん

イチゴを青くする!?

おいしそうなまっ赤なイチゴにあるものをふりかけると…色が変わる！

pH／植物色素／アントシアニン

すすめかた

使うもの

イチゴ、重曹、レモン汁、ガラスの器（2個）

1. **イチゴを細かく切って2つの器に入れ、1つには重曹を、もう1つにはレモン汁をふりかけてしばらく待つ。くらべるために、もとのイチゴも少し残しておく。**
2. **10分ほどしたら、それぞれの器の色をもとのイチゴとくらべて観察する。**

イチゴの赤い色は、333ページでも紹介しているアントシアニン系の色素によるものです。この色素はアルカリ性で青っぽくなるので、重曹をかけると紫色になります。またレモン汁の酸性では赤くなるので、イチゴの赤がより明るく鮮やかになります。イチゴに含まれているときは細胞の中にあるので、切り口の部分で色の変化が起きやすくなります。

注意とワンポイント

重曹をかけたイチゴは食べられない。イチゴはできるだけムダにしないよう、少量で実験しよう。

Day 140

やりやすさレベル ふつう

雪の結晶づくり

物理学者の中谷宇吉郎が世界ではじめて成功した「雪の結晶づくり」を身近なものを使って再現してみよう。

雪結晶／過冷却／ドライアイス

すすめかた

使うもの

1.5Lペットボトル、釣り糸、おもり、ドライアイス、発泡スチロールの保冷ボックス、懐中電灯、カッターナイフ

1 **保冷ボックスのふたにカッターなどでペットボトルサイズの穴をあける。**

2 **ペットボトルの中におもりをつけた釣り糸を下げ、息を吹き込んで水蒸気を入れてキャップをしめる。**

3 **保冷ボックスに2のボトルを立てて周囲にドライアイスを入れ、ボックスのふたをかぶせてしばらく待つ。10分ほどして斜め上から懐中電灯の光を当てて内部を観察。**

ドライアイスは約－80℃なので、空気中の水蒸気は冷やされて氷になる温度に達しています。しかし、静かにゆっくり冷えると水は過冷却という状態になり、－10数℃まで凍らずにいます。水蒸気もその状態になりますが、釣り糸にぶつかるとその衝撃で急に凍ります。このとき、水の分子が自然に結びつきやすい形でつながるので、雪の結晶の形になります。平松和彦さんが考案された実験方法です。

注意とワンポイント

ドライアイスはとても冷たいので直接手でさわらないこと。

Day 141

やりやすさレベル かんたん

かんたん3D

左右にずらして撮った写真を左右の目で見ると、ゴーグルなしで3D体験ができる！

レンズ／立体映像／視差

すすめかた

使うもの

カメラ（スマホのカメラでOK）、虫めがね（同じものを2個）、プリンタ

1. **撮りたいものをまん中に入れた同じ構図で、左足に体重をかけて1枚、右足に体重をかけてもう1枚を撮影する。**
2. **2枚の写真をハガキサイズぐらいにプリントして左右を約6㎝に切り、撮ったときと同じ順で左右に並べて明るい場所に置く。**
3. **同じ虫めがねを左右の目に当てて、真正面から写真をのぞくと立体的に見える。**

左右の目は少し離れているので見る角度がことなり、見え方にも違いがあります。脳の中ではこの違いをもとに立体感をつくり出しています。この実験では左右の2か所で撮影した少し違いがある写真を左右の目に見せることで、実際と同じ見え方をつくり出しています。

注意とワンポイント

撮影した写真の傾きや被写体の高さなどを左右で同じになるように調節するのがポイント。立体的に見えるまでトライしよう。

やりやすさレベル 超かんたん

つき刺しても割れない②

ぱんぱんに水を入れたビニール袋に竹ぐしをグサッ！
袋が破れて水がこぼれ出るかと思ったけど…？

プラスチック／表面張力

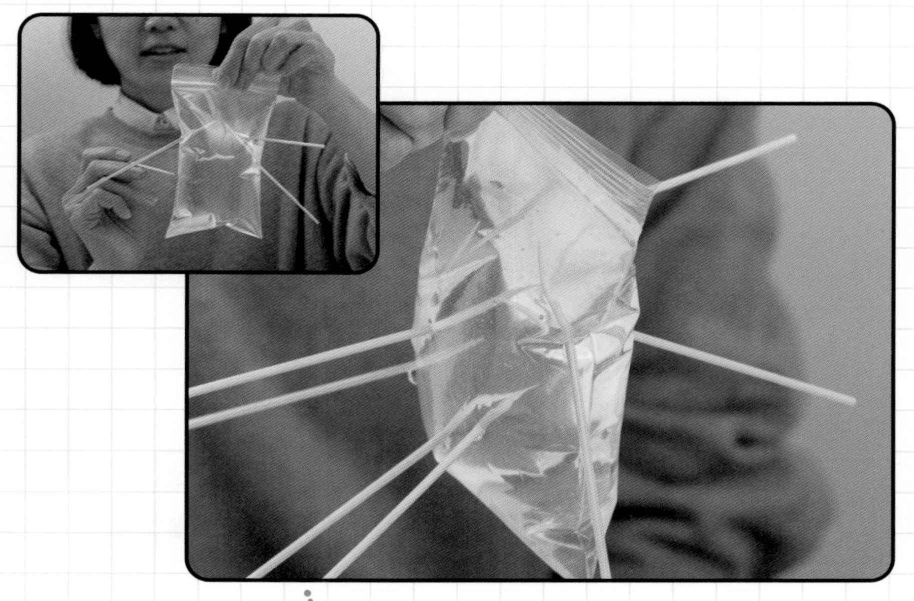

すすめかた

使うもの

チャックつきビニール袋、竹ぐし、水

1. **チャックつきビニール袋を水道の蛇口にくっつけて水をいっぱいに入れ、口のチャックをしっかり閉じる。**
2. **袋の上を持って持ち上げ、竹ぐしを何本もつき刺す。**

ゴム風船が破裂するのは、ゴム膜にはたらく引っぱる力がとても強いためです。小さな穴でもまわりから引っぱられて膜が破れ、穴がいっぺんに広がります。しかし、水をいっぱいに入れても、ビニールはゴムにくらべてそれほど大きくのびないので、ビニール水風船はさほど大きくなりません。引っぱる力も大きくないので、穴があいても広がらないため、破裂しません。

注意とワンポイント

もしもの場合に備えて、ぬれてもよい場所で行おう。また、竹ぐしの先を手に刺さないように注意。

Day 143

やりやすさレベル かんたん

液のしみ込みテスト

インク色水、泥水、牛乳をペーパータオルにしみ込ませると、どんなふうに移動するだろう？

毛細管現象／分子

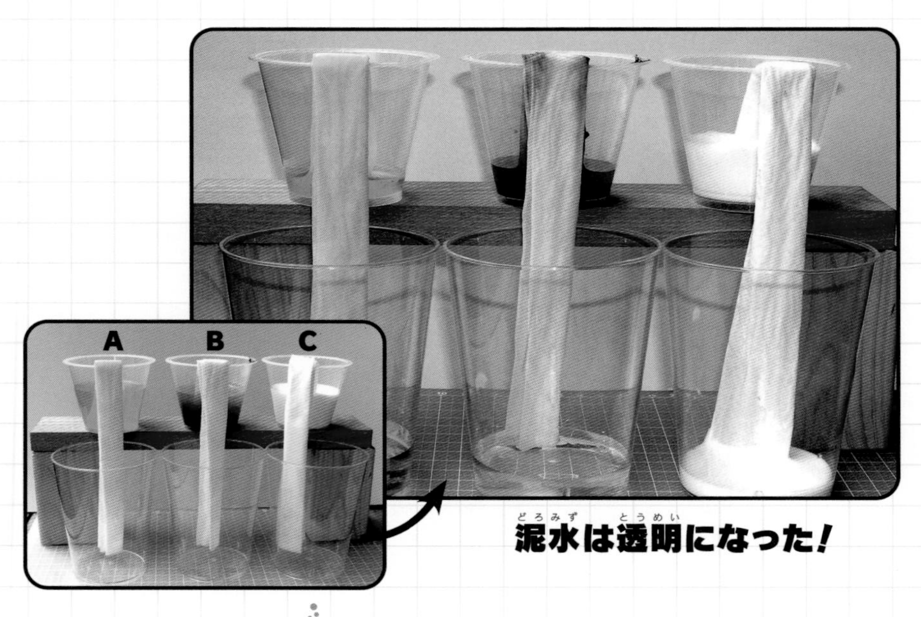

泥水は透明になった！

すすめかた

使うもの

透明コップ、ペーパータオル、計量カップ、水、インク、泥水、牛乳、台

1. ペーパータオルを細長く折って、透明コップのへりにかける。
2. 台の上に❶をのせ、たれ下がったペーパータオルの端を別のコップの中に入れる。
3. 計量した「A.インク色水、B.泥水、C.牛乳」を上のコップに入れて変化を観察。

紙に水がしみ込むのは、紙をつくっているせんいのすき間に水が入り込んでいくためです。このとき、せんいのすき間より大きなものは取り残されます。この実験の3つの溶液では、泥水に含まれる泥の粒がかなり大きいため、下のコップには移らず透き通った水になります。牛乳や色水に含まれる乳脂肪やインク色素の粒は、紙のせんいのすき間よりかなり小さいため下のコップに移動しました。

注意とワンポイント

絵の具を溶かした水、ジュース、お茶などでも試してみよう。

やりやすさレベル かんたん

霧吹きは虹メーカー

自然の虹と同じしくみで虹をつくる実験。
晴れて太陽が見えるときに、日ざしが当たる場所で試そう。

虹／屈折／分散

すすめかた

使うもの
霧吹き、水

1. **霧吹きに水を入れて持ち、正面に暗いもの（木立や日陰など）がある場所で、太陽を背にして立つ。**
2. **目の前の空間に向けて霧吹きで霧（細かい水の粒）をまく。光がよく当たっていると虹が見える。**

光が屈折するとき、含まれている光の色ごとに折れ曲がる角度がことなります。空中に浮かんだ水の粒があれば、さし込んだ光が色に分かれます。それらの色に分かれた光が水の粒の中で反射して、手前に戻ってきて見えるのが虹です。この実験では空の虹と同じように、霧吹きで空中に水の粒を浮かばせて虹をつくり出しています。

注意とワンポイント

空中の水滴に光がよく当たるように、とくに自分の頭で太陽の光をさえぎらないように注意しよう。

Day 145

やりやすさレベル かんたん

インスタント再生紙

紙は木の細かいせんいが集まってできている。
いったんバラバラにして集めなおすと、どうなる？

再生紙／繊維

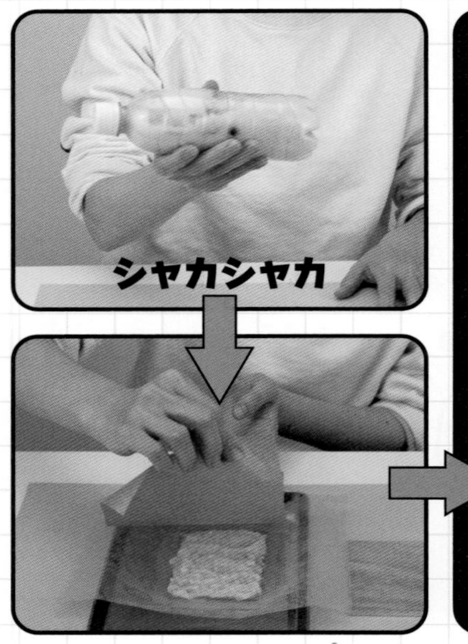

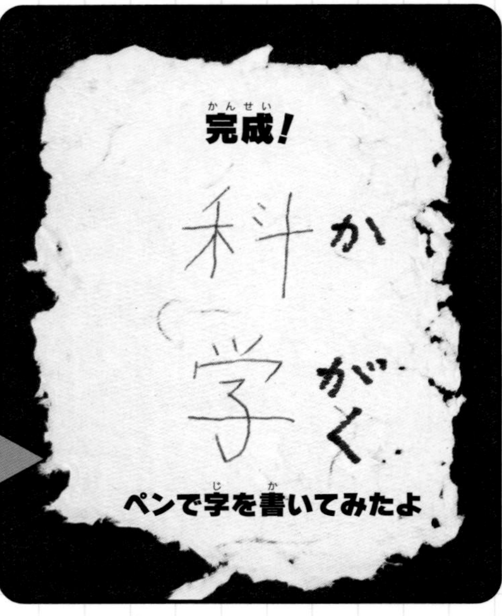

すすめかた

使うもの

トイレットペーパー、ペットボトル、ビー玉、木工用接着剤、色糸、三角コーナー用の水切りネット、バット、クッキングシート、古新聞紙、アイロン、水

1. **トイレットペーパーを細かくちぎってペットボトル半分ぐらいまで入れ、ボトル1／3の水を加える。**
2. **ビー玉1個と色糸少々、木工用接着剤数mLを加えてキャップをしめ、数分間、激しくシェイクする。**
3. **バットの上に水切りネットをのせ、その上に❷の中身を流して平らにならし、さらに水切りネットを押しつけてしぼる。**
4. **生乾きになったらネットをはずしてクッキングシートや新聞紙の上で乾かし、アイロンをかけてできあがり。**

水で分解しやすいトイレットペーパーを使って、紙を再生する方法を試します。木工用接着剤を入れるのは乾いたときにかためるためですが、再生した紙は最初の紙よりはるかに弱くなります。

注意とワンポイント

色糸のほか、ちぎった色紙や落ち葉などを入れるとカラフル。できた紙はかなり弱いので、実用ではなく紙の再生実験と考えよう。

Day 146

やりやすさレベル 超かんたん

観察

指で水を曲げる？

水の流れの中に何かを入れると、水の流れる向きはどうなるか試そう。

流体／コアンダ効果

すすめかた

使うもの

水道、指、はしなど

1. **水道の蛇口から流れ出る水の太さが3〜5㎜になるように水流を調節する。**
2. **指をまっすぐのばして、水流の真横からゆっくり近づけて水にふれ、水流の変化を観察する。**
3. **はしなどでも試し、指と同じことが起きるかを確かめる。**

空気や水のような流れるもの＝流体が流れるとき、途中で何かにふれると向きが変化して物体の表面にそって流れます（コアンダ効果と呼ばれます）。これは物体の表面にふれた流体と表面との間に抵抗（流れをさまたげる力）が生まれるためで、流体がほかの部分を引きずり込んで向きを変えることで起こります。

注意とワンポイント

水道の水を長い時間、出しっぱなしにしないこと。

やりやすさレベル かんたん

粘土の金太郎あめ

どこを切っても同じ顔が出てくる金太郎あめ。
圧力のしくみを利用しているよ。

圧力／パスカルの原理

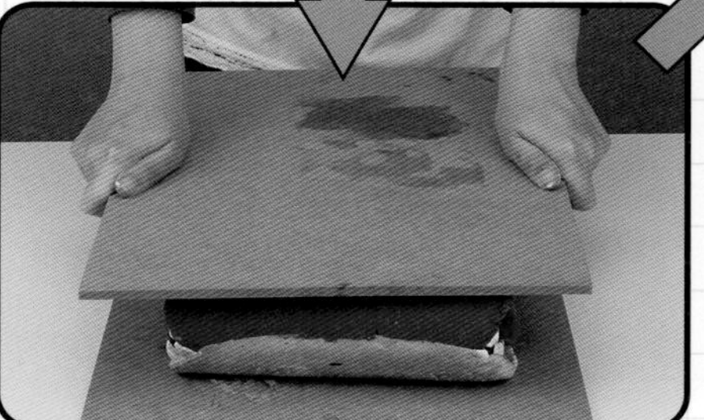

すすめかた

使うもの

カラー粘土、板、粘土へら、カッターナイフ

1. 断面にどんな模様を出すか考える。各色の粘土を少しずつちぎり、練ってから丸めて細長くのばす。
2. デザインにそってのばした粘土を重ね、平らにのばした粘土で全体をくるむ。
3. 板でゆっくりと転がして細長くのばし、カッターナイフで切ると断面に模様が現れる。

流れるものの中では、圧力は上下左右のあらゆる方向に同じように伝わります。これを「パスカルの原理」といい、17世紀にブレーズ・パスカルによって発見されました。粘土は粘り気は強いですが、ゆっくり力を加えると流れるものとしてふるまいます。周囲から押しつける力は中にある粘土のすべてに伝わり、全部を同じように押し縮めるので、形が変わらないまま細くなります。

注意とワンポイント

粘土はのばすととても長くなるので、少なめで試そう。のばすときはいっぺんに押しつぶさず、軽く押さえて転がし時間をかけてのばすのがいいよ。

Day 148

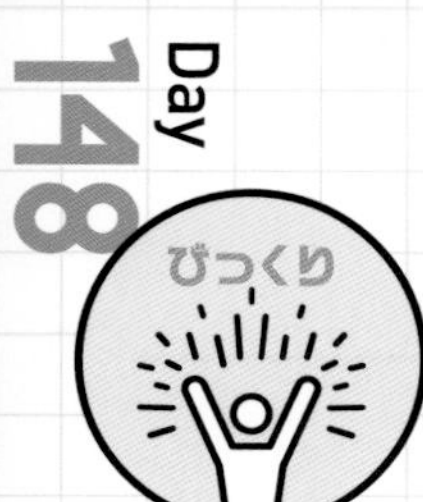

やりやすさレベル 超かんたん

紙筒で聴診器

お医者さんが患者さんの体を調べるときに使う聴診器。それの最もシンプルな形を試そう。

音／振動

すすめかた

使うもの

ラップの芯などのじょうぶな紙筒、音を調べたいもの

1. **音を調べたいものに紙筒の片方の端をあて、反対側を耳にあてて聞く。**
2. **アナログ（針式）の時計や冷蔵庫など、モーターが動く機械の音がおもしろい。**

小さい音がよく聞こえない理由はいくつかあります。たとえば音を出すものと耳とが離れていて音が伝わらないことがあります。小さい音が聞こえていても、まわりの別の音がじゃまをしてわかりにくいこともあります。筒を使ってまわりからの音をふせぎ、調べたいものの音だけが耳に届くようにすると、小さな音でもはっきり聞くことができます。聴診器も最初はこのようなシンプルな筒でした。

注意とワンポイント

筒を使って人間の内臓の音を聞くこともできるけど、相手の人にお願いしてから試そう。なお、これは実験なので、お医者さんのように検査や比較はできないよ。

Day 149

やりやすさレベル かんたん

1円玉の浮き沈み

表面張力を利用して水に1円玉を浮かべたり、表面張力を減らして沈めたりしてみよう。

表面張力／界面活性剤／浮力

すすめかた

使うもの

コップ、1円玉、中性洗剤、つまようじ、水

1. **コップに水を入れ、1円玉を水平にしてゆっくりと水面にのせて浮かべる。**
2. **中性洗剤をつまようじの先につけ、水面にふれる。**

1円玉はアルミニウムでできています。アルミニウムは水よりも比重が大きい（同じ体積の水よりも約2.7倍重い）ので浮きませんが、1円玉のように薄くて小さいと水に浮かべることができます。水などの液体には表面を小さくする向きにはたらく力＝表面張力があり、1円玉が水面にのると、この表面張力が水面がへこまないように引っぱるためです。一方、洗剤には表面張力を弱める成分（界面活性剤）が含まれているので水の表面張力が弱くなり、1円玉は水面にめりこんで（水面をつき破って下に動き）沈みます。

Day 150

やりやすさレベル 超かんたん

曲がる鉛筆

かたい鉛筆がぐにゃりと曲がる!?
みんなのよく知っている定番の「かがくあそび」だ。

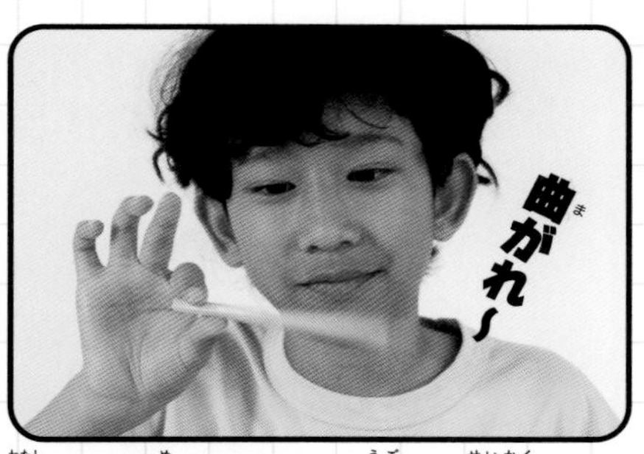

私たちの目はすばやい動きを正確にとらえることができません。このため動きが重なる部分が濃く見え、全体が曲がって感じられるのです。

すすめかた

使うもの

鉛筆（芯のかたさは何でもよい）

1. **鉛筆の端を人さし指と親指で軽くつまみ、目の前ですばやく上下にゆする。**
2. **じっと見ていると鉛筆が曲がって見える。**

注意とワンポイント

鉛筆が自由に動くように端を軽くつまむのがコツ。

錯覚

Day 151

やりやすさレベル かんたん

浮き沈み発泡スチロール

水を入れたペットボトルを押すと、
発泡スチロールの破片が上下する。

しくみは178ページの「タレビン」の実験と同じ。外から水に加わった圧力で発泡スチロール内の空気が体積を変え、浮力が変化するので浮き沈みします。

すすめかた

使うもの

円筒形ペットボトル、発泡スチロール、画びょうまたはゼムクリップ、カッターナイフ

1. **小さく切った発泡スチロールに画びょうまたはゼムクリップをさす。**
2. **水入りのボトルに❶を入れてキャップをしめ、ボトルを押すと浮き沈みする。**

注意とワンポイント

発泡スチロールを少しずつ切って、ちょうどよい浮力になるように調節しよう。

浮力／体積変化／パスカルの原理

COLUMN

かがくあそびのコツ**2**

失敗は すてきな大成功

初めて試す“かがくあそび”では、失敗することも多いでしょう。で、もし「うまくいかなかったら」ガッツポーズして喜びましょう。あなたはいま、誰も知らなかった「うまくいかない条件」を発見したのです。

この本をつくるときにも、じつはかなり失敗しています。よく知っていて何度もやった内容でも、ちょっとした差で結果が大きく違います。入れものの差、温度の差、使う水の量の差…うまくいかなかったとき、まずはしくみと手順を再確認。その上で何が原因かを考えます。こんな「考えて試す」をくり返せば、ひとつの“かがくあそび”を何度も何度も楽しめるうえ、うまくいくと（失敗しなかったときよりはるかに）めちゃくちゃうれしいです。

ただし、この楽しさのためには自分が何をしているか、どう進めたいかを「考える」ことが大事です。考えずにやると（書かれた手順をそのままやるなど）同じ失敗のくり返しで飽きてしまいます。やる前に考え、やりながらも考えましょう。

たとえばこういうこと！

1

あれ？ うまく飛ばない！
これは楽しくなりそうな予感…
わくわく！

2

想像していた迫力と違う…
まずは泡が出るしくみから
考え直してみよう。

3

沈むはずの氷が浮いちゃった。
ぎりぎり沈むように
もっと精密に測れば…。

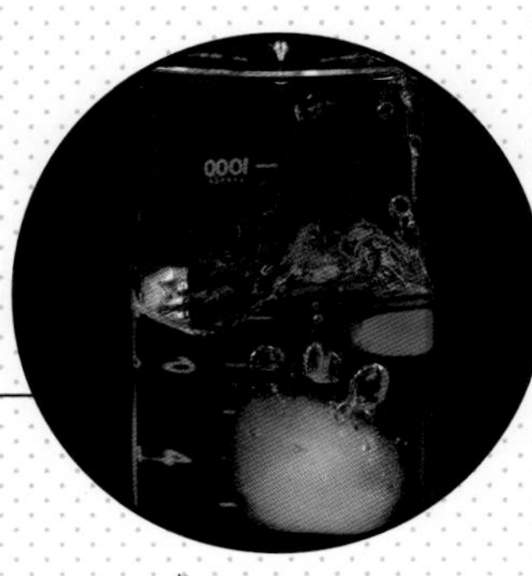

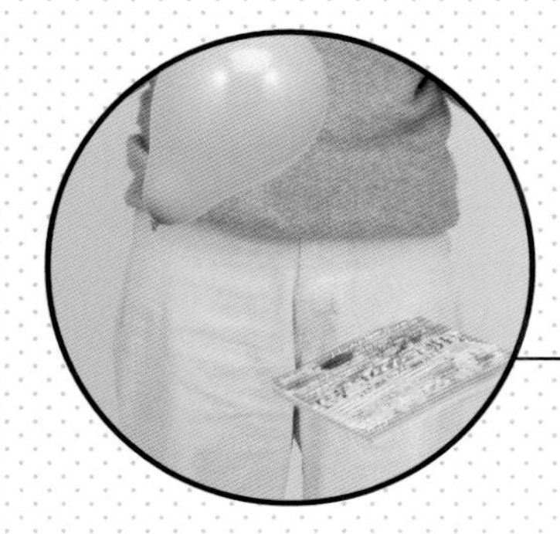

4

風船と本がいっしょに落ちるはず。
空気抵抗のしくみを
おさらいして再チャレンジ！

Day 152

やりやすさレベル 超かんたん

生卵？ ゆで卵？

同じように見える卵は、生卵？ それともゆで卵？
おなじみの卵クイズに光を使って一発正解！

タンパク質／変性

すすめかた

使うもの

生卵、ゆで卵、懐中電灯

1. 生卵とゆで卵を用意し、まわりを暗くして懐中電灯の先を当てる。
2. ゆで卵は光を通さず暗いままだが、生卵は全体がぼーっと光る。

生卵の白身はタンパク質の分子と水が混ざりあった状態で、ふつうは透明で光を通しますが、ゆでるとタンパク質が熱で変化してかたまって白くなり、光が通りにくくなるのです。タンパク質は動物の体をつくっている主成分のひとつで、ツメのようなかたいものや、筋肉のようなやわらかいものなど、さまざまな種類があります。卵のタンパク質は熱によって性質が大きく変化するので、このような実験ができます。

注意とワンポイント

実験に使った卵はムダにせず、あとで利用しよう。

Day 153

やりやすさレベル 超かんたん

新聞紙で割りばし折り

1枚の新聞紙を使って割りばしを折る。大気の助けがあればできるんだ。

大気圧

すすめかた

使うもの

新聞紙、割りばし、金属製の定規（かたい棒など）

1. **割りばしを机のへりから半分ほど外に出して置く。**
2. **1枚の新聞紙を四つ折りにして割りばしの根元部分にかぶせ、軽く押さえる。**
3. **外に出ている部分をゆっくり押し下げると、新聞紙が持ち上がって割りばしが落ちる。**
4. **同じようにセットして、定規やかたい棒で割りばしの中ほどを思いきりたたくと、割りばしが折れる。**

131ページの下じきの実験と同じように、これも大気の力のはたらきです。新聞紙の上面には大気の圧力がかかって動きをさまたげます。割りばしをじゅうぶんにすばやくたたけば、新聞紙の下に空気が入る前に力がかかって折ることができます。

注意とワンポイント

割りばしをたたくときは、手を机にぶつけないように注意。定規はキズがついてもよいものを使おう。

Day 154

やりやすさレベル かんたん

色まぜまぜコマ

カラフルなコマを回転させて色を混ぜると、意外な色が現れるかも…？

色覚／混色

すすめかた

使うもの

厚紙、コンパス、ハサミ、画びょう、つまようじまたは竹ぐし、木工用接着剤、ポスターカラーまたは絵の具

1. 厚紙に直径約8㎝の円をかき、4～5㎜ほど半径を変えた同心円を薄くかく。
2. 円を4～8等分し、ブロックごとに好きな色をぬる。
3. 周囲を丸く切り取り、中心に画びょうで穴をあけて、接着剤を少しつけた竹ぐしをさし込んでかたまるまで置いておく。
4. 接着剤がかたまってから、机の上などで竹ぐしをつまんで回転させて観察する。

コマがすばやく回転すると色の境目が見分けられなくなり、ぬった色が混ざって見えます。回転の速さによって混ざり具合が変わるので、止まるまで見ているとさまざまな色が見えます。

注意とワンポイント

ケガに注意して、ていねいに工作しよう。少しぐらい色がはみ出しても問題ないよ。

Day 155

やりやすさレベル かんたん（針注意）

ビンの中で回る風車

風なんかないはずなのに、
なぜかビンの中の小さな風車がくるくる回るよ。

熱／分子運動

すすめかた

使うもの

アルミホイル、大きめのジャムビン（口が広いもの）、ハサミ、黒の油性ペン、ぬい針、針の台（消しゴムやボトルキャップなど）、ビニールテープ、電球の照明スタンド

1. アルミホイルをジャムビンの口に入る大きさの円に切る。片面を油性ペンで黒くぬり、4方向から切れ込みを入れて風車の形に折る。
2. 針の先にのせたときにバランスが取れるように、❶のまん中を少しへこませる。
3. 消しゴムや木片などを台に、ぬい針を上向きに立てて固定し、ビンのふたのまん中に置いて、つくった風車をのせる。
4. ビンを上からかぶせ、外から電球の照明スタンドで強い光を当てると風車が回る。

風車の羽根に光（赤外線）が当たって、その近くの空気が温まります。このとき光を反射する面よりも黒い面のほうが少し多く温まり、まわりの空気もよく動きます。これでわずかな風が起きて風車が回ります。

注意とワンポイント

ラジオメーターという実験装置に似ているけど、動くしくみは少し違いがあるよ。

Day 156

やりやすさレベル 超かんたん

観察

カラフルルームランプ

懐中電灯の前に色水のペットボトルをかざすだけで、カラフルなオリジナル照明ができる。

光の拡散／透過光／色

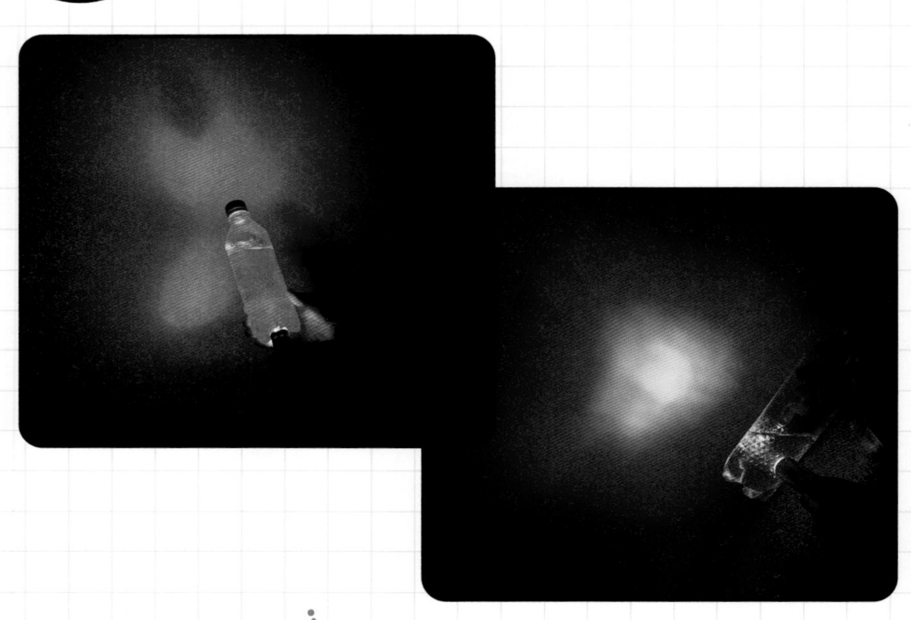

すすめかた

使うもの

ペットボトル、色インク（食紅、絵の具など）、プラコップ、懐中電灯、混ぜる道具、じょうご

1. **大きめのプラコップなどに水を入れ、色インクや食紅などを少し溶かして透明な色水をつくる。**
2. **色水をペットボトルに入れる。色を変えて数色つくっておくと楽しい。**
3. **部屋を暗くして懐中電灯をともし、先端の光が出る部分に色水入りのボトルをかざす。向きや角度を変えたり、別の色水で変化を楽しむ。**

インクや食紅を溶かした水は透明な（光を通す）色水になるので、色の光がかべに映ります。絵の具は少しにごっているので、光が拡散されて、ボトルそのものもよく光ります。ボトルの形や向きなどで光のようすが変わるので、いろいろ調節して楽しめます。

注意とワンポイント

懐中電灯は強力なものだと効果的。絵の具を使うと少しにごった色水になるけれど実験できる。色インクとは少し違った雰囲気になっておもしろいよ。

Day 157

やりやすさレベル かんたん

黒いかべ抜けトリック

間に黒いかべがある筒にものを入れて動かすと、まるでかべがないようにスイスイ動くトリックは？

偏光／消光

すすめかた

使うもの

偏光シート、ガラスコップ、中に入れるもの（消しゴムやマスコットなど適当なもの）

1. **偏光シートを使ってガラスコップの内側にぴったり入る帯を2本つくる。「重ねたときにまっ暗になる向きで」つくること（115ページ参照）。**
2. **1本目の偏光シートを輪にしてガラスコップの中に入れ、続けて2本目も同じように入れて押し込む。**
3. **中に消しゴムやマスコットなどを入れ、全体を傾けて動かす。**

ブラックウォール（黒いかべ）と呼ばれる、偏光を使った有名な実験です。外から見ると黒いかべがありますが、入れたものは関係なく動きます。115ページで紹介したように偏光シートは組み合わせる向きで光をさえぎるので、筒にした偏光シートが重なった部分が黒くなって、そこにかべがあるように見えます。

注意とワンポイント

偏光シートの向きがポイント。重ねたときに暗くなる方向をしっかり調べてから切ろう。

やりやすさレベル かんたん

観察

月の満ち欠けモデル

月はなぜ満ちたり欠けたりするのか？
そのしくみが一発でわかる模型をつくろう。

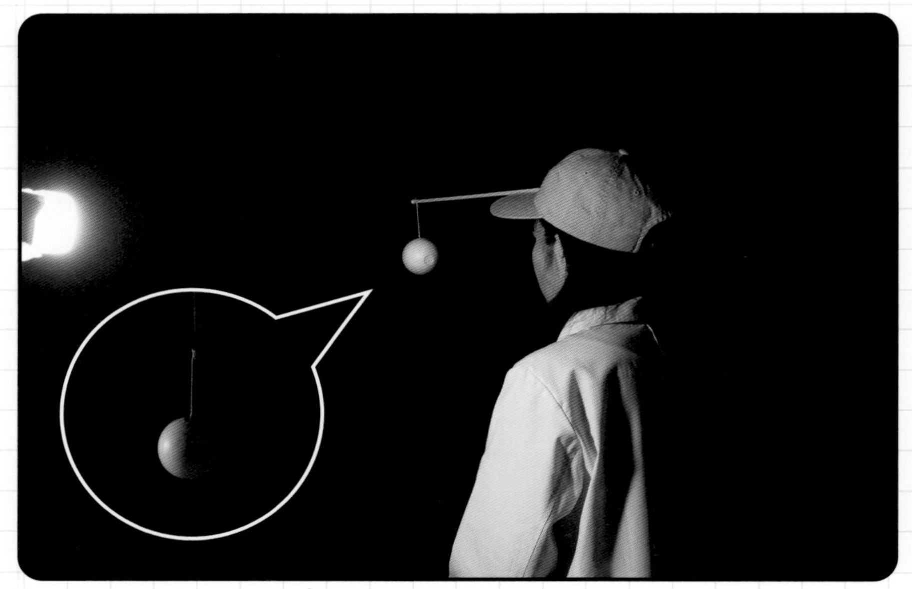

すすめかた

使うもの

つばのある帽子、長さ約30㎝の棒、糸、ピンポン玉、ガムテープ、電気スタンド

1. 糸を約20㎝に切る。片方の先にピンポン玉をつけ、反対側を棒の先につける。
2. 棒の反対側をガムテープで帽子のつばにつける。
3. まわりを暗くして電気スタンドをともし、帽子をかぶってピンポン玉を観察。体を回転させると、新月、三日月、半月、満月などが観察できる。

この実験では、ピンポン玉が月で、電気スタンドが太陽、自分の頭が地球になります。太陽からの光の中で地球のまわりを月が回っていくことで、光の当たり方が変わって満ち欠けが起きます。頭の影にピンポン玉が入ると月食、電気スタンドをピンポン玉が隠すと日食です。

注意とワンポイント

傷んだり汚れたりしてもかまわない帽子（野球帽など）を使おう。不用な帽子がないときは棒を手で持って目の前にピンポン玉を下げて実験してもいい。

Day 159

やりやすさレベル かんたん（火気注意）

光でガスを見る

ガスや蒸気などの気体は見えにくいけれど、1点から広がる光を当てれば空気中のガスの流れがわかる。

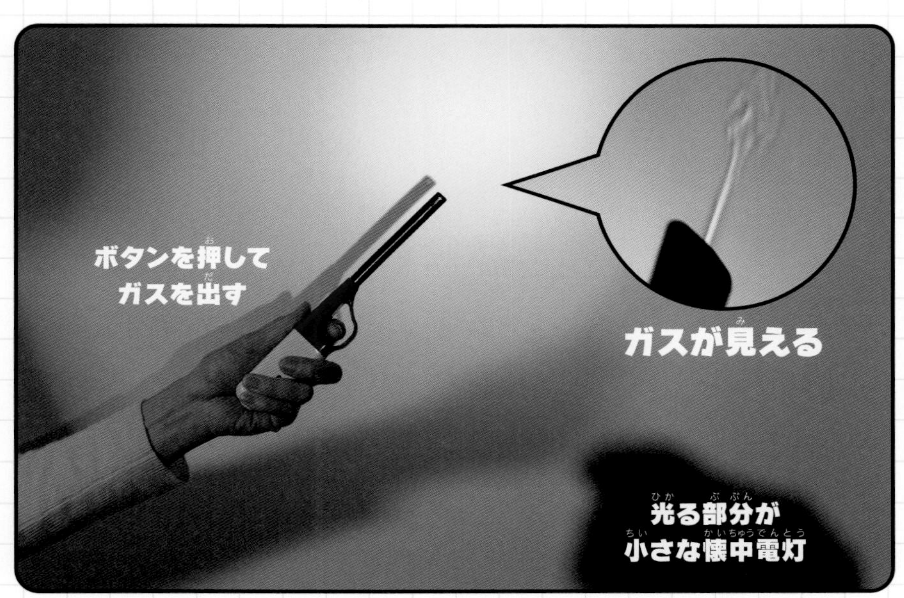

光の直進／屈折率／シュリーレン像

すすめかた

使うもの

光る部分が小さな懐中電灯、ガスマッチ、熱い湯を入れたカップ、白いかべや紙

1. まわりを暗くして、スクリーンになる白いかべなどに向けて懐中電灯の光を当てる。
2. 光の途中にガスマッチをさし入れて影を確認し、着火してガスを出したまま火を消す。または熱い湯のカップをさし入れる。
3. スクリーンに映った影を観察する。

ガスマッチは燃料の液化ガス（タンク内では液体）が気体になって先端から吹き出します。熱い湯が入ったカップからは蒸気が立ちのぼっています。ふつうの光が当たる状態ではガスや蒸気はよく見えません。しかし、空気の中を、空気と屈折率に差があるガスや蒸気が動いているので、そこに光が通ると屈折して光の道すじが変わり、スクリーンに届く光に濃淡ができて気体のようすを見られます。

注意とワンポイント

ガスマッチを使うときは火災ややけどに注意。着火後はすぐに消そう。懐中電灯はLEDがたくさん使われているものや、前面に凹凸レンズが入っているものは適さない。

Day 160

やりやすさレベル ふつう

タレビンの浮き沈み

水の入ったボトルの中でタレビンが浮いたり沈んだり。
古くからある「浮沈子」というおもちゃの現代版だ。

浮力/体積変化/パスカルの原理

すすめかた

使うもの

タレビン(しょうゆなどを入れるプラスチックの小容器)、円筒形のペットボトル、画びょう、おもり(小ネジなど)

1. **タレビンにおもりを入れ(小ネジなら2〜3本)、底に近い部分に画びょうで穴を数個あける。**
2. **水に入れたときにちょうどネジの頭が水面に出るぐらいに水を吸い込ませて調節(多すぎるときは押して出す)。**
3. **ペットボトルに水を口いっぱいまで入れ、調節したタレビンを入れてキャップをしめる。**
4. **ボトルの横を強く押すとタレビンが沈む。**

ボトルを押した力は水を伝わってタレビンの中に伝わり、中の空気を押し縮めます。空気の体積が小さくなると浮力が小さくなるので、タレビンは沈みます。力をゆるめると空気の体積がもとに戻り、タレビンが浮き上がります。

注意とワンポイント

タレビンの中の空気の量を水を吸い込ませて調節するのがポイント。水が多いと沈んだままになるので、ボトルから出して水を少し押し出して再挑戦しよう。写真のように、おもりにねじくぎを使いタレビンにさしてもよい。

Day 161

わくわく

やりやすさレベル　かんたん（火気注意）

トリコロールの炎

食塩やアルコールなどの身近な材料で、黄・オレンジ・緑の3色の炎をつくり出す。

炎色反応

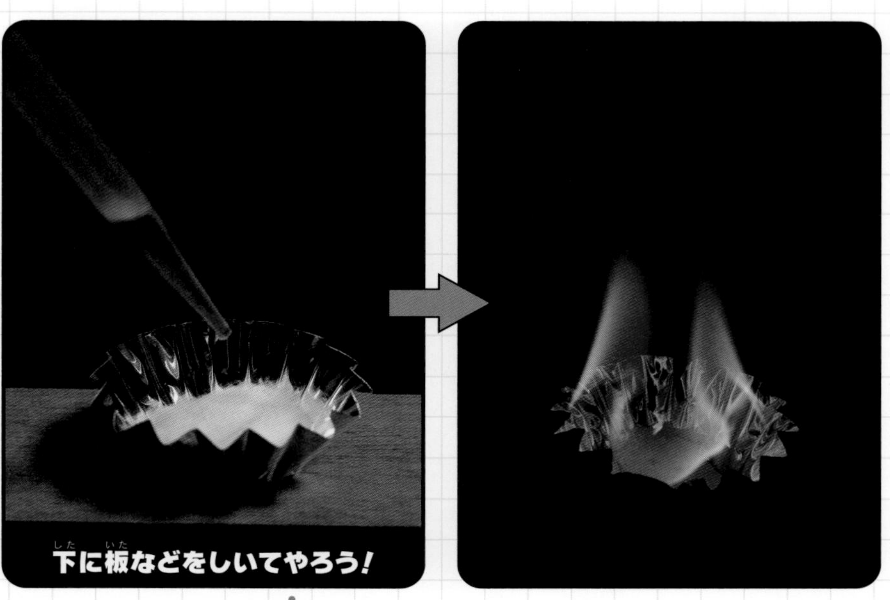

すすめかた

使うもの

アルミカップ、脱脂綿、食塩、ホウ酸、貝殻、燃料用アルコール、ガスマッチ

1. **アルミカップに脱脂綿をひとつまみ入れ、調べるもの（食塩、ホウ酸、粉にした貝殻など）を耳かき1杯ほどふりかける。**
2. **脱脂綿にアルコール5mLをかけて容器をしまう。**
3. **周囲を暗くしてガスマッチで着火し、しばらくして炎に現れる色を観察。**

金属元素を熱して炎の色を調べる「炎色反応」という実験です。物質をつくっている原子にエネルギー（この場合は熱）を加えると、原子の中にある電子がエネルギーを受け取って活発な状態になります。電子はすぐにもとの状態に戻りますが、このときに受け取ったぶんのエネルギーを特定の色の光として出します。食塩は黄色、カルシウムはオレンジ色、ホウ素は青緑の炎が見られます。

注意とワンポイント

燃えているときは「絶対に!」アルコールを足してはいけない。

Day 162

やりやすさレベル 超かんたん

クリップが磁石に!?

磁石が鉄を引きつけることは知ってるよね。
じつは磁石って、鉄を磁石に変えるパワーもあるんだ。

磁化

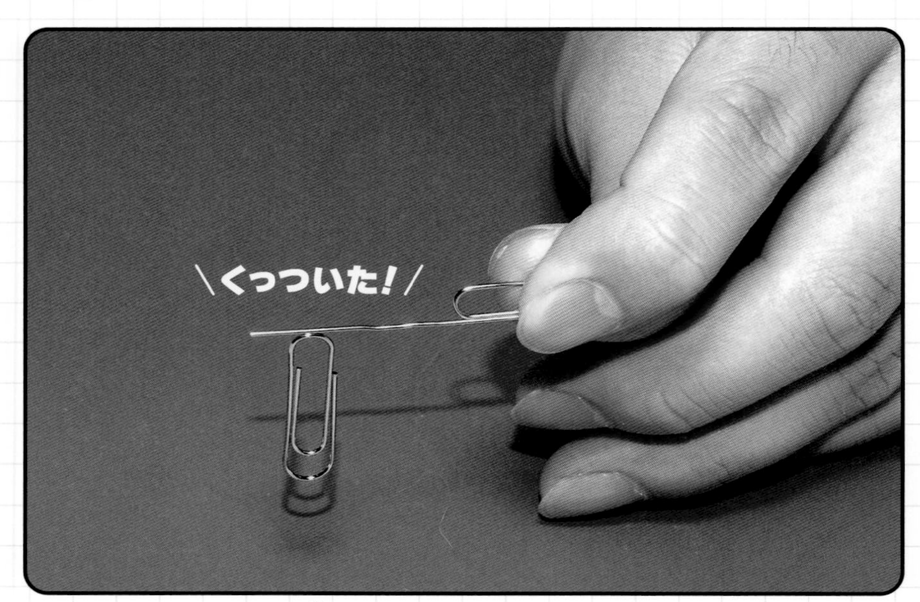

すすめかた

使うもの

ゼムクリップ、磁石

1. **ゼムクリップの端をのばして「9」の字形にする。**
2. **のばした部分を磁石で一方向に1～3回こすり、ほかのクリップに近づけると磁石のようにくっつく。**

鉄の中には、目に見えないとても小さな“磁石の単位”がたくさんあります。ふだんはバラバラな向きなので、鉄は磁石ではありません。しかし、外から一方向に磁石の力がはたらくと、“磁石の単位”が一方向にそろって、鉄が一時的に磁石になります。これが、鉄が磁石につくしくみです。

注意とワンポイント

時計や磁気カードなど磁石の影響を受けやすいものを遠ざけてから実験しよう。

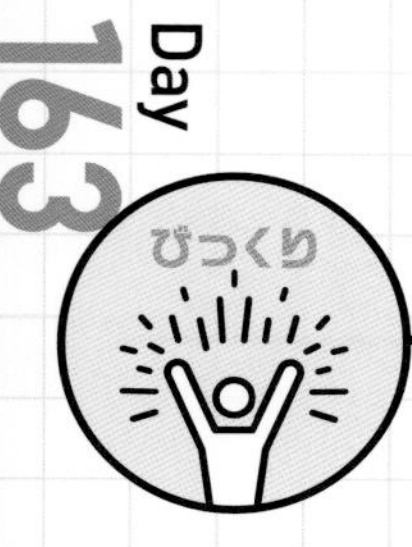

やりやすさレベル かんたん

真空湯沸かし装置

水は100℃で沸騰するはずだよね。
じつは熱を加えずに、もっと低い温度で沸騰させる方法がある！

大気圧／減圧沸騰／沸点

すすめかた

使うもの

手動ポンプつきの真空保存容器セット、小さめのコップ、お湯（ポット）

1. **70℃ぐらいのお湯を小さいコップに入れ、真空保存容器の中に置く。**
2. **保存容器のふたをはめてポンプをセットする。**
3. **ポンプを動かして中の空気を抜いていくとお湯が沸騰する。**

沸騰とは、温度が上がることで液体（この場合は水）の分子の運動が激しくなってバラバラになり、気体（この場合は水蒸気）になる変化です。このとき、バラバラになるのをさまたげているのがまわりからの圧力で、身のまわりの空気（大気）のふつうの圧力（1気圧）だと、水は100℃で沸騰します。しかし、容器の空気を抜いてまわりから押さえる力が弱まると、もっと低い温度でも水の分子がバラバラになる、つまり沸騰するのです。

注意とワンポイント

お湯が冷める前に手早く実験しよう。沸騰すると水蒸気で圧力が戻るので、そのまま空気抜きポンプを動かし続けるといい。

Day 164

やりやすさレベル かんたん（転倒注意）

負けないおんぶつな引き

つな引きは力の勝負じゃない！
体重が大きく（重く）なれば無敵なのだ。

摩擦／垂直抗力

すすめかた

使うもの

じょうぶなロープ

1. **力に自信がある人とない人とで向き合ってロープをにぎり、1対1でつな引きをする。**
2. **力に自信がない人が別の人をおんぶして、同じようにつな引きをして違いを考える。**

つな引きで引っぱりあうとき、体が動かないように押さえている摩擦力の大きさは、こすれあう面の面積と押しつける力、そして表面の「摩擦力を強くするはたらき」で決まります。面積と「摩擦力を強くするはたらき」が同じなら押しつける力、つまり体重が大きいほうが摩擦力が大きく、動きにくくなります。そのため、おんぶで2人分の体重があれば、ロープをしっかり握っているだけで勝つことができます。

注意とワンポイント

ロープがじゅうぶんにじょうぶか確認しよう。また、転んでケガをしないように注意して実験すること。

やりやすさレベル かんたん

木炭で電池づくり

備長炭と呼ばれる炭とアルミホイルを使ってかんたん電池をつくろう。

電池／イオン／電解質

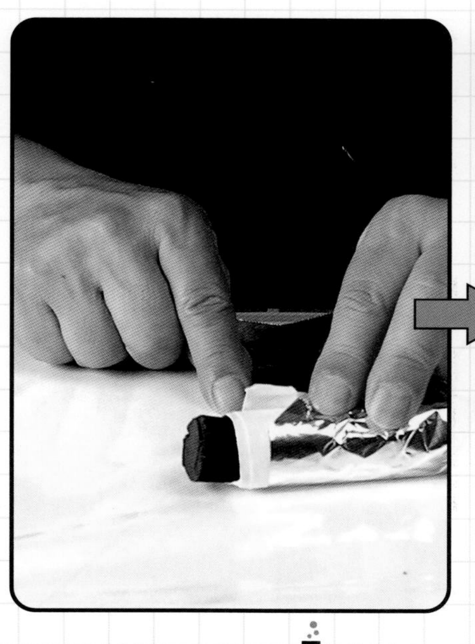

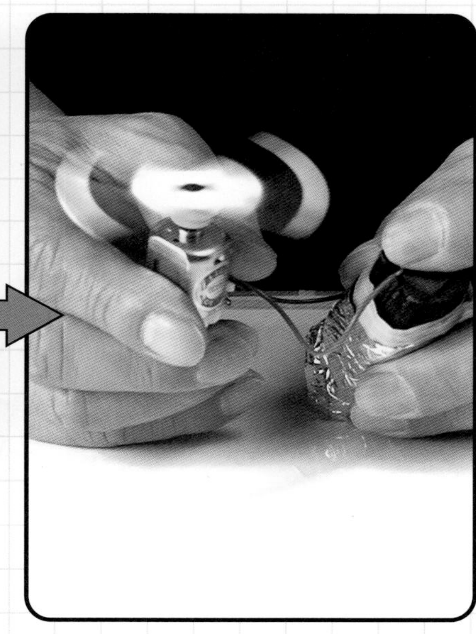

すすめかた

使うもの

備長炭（木炭）、ペーパータオル、アルミホイル、食塩、水、プラスチックコップなどの容器、工作用モーター&プロペラ

1. **コップの水に食塩を溶けるだけ溶かして濃い食塩水をつくる。**
2. **備長炭の端を少し残してペーパータオルを巻き、その外側にアルミホイルをタオルからはみ出さないように巻き重ねてから、全体を食塩水にひたす。**
3. **モーターのリード線を、中心の備長炭と外側のアルミホイルにつなぐとモーターが回転する。**

137ページと同じく、プラス極に炭素、マイナス極にアルミニウムを使った電池です。アルミニウムイオンが食塩水に出て備長炭に移動し、アルミイオンから離れた電子（電気のもとになる）がモーターを通って備長炭に移動することで電流が流れます。

注意とワンポイント

炭をあつかうと手が汚れるので、実験が終わったらしっかり手を洗おう。

Day 166

やりやすさレベル かんたん

なんでも拡大投影機

虫めがねは凸レンズでできている。
その像をつくるしくみで、ものを拡大して映そう。

屈折／レンズ／像

すすめかた

使うもの

懐中電灯、虫めがね、チャックつきポリ袋、半透明ビニール袋、スクリーン（白い紙やかべ）など

1. 懐中電灯の先端に半透明ビニール袋をかぶせる。
2. 観察するものをチャックつきポリ袋に入れて懐中電灯の前にかざし、その少し先に虫めがねをかざす。
3. まわりを暗くしてスクリーンに懐中電灯の光を向け、懐中電灯、見たいもの、虫めがね、スクリーンのそれぞれの位置を少しずつずらし距離を調節してピントを合わせる。

105ページと同じしくみです。ビー玉にくらべてルーペのレンズは焦点距離が長いので倍率は低いですが、きれいな像が映ります。ピントが合わないときは、スクリーンを少し遠くにするなど工夫すると合うようになります。

注意とワンポイント

スクリーンが少し遠くなるので像が暗くなる。懐中電灯は強力なものがあるといい。透明なシートに絵をかいて投影してもおもしろいよ。

びっくり

やりやすさレベル かんたん（火気注意）

ミニミニ空気砲

おもしろ実験で定番の「空気砲」を超ミニサイズで試そう。

渦／渦輪

すすめかた

使うもの

500mLの牛乳パック、線香または蚊取り線香、ガスマッチ、ダブルクリップまたはガムテープ、カッターナイフ

1. **牛乳パックの飲み口をクリップなどで閉じ、横に直径2～3㎝の穴をあける。**
2. **線香数本または蚊取り線香に火をつけ、煙を穴からパックの中に入れる（10～30秒）。**
3. **パックを片手で押さえ、穴があいていない面を指でぽんとはじくと、穴から渦になって煙の輪が飛び出す。**

牛乳パックの横の面が動くと、中の圧力が急に上がって穴から空気が飛び出します。このとき穴の外側はヘリがあるので流れがおそくなり、内側から外側に回転するドーナツ状の渦になります。渦は安定した流れなので、そのままかなり遠くまで飛んでいきます。

注意とワンポイント

やけどや火事に注意すること。線香の火は使い終わったらすぐに消そう。

Day 168

やりやすさレベル かんたん

ジュースの正体

フルーツジュースやコーラを煮つめていくと、多くの飲料に含まれる同じ物質が出現する！

蒸発／砂糖

すすめかた

使うもの

ビーカー、フルーツジュースやコーラ、コンロ

1. **ジュースなどをビーカーに約30mL（大さじ2杯）入れ、コンロの中火で加熱して沸騰させる。吹きこぼれないように注意。**
2. **蒸発しきる直前に、残った溶液の色やにおい、粘りなどを観察する。**

なべの底に残った黒っぽいものは、砂糖がこげたもので、煮詰まるときにカラメルのにおいなどがします。砂糖はおもに水素、酸素、炭素でできていますが、こげると炭素のみ、つまり炭になります。多くの飲料には、砂糖が大量に含まれていることがわかります。なお、透明な砂糖水を熱すると茶色になるしくみは「あぶりだし」（120ページ）で利用しています。

注意とワンポイント

こがしすぎるとビーカーのこげが取れなくなるので、観察しながら実験し、水分がなくなったら加熱をやめること。実験後のビーカーをしばらくお湯にひたしておくとこげが取れやすい。

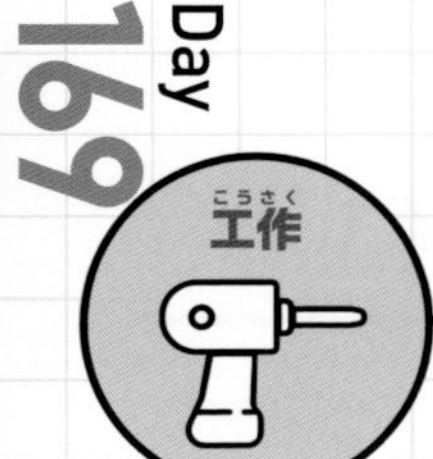

やりやすさレベル かんたん

回転するアニメ筒

筒の中の絵がぱらぱらマンガみたいに動いて見える！
初期のアニメーションのしくみを試そう。

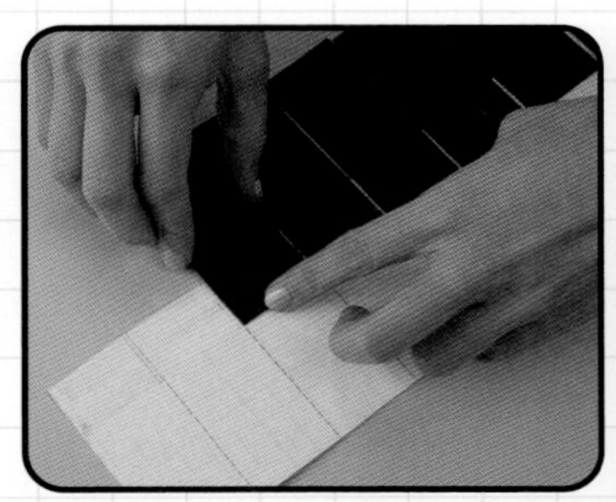

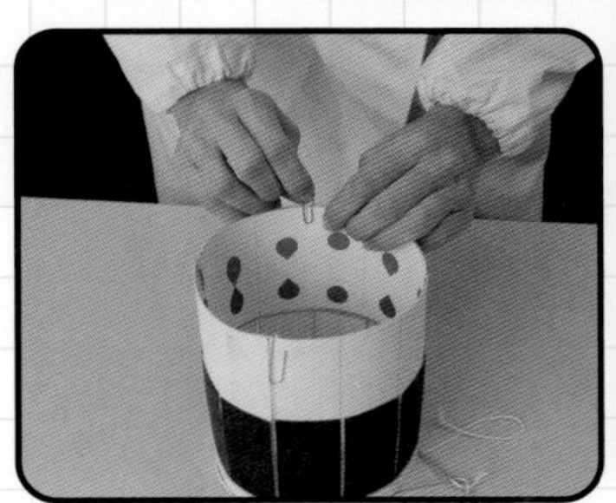

錯覚／ゾートロープ／アニメーション

すすめかた

使うもの

工作用紙、黒画用紙、コピー用紙、のり、自在針金、タコ糸、ゼムクリップ、絵をかく道具

1. 工作用紙を（A）47×10 cm、（B）47×3 cmに切る。黒画用紙を80×47 mmに9枚切り、端2 cmにのりをつけて（A）の工作用紙に2～3 mm間をあけて並べてはる。
2. さらに黒画用紙の先に（B）をつなげてから、全体をまるめて直径約15 cmの筒にし、ヘリをはり合わせる。
3. コピー用紙に1コマ横5 cm×縦7～9 cmの枠を9コマつなげてかき、その中にぱらぱらマンガなどの要領で絵をかいて、（A）の輪の内側に入れてゼムクリップでとめる。
4. 最上部に針金とタコ糸で持ち手をつけてぶら下げ、回転させて黒画用紙のすき間から中をのぞく。

目の前を黒画用紙のすき間が通る一瞬だけ、正面にある絵が見えます。一瞬のくり返しが続くので、ぱらぱらマンガのように動いて見えます。

やりやすさレベル　かんたん

脱臭剤で水をきれいに

**インクで色をつけた水が透明になる！
冷蔵庫の脱臭剤で超強力な浄水器をつくろう。**

浄水／分子／活性炭

すすめかた

使うもの

冷蔵庫脱臭剤（ヤシガラ活性炭）、じょうご、脱脂綿、ティッシュペーパー、インク

1. **脱臭剤のケースを分解し、ヤシガラ活性炭のパックを切って中身を取り出す。**
2. **じょうごの中に脱脂綿を押し込んで上にティッシュペーパーをしき、活性炭を積み重ねる。**
3. **インクで色をつけた水を注いで変化を観察。脱脂綿のつめ方を変えて、水がぽたぽたとゆっくり落ちるぐらいに調節する。**

インクが混ざった水は、ろ紙や脱脂綿でこしてもきれいになりません。インクの色素の粒は、ろ紙などのせんいのすき間よりずっと小さいためです。しかし、活性炭はとても細かい穴があいた物質で、インクの粒子を吸い込んで取りさるので、色水を浄化することができます。

注意とワンポイント

じょうごは写真のようにペットボトルの口部分を切ったものでもOK。インクの色を浄化するには少し時間がかかるので、じょうごの中に色水がしばらくとどまるように流れ落ちる量を調節する。

Day 171

やりやすさレベル かんたん

シャボン膜パワー

シャボン膜の「引っぱる力」はかなり強力。
四角いわくにかけわたした針金はどうなる？

表面張力／界面活性剤

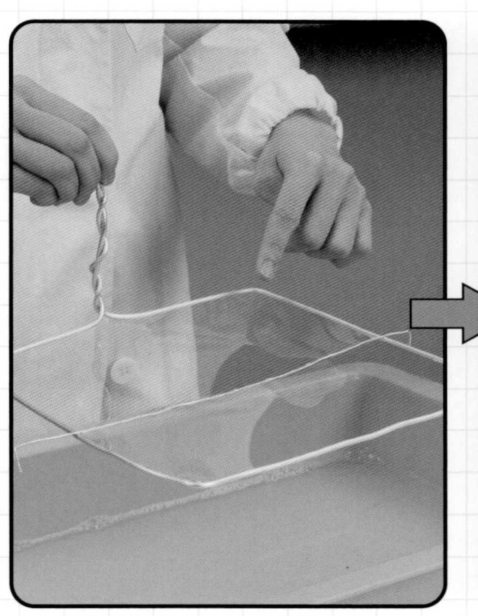

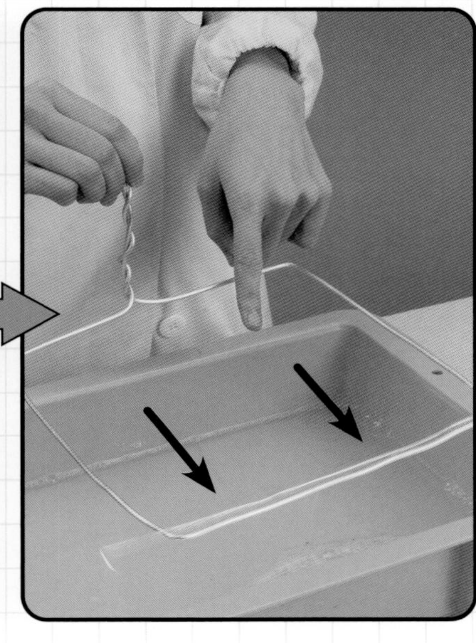

すすめかた

使うもの

針金、シャボン玉液（水、PVA洗濯のり、中性洗剤）、バットまたは洗面器

1. **116ページのやり方でじょうぶなシャボン玉液をつくり、洗面器またはバットに1㎝ほどの深さに入れる。**
2. **針金で四角いわくをつくり、別に針金1本をわくにかけわたす。針金をのせたままシャボン玉液につけて全面に膜をはる。**
3. **わくの片側の膜を指でつついて破り、かけわたした針金のようすを観察。**

49ページと同じしくみを、針金を動かして試します。かけわたした針金の両側に膜があるとき、針金には両側からほぼ同じ引っぱる力＝表面張力がはたらいています。しかし、片側の膜が破れると、残っている膜の表面張力で針金が引っぱられて動きます。

注意とワンポイント

わくにかけわたす針金の数を増やすとどうなるか試してみよう。

Day 172

やりやすさレベル かんたん

キラキラ☆画像加工

細かいキズごしにいろいろなものを観察。
スマートフォンのレンズに当てて光を見るときれい！

回折

すすめかた

使うもの

プラスチックの薄い板、古新聞紙、紙やすり(240～800番)、懐中電灯など

1. **古新聞紙の上にプラスチック板を置き、片方をしっかり押さえて紙やすりで1方向に軽く1～2回こする。**
2. **光を十文字にするときは、キズの角度が90度になるように板を90度回転させてこする。**
3. **電灯や懐中電灯の光などを観察する。**

光が狭いすき間を通り抜けるとき、すき間のへりのところで折れ曲がります（回折といいます）。この実験では、プラスチック板につけた細かいキズによって、キズと90度の方向に光が折れ曲がって広がります。複数の向きにキズがあると光の広がる方向も複数になります。キズがじゅうぶんに細くて整っていると、虹のような色も観察できます。

注意とワンポイント

観察するのは電灯の光で、絶対に太陽を見てはいけない。電灯の光が小さな点だときれいだよ。プラスチック板は塩化ビニール板やペットボトルの平らな部分を使ってもいい。

Day 173

やりやすさレベル かんたん

砂糖で冷え冷え

どこのおうちにもある砂糖は、水に溶けると温度が下がるって、知ってた？

溶解熱／砂糖

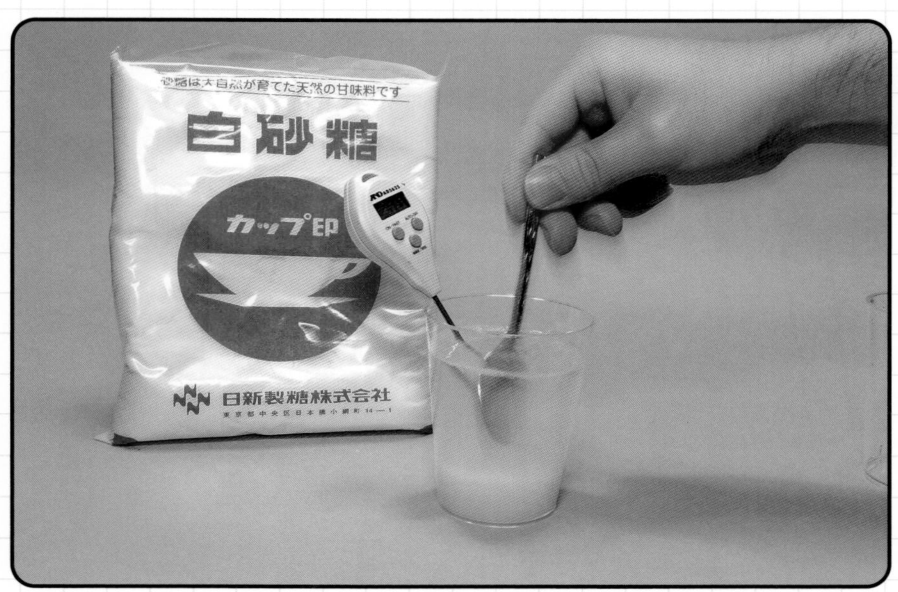

すすめかた

使うもの

水、砂糖、温度計、プラスチックコップ、スプーン

1. **コップに砂糖を大さじ2〜3杯入れて温度を測る。水の温度も測っておく。**
2. **温度を測りながら水をコップ半分ほど入れ、スプーンなどでかき混ぜる。**
3. **砂糖が溶けたところで温度を測り、最初とくらべる。**

270ページの尿素の実験と同じで、“もの”を水に溶かしたときに温度がどう変化するかを調べる実験です。砂糖の分子が溶ける（バラバラになって水の中にちらばる）ときには熱を吸収するので、温度が下がります。尿素にくらべて熱を吸収する力が弱いので、温度の下がり方も小さくなります。

注意とワンポイント

おうちにある塩や固形だしで同じように実験してみるのもおもしろいよ。温度はどのように変化するか、砂糖とくらべてみよう。

Day 174

やりやすさレベル かんたん

ミラクルスコープ

曲げられるシート状のミラー（鏡）を使って、
1分で完成する「万華鏡みたいな」スコープをつくろう。

反射／鏡

すすめかた

使うもの

ミラーシート、ラップの芯などの筒

1. **ミラーシートの長さに合わせて筒を切り、ミラーシートを丸めて入れる。**
2. **花やカラー印刷物など色鮮やかなものに向けてのぞく。**

ふつうの万華鏡は、鏡3枚を向かい合わせて三角柱の形にします（148ページ）。鏡に反射した光が別の鏡に反射をくり返すことで、見ているものが無限のくり返しになって目に入ります。この実験では、鏡を筒の形にすることで、映ったものが同心円のようなゆがんだ姿に見えるだけでなく、1回映ったものがさらに反対側に反射することで、くり返して無限に広がるように見えます。

注意とワンポイント

転ぶ危険はもちろん、思わぬ事故になったりしかねないので、筒をのぞきながら歩かないようにしよう。

Day 175

やりやすさレベル かんたん

超アナログ画像合成

コンピュータもスマートフォンも使わずに、2つの絵を合成する方法があるよ。

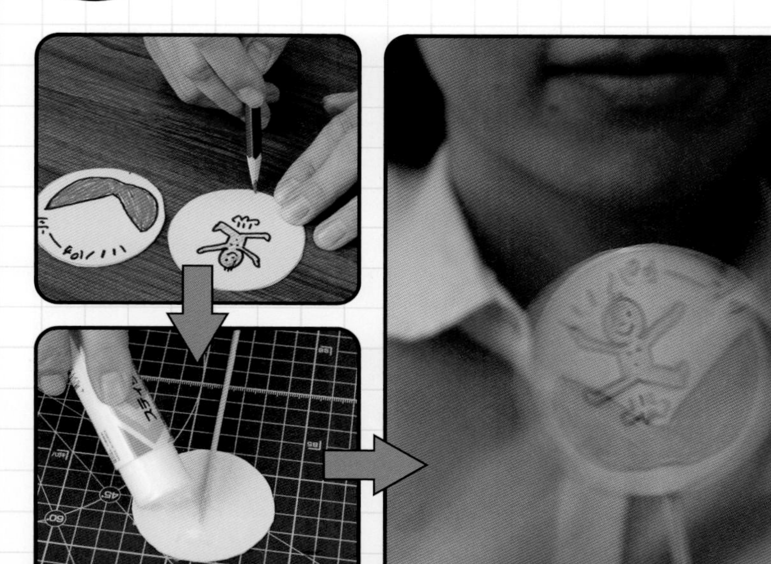

錯覚／ソーマトロープ／アニメーション

すすめかた

使うもの

コピー用紙、厚紙、コンパス、ハサミ、サインペン、竹ぐし、のり

1. **コピー用紙にコンパスで直径5〜8㎝の円を2つかき、それぞれ合成したい絵をかく。写真をはってもよい。**
2. **❶の紙を厚紙にはって円にそって切り取り、まん中に竹ぐしをはさんではり合わせる。乾くまでしっかり押さえておく。**
3. **竹ぐしを両手ではさんで持ち、手をこするようにもむと絵が重なりあって見える。**

私たちの目は見えているものの動きが速くなると、細かく見分けることができなくなります。この実験のように、見ている絵がすばやく入れ替わるとき、目は2つが入れ替わっているのではなく、合わさった1つの絵を見ていると感じます。

注意とワンポイント

竹ぐしは先端のとがった部分を切ってから工作すると安全。細めの竹ひごを使ってもいい。

Day 176

やりやすさレベル 超かんたん

ストローの引力

ストローで水を飲むのではなく、水を引きつける実験。
この引力のみなもとは静電気だ。

静電気／静電誘導

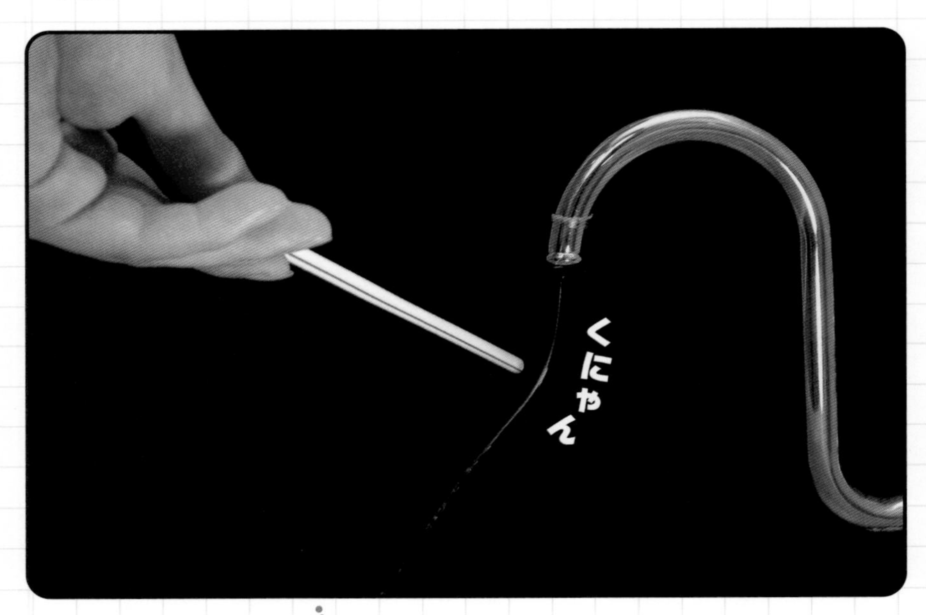

すすめかた

使うもの

ストロー、ティッシュペーパー、水道の蛇口

1. **ストローをティッシュペーパーやウールのセーターなどでこすって静電気を起こす。**
2. **水道の蛇口から水を出し、できるだけ細い流れになるように蛇口ハンドルをしぼる。**
3. **水の流れに静電気を帯びたストローを近づけると、水流が曲がる。**

静電気にもふつうの電気と同じようにプラスとマイナスがあり、たがいに引きあったり押しのけあったりします。静電気を帯びたストローが水流に近づくと、ストローと逆の静電気（ストローがプラスならマイナス）が水流の表面に集まります。つまり物質の中にプラスマイナスのかたよりができます。このかたよった部分とストローの静電気とが引きあうので、水流が曲がります。

注意とワンポイント

ストローやティッシュペーパーに水がつかないように注意。じゅうぶんに静電気が起きてから、水道の蛇口を開くといいよ。

やりやすさレベル かんたん

ミニ噴水 in ボトル

**水蒸気を満たしたペットボトルの中に噴水が出現！
水が吹き出す力のみなもとは大気圧だ。**

大気圧／減圧

すすめかた

使うもの

円筒形のペットボトル（炭酸飲料用）、ダブルクリップ、ストロー、キリ、セロハンテープ、ハサミ、画びょう、ホットメルト接着剤、水入れ容器

1. **ボトルのキャップに穴をあけてストローを通し、根元をホットメルト接着剤で接着する。**
2. **キャップの内側になるストローの先をセロハンテープでふさいで画びょうで穴をあけ、反対側の先はクリップでとめる。**
3. **ボトルに70℃ぐらいのお湯を半分ほど入れる。しばらく待って水蒸気がいっぱいになったら、お湯を捨てて❷のキャップを取りつける。**
4. **手早く逆さまにして外に出ているストローの先を水の入った容器に入れ、クリップをはずしてボトルに水をかけるとボトルの中で噴水ができる。**

ボトルの中の水蒸気が冷えて水に戻ると体積が小さくなります。このためボトル内の圧力が下がるので、外の空気（大気）の圧力で水がストローに押し込まれ、中で噴水のように吹き出すのです。

注意とワンポイント

ボトルの中が水蒸気でいっぱいになったら、冷めないうちに水に入れよう。ボトルに水をかけると噴水の勢いが強くなるよ。

やりやすさレベル かんたん（電池注意）

ぴくぴくアルミホイル

アルミホイルに電流を流すと、
まるで生きているみたいにぴくぴく動くよ！

電流と磁場／クーロン力

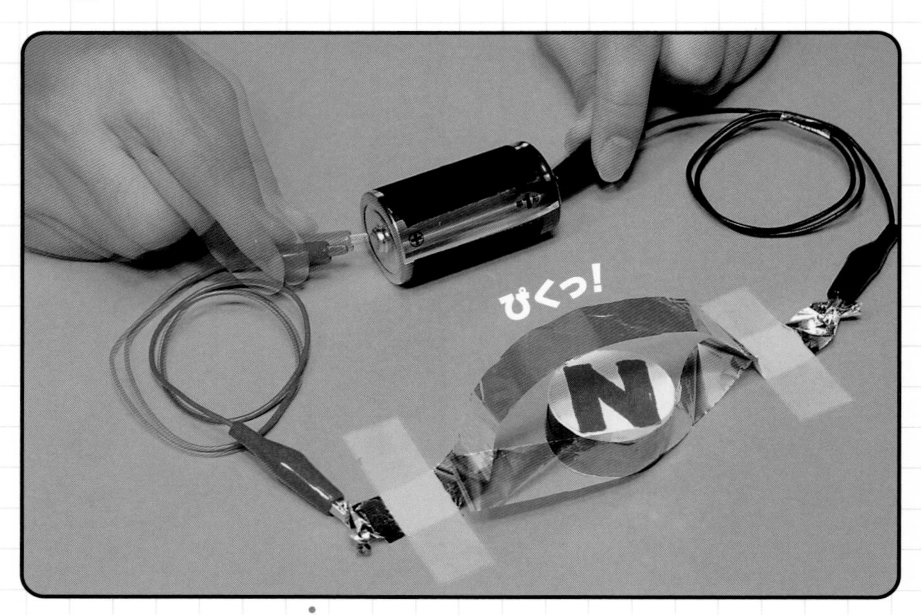

すすめかた

使うもの

アルミホイル、セロハンテープ、磁石、リード線（ミノムシクリップつきリード線）、乾電池

1. **アルミホイルを1.5㎝幅で細長く2枚切り、輪になるように両端をつなぐ。**
2. **❶の両端にリード線をつなぎ、写真のように磁石を置く。**
3. **リード線を乾電池につないだ瞬間、アルミホイルがぴくりと動く。**

電流が流れると、まわりに磁力（磁石の力）が生まれます。この、磁力がはたらく空間を磁場といいます。生まれた磁力が下にある磁石の磁力と影響しあって力が生まれ、アルミホイルが動きます。また、磁石のN極とS極を逆にすると磁場の向きも逆になり、アルミホイルの動く方向も逆になります。このように、電流が流れるときには必ず磁力も生まれています。

注意とワンポイント

机の表面が金属製のときは、電気を通さない木の板やプラスチックの下じきなどをしいて実験しよう。

Day 179

やりやすさレベル　超かんたん

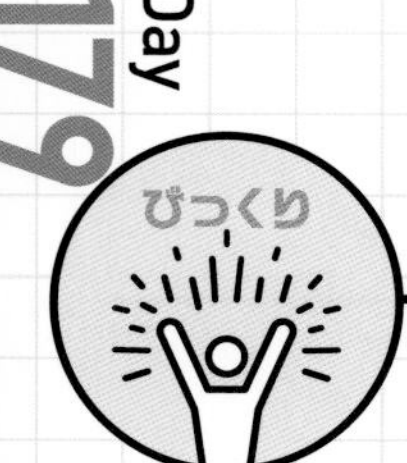

木に磁石がくっつく？

磁石が鉄にくっつくのは知ってるよね。
じつはちょっとした工夫で木の板にも磁石がくっつく！

摩擦／垂直抗力

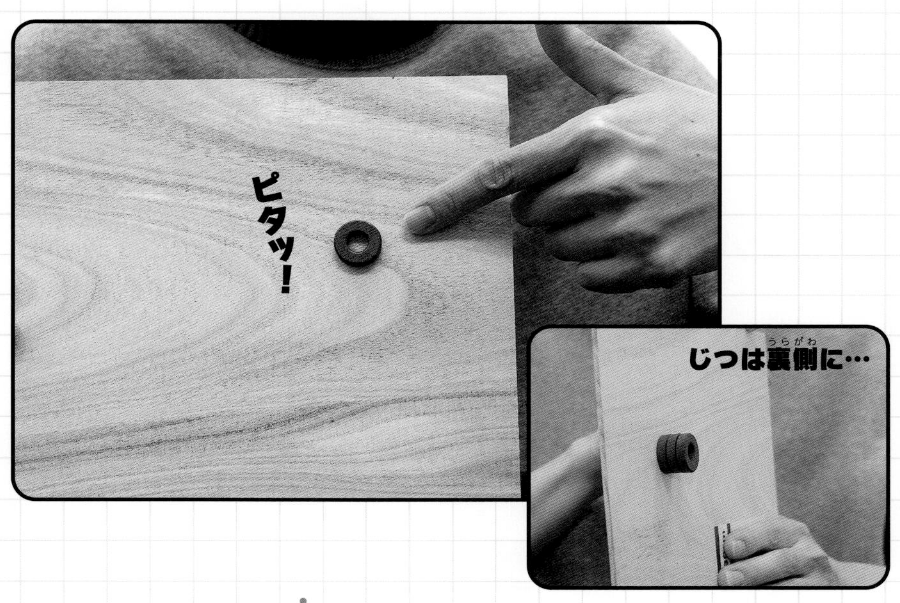

すすめかた

使うもの

磁石（2〜4個）、ベニヤ板など木の板

1. **水平にした板の表側と裏側に、磁石を引きあう向きにして当ててくっつける。**
2. **磁石がくっついたまま板を立てて観察する。**

もちろん木に磁石がくっつくのではなく、磁石と木の間にはたらく摩擦力が磁石を支えています。摩擦力の大きさは「表面の摩擦の起きやすさ（摩擦係数）」と「面を押しつける力（垂直抗力）」で決まります。磁石1個では板に押しつける力がないので落ちますが、裏の磁石が引きつけるため板に押しつけられ、その力によって大きな摩擦力が生まれます。磁石が鉄にくっつくのも同じしくみです。

注意とワンポイント

大きな摩擦力を得るには、磁石は大きめのものがいい。

Day 180

やりやすさレベル かんたん

輪ゴムでビヨンビヨン

角材に輪ゴムをかけわたした道具をふり回すと、ビヨンビヨンとふしぎな音が出るよ。

音／振動

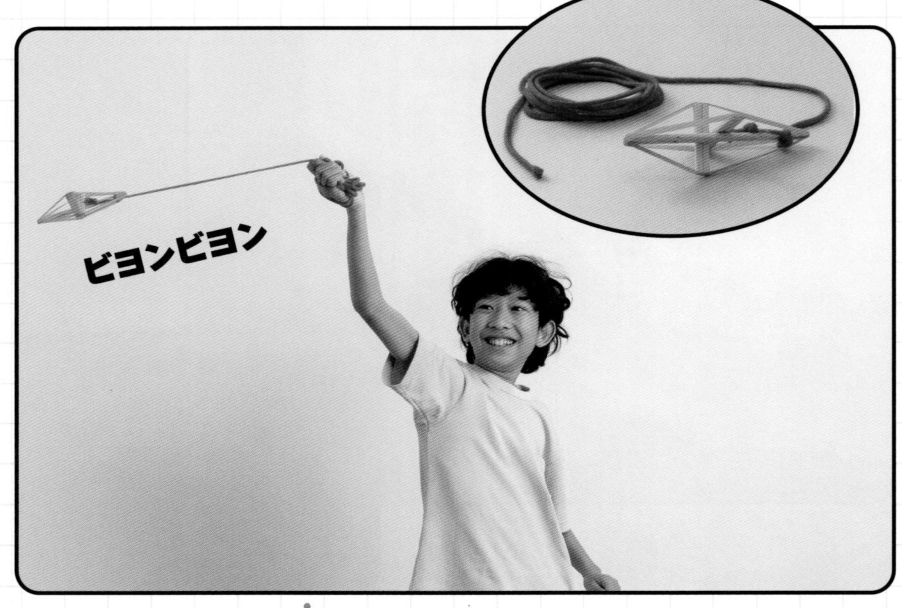

すすめかた

使うもの

太くて大きい輪ゴム、角材または割りばし、ひも、ホットメルト接着剤、カッターナイフ

1. 輪ゴムを縦にかけられる長さに角材を1本切り、その半分の長さと1／3の長さを1本ずつ切る。3本をまん中あたりで直角に組み合わせて接着剤で固定。
2. 角材のどこか1か所にひもを結びつけ、輪ゴムを角材の頂点に2～3本かけわたす。
3. ひもを持ってふり回すとビヨンビヨンと鳴る。

輪ゴムに風が当たるとのび縮みしてふるえが生まれます。また風に渦が発生してふるえる場合もあります（風で電線が鳴るのと同じしくみ）。このふるえの周波数（1秒間にふるえる回数）はゴムの長さや引っぱりぐあいによってことなり、同時にいろいろな音が生まれ、重なって聞こえるのでふしぎな音色になります。

注意とワンポイント

ふり回したときにまわりの人やものにぶつからないよう、広い安全な場所で行おう。

Day 181

やりやすさレベル　超かんたん

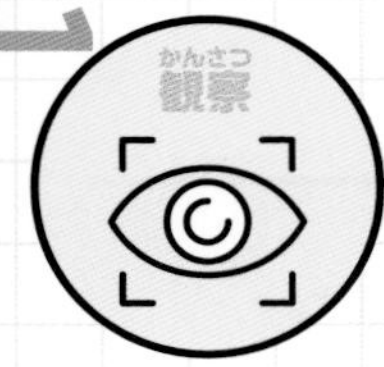

紅茶で酸性チェック

紅茶にレモンを入れると色が薄くなる。
そのしくみを酸性チェックに利用しよう。

pH／色変化

すすめかた

使うもの

紅茶のティーバッグ、お湯、カップ、レモン汁など

1. **カップにティーバッグを入れて熱いお湯を注ぎ、紅茶をいれる。**
2. **酸性の度合いを調べたいレモン汁などを、紅茶に数滴入れる。色が薄くなるようすを観察。**
3. **同じ量で別の果汁などで試して、酸性の度合いをくらべるとおもしろい。**

酸性が強い溶液に混ざると紅茶の色が薄くなります。紅茶に含まれる色素のひとつが酸によって壊れるためで、紅茶にレモンを入れて起きる色の変化もこのためです。紅茶は酸性を調べる試験液にもなります。

注意とワンポイント

なべでティーバッグを煮出すと、もっと濃い紅茶になる。ムラサキキャベツの色素液（333ページ）のように試験液として使うときに見やすくなるよ。

Day 182

やりやすさレベル 超かんたん

CDで虹スクリーン

虹色が見えるCDの裏側。
コツさえつかめば、その虹をかべに反射させることもできるよ。

虹／回折／分散

すすめかた

使うもの

不用なCD、懐中電灯、スクリーン（白いかべや紙など）

① CDと懐中電灯を両手に持ち、スクリーンに向かって立つ。まわりを暗くして懐中電灯をともし、光をCD面に当てる。

② 懐中電灯の光をCD面に約45度で当て、反射した光がスクリーンに当たるように体の向きを調節。スクリーンまで30〜50㎝のところからだとやりやすい。

CDには情報を記録するためのとても小さな穴の列がたくさんあります。これが光をさまざまな色に分散させます（分光ともいいます）。中心に当てた光を正面から見ると、130ページのような円形の虹が見えます。光を斜めに当てて反射した光をスクリーンに当てると、この実験のような虹になります。最初は近い距離で試すのがいいでしょう。

注意とワンポイント

CDで反射した光はかなりまぶしいので、直接目に入らないように注意しよう。

Day 183

やりやすさレベル かんたん

わくわく

どんぐりごま

「どんぐりごま」は昔からある遊びのひとつだけれど、きれいに回すにはちょっとしたテクニックが必要。

つり合い／重心／コマ

すすめかた

使うもの

どんぐり、つまようじまたは竹ぐし、キリ、接着剤

1. どんぐりの殻斗（ぼうし、はかま）を取ったまん中に、キリで穴をあける。
2. つまようじか竹ぐしの先に接着剤をつけて穴にさし込み、どんぐりの中心にまっすぐに調節。
3. 接着剤がかたまってから、つまようじを約3cmに切ってコマのように回す。

320ページでも紹介しているように、**軸が重心を通っていると何でもコマになります。**ドングリの重心はほぼまん中なのでコマにしやすいですが、細長いものはわずかなバランスのくずれで横倒しになってしまいます。軸を**すばやく回転させる**と、細長いマテバシイのどんぐりでも立って回転します。

注意とワンポイント

どんぐりはすべりやすいので、穴をあけるときに手をケガしないように注意。丸いクヌギなどのどんぐりがやりやすく、細長いマテバシイなどのどんぐりは難しい。

Day 184

やりやすさレベル かんたん

かんたん墨流し

墨流しは昔からよく知られたアートのひとつ。水面に墨を浮かべて美しい模様をつくろう。

表面張力／分子／界面活性剤

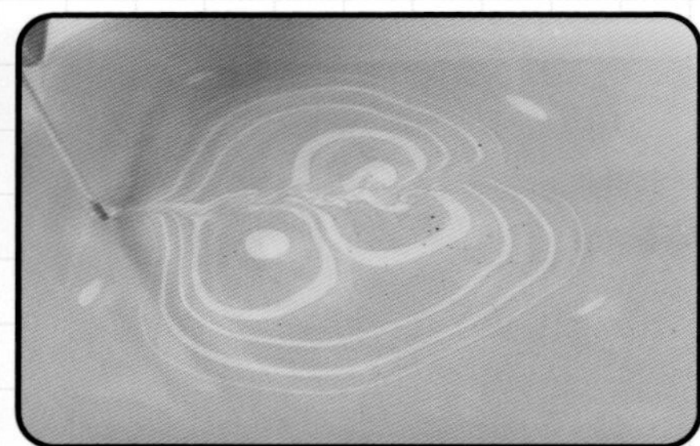

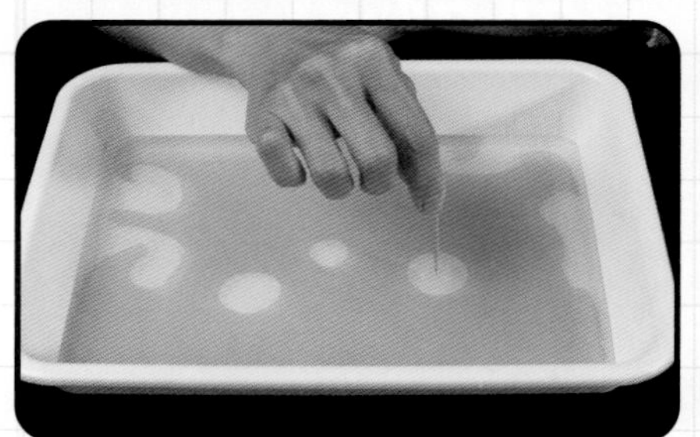

すすめかた

使うもの

墨汁、朱墨汁、バットまたは洗面器、絵筆、小カップ、中性洗剤、つまようじ、水、画用紙、新聞紙など

1. **バットなどに水を1〜2㎝の深さに入れ、水の動きがおさまるまでしばらく待つ。**
2. **絵筆の先に墨汁または朱墨汁を少しつけて水面にふれると、墨が水面に広がる（何回かに分けて墨を広げる）。**
3. **10倍ほどに薄めた中性洗剤をつまようじの先につけて水面にふれると、穴があいたように模様が変化する。**
4. **❷→❸をくり返して模様をつくったあと、適当に水面を乱すなどして変化をつける。**
5. **画用紙を水面にのせて模様を写し取り、新聞紙の上で乾かす。**

墨の黒い粒はとても軽く水面に浮いて広がります。中性洗剤は表面張力を弱めるので、洗剤がついた部分は周囲に引っぱられて広がり穴があいたようになります。これらを工夫して模様をつくり、紙にしみ込ませて転写すると作品ができます。

注意とワンポイント

2〜3回やると水が汚れるので、取り換えながら試そう。乾かした作品で、はがきやしおりをつくってもいい。

Day 185

やりやすさレベル かんたん

超パワフル電磁石

**電線を巻いたコイルに電流が流れると電磁石になる。
より強力にするにはどうすればいい？**

電磁石／鉄心

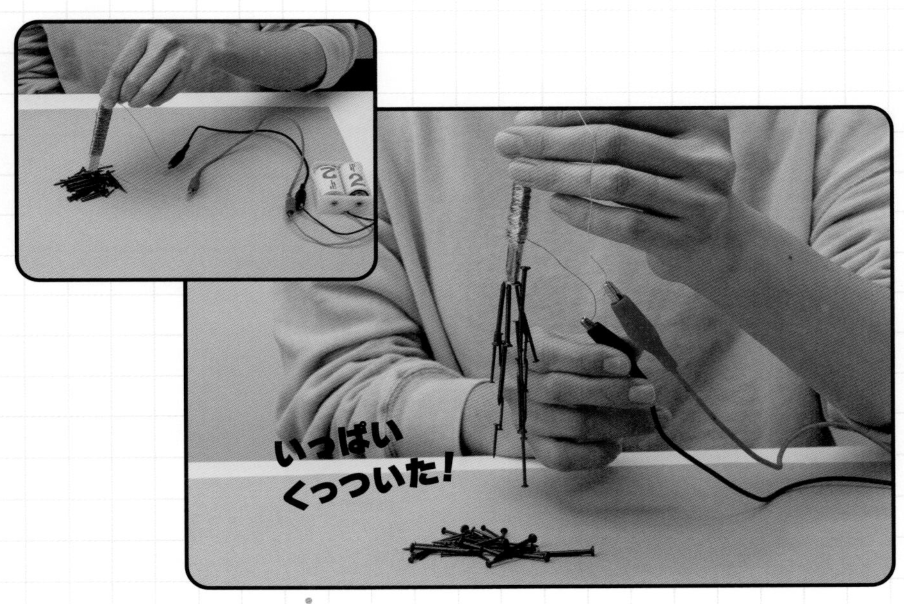

すすめかた

使うもの

エナメル線（直径0.35～0.4㎜）、紙やすり、セロハンテープ、割りばし、鉄のステーまたは鉄クギ、乾電池、小さな鉄クギやゼムクリップなど

1. **割りばしにエナメル線を100回巻いてコイルにし、両端を紙やすりでこすって被覆をむく。**
2. **同じように鉄のステーや鉄クギで100回巻きのコイルをつくる。**
3. **それぞれ乾電池につないで、引きつける小さな鉄クギの数を比較する。**

割りばしを芯にするとほとんど磁力が感じられませんが（方位磁針を動かす程度の力はあります）、鉄を芯にすると磁力が大幅にアップします。まわりの空間に広がっていく磁力を、鉄が一方向にそろえるためで、このような鉄を鉄心と呼びます。

注意とワンポイント

エナメル線の被覆（表面をおおっている絶縁層）を紙やすりでむくときは手のケガに注意。

Day 186

やりやすさレベル かんたん

だ液パワー調べ

ものを食べると出るつばには消化を助けるはたらきもある。
ご飯のデンプンが栄養に変わるようすを観察しよう。

デンプン／体のしくみ／消化

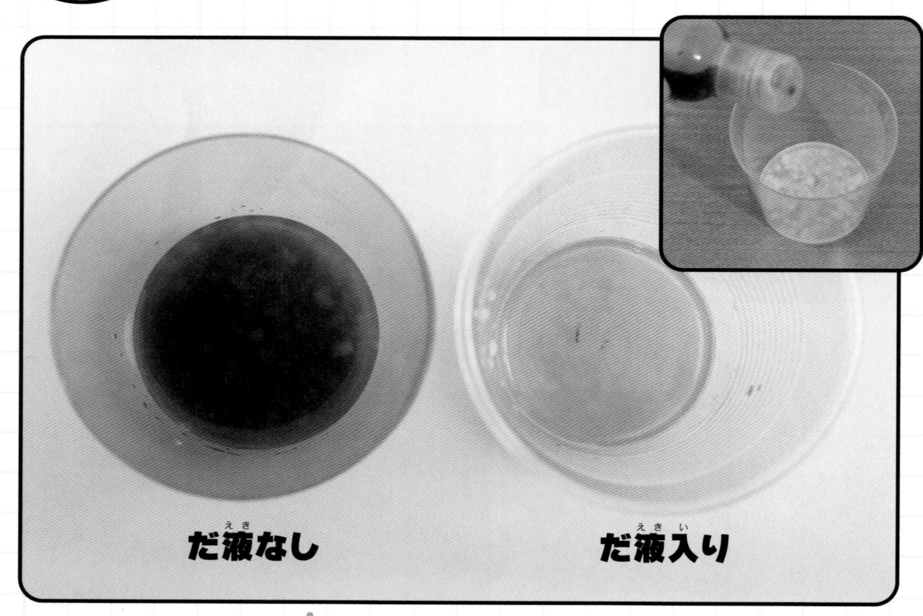

すすめかた

使うもの
ご飯、透明コップ、ヨウ素入りうがい薬、水

1. **指先ほどの量のご飯に同じぐらいの水を混ぜてコップに入れ、水で約20倍に薄めたヨウ素入りうがい薬を数滴入れて変化を見る（青紫色に変化する）。**
2. **同じ量のご飯を口に入れて数分間よくかんでコップに入れ、❶と同じようにうがい薬を入れて変化を観察。**

ご飯には栄養になるデンプンがたくさん含まれています。デンプンはヨウ素液で青紫色になります。しかし、よくかんだご飯は青紫色になりません。これはつば（だ液）が混ざることでデンプンが分解されて、糖という栄養物質に変化したためです。食べ物をかむのは細かくするだけでなく、食べ物を栄養に変える消化のはたらきもあります。

注意とワンポイント

口の中に入れたもので実験するのがいやなときは、無理にやったり、誰かにやらせてはいけないよ。また、一度ヨウ素液を加えたご飯は口に入れないこと。

やりやすさレベル かんたん

人工こもれ日

木々の間から太陽の光がさし込む「こもれ日」。
幻想的なこもれ日を水槽の中につくろう。

光の直進／チンダル現象

すすめかた

使うもの

水槽、牛乳、スポイト、懐中電灯、黒い紙、ハサミ

1. 水槽に水を入れ、牛乳を水3Lに対して1滴ほどの割合で入れてかき混ぜる。
2. まわりを暗くして懐中電灯をともし、斜め上から水槽の中に光を当てる。
3. 小さな穴をいくつかあけた黒い紙を間にかざして観察する。

こもれ日とは木々の葉の間から地上にさし込む光のことで、霧が出ていると光の道すじが幻想的に浮かび上がります。木の葉のすき間で細くなった光線が、空気中の水滴などで反射して見えるためです。実験では、水の中に牛乳に含まれる小さな脂肪の粒が広がって、これに光が当たることで道すじが見えるようになります。穴をあけた紙を動かすと、さまざまなこもれ日を見ることができます。

注意とワンポイント

牛乳を入れすぎると、光の道すじが見えにくくなるので注意。黒い紙にあける穴の大きさや数を変えて、こもれ日の見え方の違いを調べよう。

Day 188

やりやすさレベル 超かんたん

ホースで電話あそび

ふつうのホースがそのまま電話になる!? 友達とペアになって実験しよう。

音／振動

糸電話では音が糸のふるえとして伝わりますが、ホース電話では空気のふるえがそのまま伝わるのでたるんでもOK。糸電話とくらべるとおもしろいでしょう。

すすめかた

使うもの

ビニールホース、じょうご（2個）

1. **ビニールホースの両側に、じょうごをさし込む。**
2. **2人でじょうごを1つずつ持って糸電話のように会話する。**

注意とワンポイント

じょうごは100円ショップなどで買えるものでじゅうぶんだよ。

Day 189

やりやすさレベル かんたん

2枚のガラスで虹模様

ガラス2枚を重ねるだけで虹が出現!? アクリル板2枚でもできるよ。

回折／薄膜干渉

わずかなすき間で目までの距離が違うと、光が重なって決まった色だけが強調されます（干渉）。すき間が変わると強調される色も場所で違うので虹になります。

すすめかた

使うもの

顕微鏡で使うスライドグラス2枚（または写真立てなどのガラスやアクリル板）

1. **スライドグラスを2枚重ねて、一方を軽く押しつける。**
2. **明るい窓の光などで観察すると、細かい虹が見える。**

注意とワンポイント

ガラスをあつかうときは割らないように、またケガにも気をつけよう。

Day 190

やりやすさレベル 超かんたん

びっくり

空中にソーセージ出現!?

巨大だけど自分にしか見えないソーセージ。
これもよく知られている「かがくあそび」のひとつ。

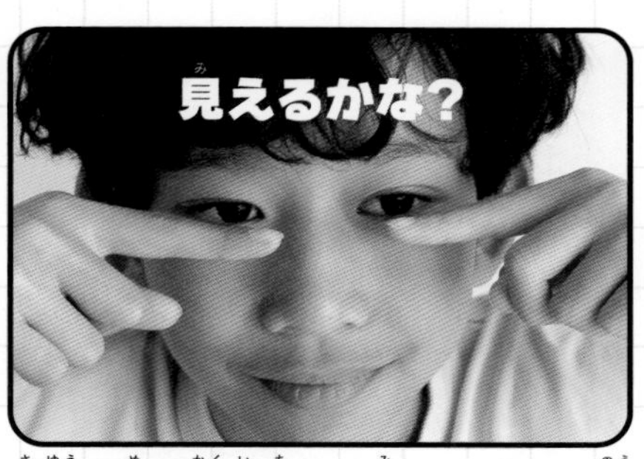

左右の目が各位置から見えるようすを脳に伝え、脳の中で1つの画像に合成されます。指は左右で違った形に見えていますが、脳内で合成されています。

すすめかた

使うもの

左右の人さし指

1. 左右の目のすぐ前の外側で、左右の人さし指を内向きにのばす。
2. 指を内側にゆっくりと動かすと空中にソーセージの形が見える。

注意とワンポイント

遠くを見る感じで見ているとうまくいく。寄り目にするとできない。

錯覚

Day 191

やりやすさレベル かんたん

わくわく

浮き沈みストロー

167ページの「浮き沈み発泡スチロール」の応用。
ボトルの中のストローが上下する。

しくみは178ページの「タレビン」の実験と同じ。外から水に加わった圧力で、ストローの中の空気が体積を変えるので浮力が変化します。

すすめかた

使うもの

円筒形ペットボトル、ストロー、ゼムクリップ(小)、万能接着剤

1. 5㎝ほどに切ったストローの一端をつぶして接着。反対側にゼムクリップをつけておもりにする。
2. ❶を水中で押しつぶして水を半分ぐらい入れ、水入りのボトルに入れてキャップをしめ、ボトルを押すと浮き沈みする。

浮力/体積変化/パスカルの原理

COLUMN

かがくあそびのコツ3

道具の工夫もかがくあそびの楽しさ

道具を使わないかがくあそびもたくさんありますが、なかには材料を工夫したりいろいろな道具を使ったりすることもあります。そして材料を工夫したり道具を使いこなしたりすることも、かがくあそびの大きな楽しさです。

たとえば紙飛行機をつくるのにティッシュペーパーは適していません。ではどんな紙がよいのか…それを調べて考えて探すのは楽しい研究です。さらに進んで「ティッシュペーパーで紙飛行機をつくるにはどうする？」と考えるのも楽しい発展です。

ハサミやカッターナイフなどの道具にもうまい使い方があります。たとえば定規でも、線を引くとき、測るとき、カッターナイフで切るときのそれぞれで、使い方に違いがあります。工作になれている人に習ったり調べたりするほか、どう使ったらうまくできるかを考えて試します。やみくもにやってみるのではなく「考える」がポイントです。

たとえばこういうこと！

1 ハサミだけじゃない。材料の種類や目的で、いろんな道具を使い分けよう。

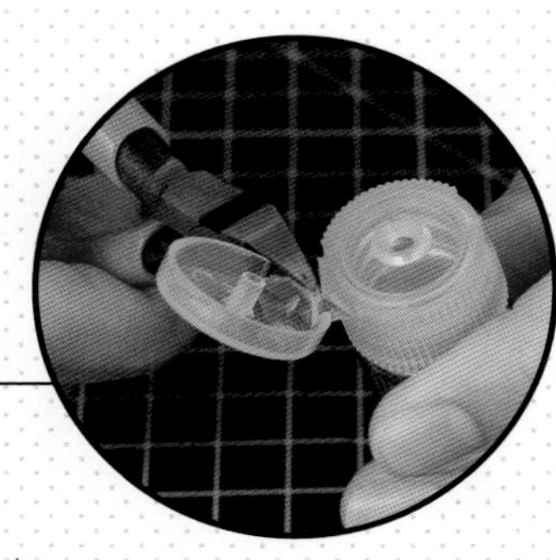

「メントス」に穴をあけるとき、キリで刺すと割れるけど、ドリルの刃で削るとうまくいく。2

3 道具は使いなれないと「使えない」のと同じ。どんどん使ってなれることが大事。

代用品探しもポイント。原理がわかっていれば、安価でぴったりの道具が見つかる。4

Day 192

やりやすさレベル 超かんたん

なぜか塩が溶けない水①

**水に塩を入れて、混ぜても混ぜても溶けないのはなぜ？
どんなしかけがあるのかな？**

溶解度／飽和水溶液

すすめかた

使うもの

食塩、コップ（2個）、さじ

1. コップ7分目ほどの水に、さじ1～2杯の食塩を入れてかき混ぜる。すべて溶けたら少しずつ食塩を追加して溶かし、溶けなくなって底に少したまるまでくり返す。
2. 上の透明な部分だけを別のコップに移す。
3. ❷のコップに食塩を入れてかき混ぜ、溶けるかどうかを調べる。

何かが水に溶けるとき、それ以上溶けなくなる限界の状態を「飽和」といいます。たとえば100gの水に食塩は26～28gほど（温度によって少し変化する）溶けます。この状態が飽和で、それ以上はどんなにかき混ぜても溶けません。この実験では、あらかじめ食塩を溶かして飽和させているので、透明に見えてもそれ以上は溶けないのです。

注意とワンポイント

友達に「この水に塩を入れて溶かしてみて」と言って、飽和した食塩水をわたしてみよう。ぜんぜん溶けないのでびっくりするよ。

Day 193

やりやすさレベル かんたん（やけど注意）

くっつかないクリップ

180ページの方法で磁石にしたクリップを、炎で熱してダメにする？

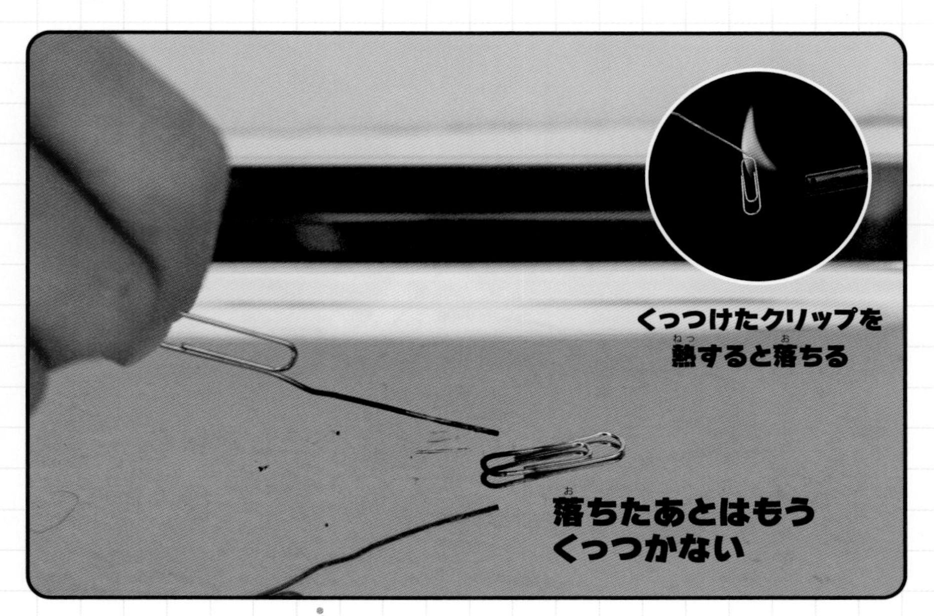

磁化／キュリー温度

すすめかた

使うもの

ゼムクリップ、大きめの磁石、ピンセット、ガスマッチ、アルミホイルか金属トレイ

❶ 180ページで紹介した方法で、クリップを「9」の字形の磁石にする。

❷ ❶の巻いてある部分をピンセットではさんで持ち、のばした部分に別のクリップをくっつける。

❸ 机がこげないようにアルミホイルか金属トレイを置いた上で、くっついている部分をガスマッチの炎で加熱。赤くなるまで熱くなると、ついていたクリップが落ちる。

クリップをつくっている鉄は磁石でこすると磁石になります。これは鉄の中にあるミクロサイズの磁石の単位の方向がそろうためです。しかし、熱すると分子運動が激しくなって磁石の単位の向きがばらばらに戻り、磁石の力が失われます。

注意とワンポイント

ガスマッチの炎や熱くなったクリップでやけどをしないように気をつけよう。とくに落ちるクリップに注意。

Day 194

やりやすさレベル かんたん

立体シャボン膜

立体的なわくにシャボン玉液の膜をはると、なんともふしぎな形が現れる。

表面張力

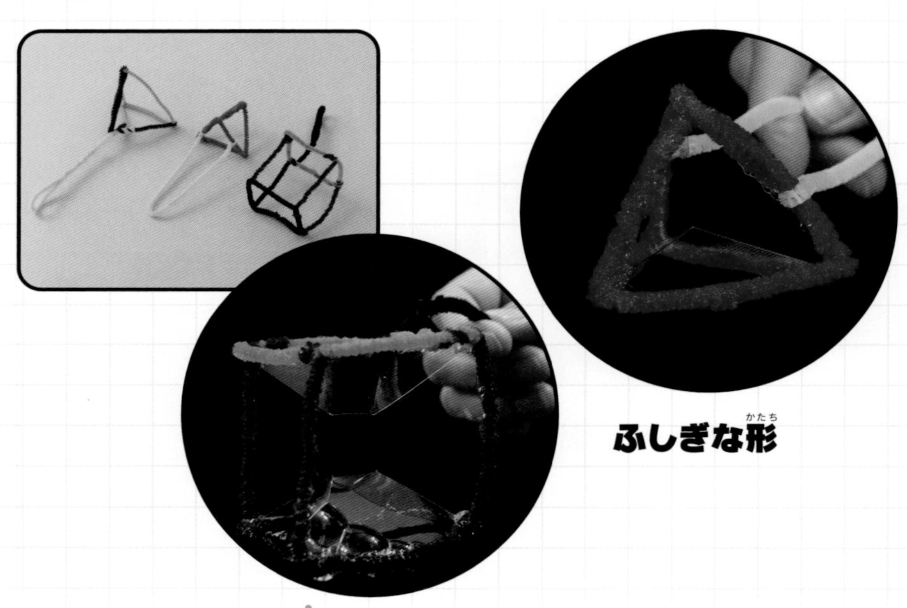

ふしぎな形

すすめかた

使うもの

モール、中性洗剤、PVA洗濯のり、計量カップ、大きめのプラスチックコップ、水

1. **116ページのやり方でじょうぶなシャボン玉液をつくり、大きめのプラスチックコップなどに入れる。**
2. **モールを使って、立方体、直方体、正4面体などをつくる(コップに入る大きさにする)。**
3. **❷を❶の液にひたしてから引き上げ、できている膜のようすを観察する。**

シャボン玉液の膜は動いていないときには、しわが寄りません。これは水などの液体にはたらく表面張力によって自分自身を引っぱっているためです。そして引っぱっているので、膜は面積がいちばん小さくなる場所にできます。重なりあうことでふしぎな形が見られます。

注意とワンポイント

シャボン玉液を目や口に入れないこと。もし入ってしまったら、すぐに大量の水で洗い流そう。

やりやすさレベル　超かんたん

ゴム風船で静電気

ゴム風船をタオルでこすると静電気が起きる。ちぎった紙片をくっつけて静電気のたまり方を調べよう。

静電気／ゴム

すすめかた

使うもの

ゴム風船、タオルまたは衣服（セーターなどふわっとした素材のもの）、紙片

1. **ゴム風船の表面についた粉などをふき取る。**
2. **ゴム風船をふくらませて口をしばる。**
3. **乾いたタオルや衣服の表面などで風船をよくこすり、ちぎっておいた紙片などに近づけて変化を観察する。**

静電気とは、電気のもとになる電子が、もののある一部にたまって流れない（流れにくい）状態です。多くの場合、電気を流しにくい物質で水をほとんど含まないもの、たとえばゴムや発泡スチロールなどは静電気をよくためます。ゴム風船は表面に静電気がたまります。紙片に近づけてから回転させると、風船の表面のどこに静電気がたまっているかがわかります。

注意とワンポイント

ゴム風船の表面の粉が取れにくいときは、アルコール（エタノール）でふくと取りやすい。

Day 196

やりやすさレベル　かんたん

尿素の花

肥料の原料などとして使われる尿素。水に溶かしてから結晶させると美しい花になる!?

結晶／溶解度／再結晶

すすめかた

使うもの

尿素、洗濯のり、中性洗剤、計量カップ、厚紙、ペーパータオル、水性カラーペン、プラコップなど

1. **厚紙を幅3～4㎝、長さ15㎝に切って丸め、ホチキスでとめて筒にする。ペーパータオルを幅5～7㎝、長さ15～20㎝に切って丸め、厚紙の筒の中に入れて出た先端を数本に裂いて水性ペンで数か所に色をつける。これをプラコップのまん中に立てておく。**
2. **お湯100mLに尿素100gを入れ、よく混ぜて完全に溶かす。洗濯のり10mLと中性洗剤数滴を加えてよく混ぜ、❶の根元に静かに注いで数時間～ひと晩待つ。**

ペーパータオルで吸い上げられた尿素溶液は水分だけが蒸発します。水が減って濃くなりすぎることで、溶けていられなくなった尿素が固体になって出て、このときに分子が規則正しく結びついて木の枝のような結晶になります。

注意とワンポイント

尿素が溶けるときにまわりの熱を奪うので、水が冷たくなる。すると溶けにくくなるので、お湯で溶かすといい。尿素はホームセンターなどで入手できるよ。

Day 197

やりやすさレベル かんたん

ぴくぴく方位磁針

乾電池と方位磁針を使って電線のまわりにできる磁場の向きを調べよう。

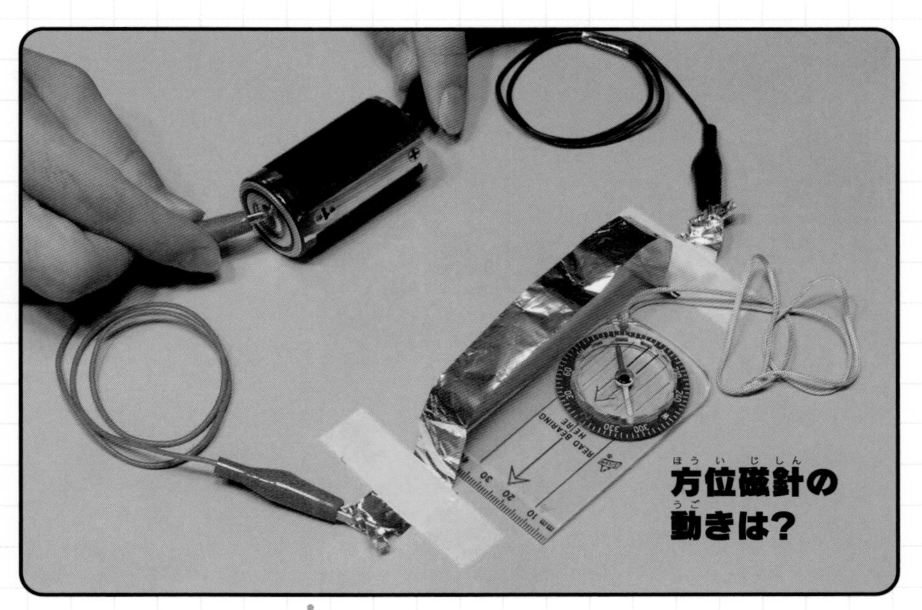

磁場/ローレンツ力

すすめかた

使うもの

アルミホイル、ビニールテープ、乾電池、ミノムシクリップつきリード線、方位磁針

1. アルミホイルを幅2㎝、長さ25㎝の帯に切り、Ω字型の橋のように両端をテープで机の上にとめる。両端にミノムシクリップつきリード線をつなぐ。
2. アルミホイルの帯の下に方位磁針を置く。
3. 乾電池に瞬間的につないだりはずしたりしながら方位磁針の動きを観察。電池のプラスマイナスを入れ替えて試す。

196ページで紹介した「ぴくぴくアルミホイル」とよく似た実験です。アルミホイルの帯に電気が流れると磁場ができてアルミの帯が動きますが、この実験では方位磁針が動きます。電流の向きを逆にすると磁場のNSが逆になるので、方位磁針の動く向きも逆になります。

注意とワンポイント

電池につなぐのは数秒にとどめる。方位磁針は、ほかの磁石に近づけるとくるうこともあるので絶対に近づけないこと。100円ショップなどで手に入る安価なものを使おう。

Day 198

やりやすさレベル かんたん

ひとりでに動くボトル

そっと置いたあきボトルが「ひとりでに」転がり出す!?
ホラー実験？ もちろん、しかけがあるんだよ！

運動エネルギー／ゴム／蓄力

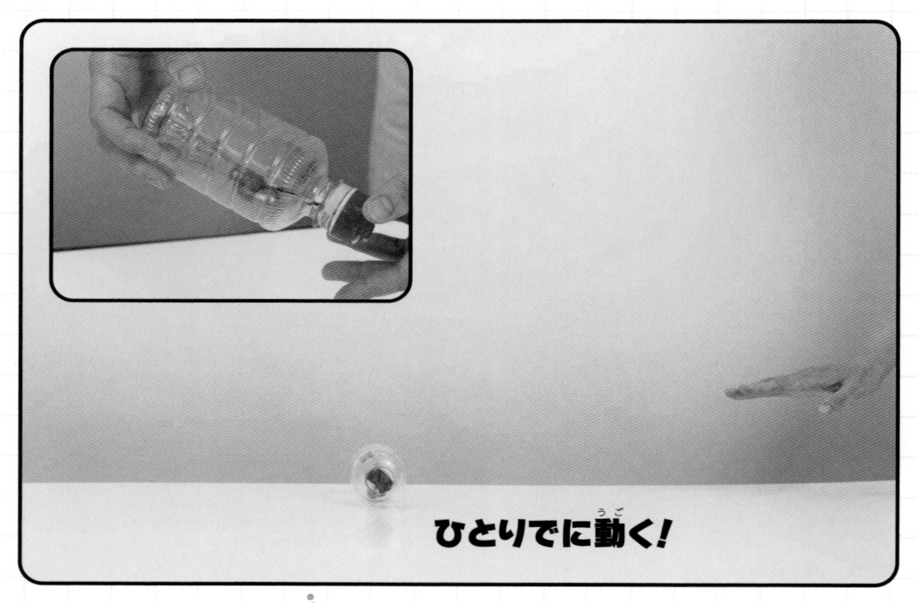

すすめかた

使うもの

ペットボトル、輪ゴム、釣りおもり、割りばし、ビニールテープ、キリ

1. **ボトルの底とキャップのまん中にキリで穴をあける。輪ゴム2〜4本をつなぎ、まん中に釣りおもりを結んでぶら下げる。**
2. **輪ゴムの片方の端をボトルの底に内側から通し、ボトルの外側で切った割りばしに通してテープでとめる。反対の端はキャップに内側から通し、おもりとゴムをボトルの中に入れてキャップをしめてから、切った割りばしに通してテープでとめる。**
3. **ボトルを水平に持ち上げて数回回転させ、机の上に置くと回転して動き始める。**

おもりがゴムからぶら下がっているのでボトルを回転させるとゴムがねじれます。重いおもりよりもボトルのほうが動きやすいので、手を放すとねじれがもとに戻るゴムの力によってボトルが回転して動きます。

注意とワンポイント

キリでケガをしないように注意。ペットボトルのほか円筒形の容器なら何でもできる。中身が見えないボトルに仕込むと、ひとりでに動く感じが強くなる。

Day 199

やりやすさレベル かんたん

コップの中の氷山

平らな氷をつくって水に浮かべて観察する。
シンプルだけどおもしろい定番の「かがくあそび」。

氷／体積変化／浮力

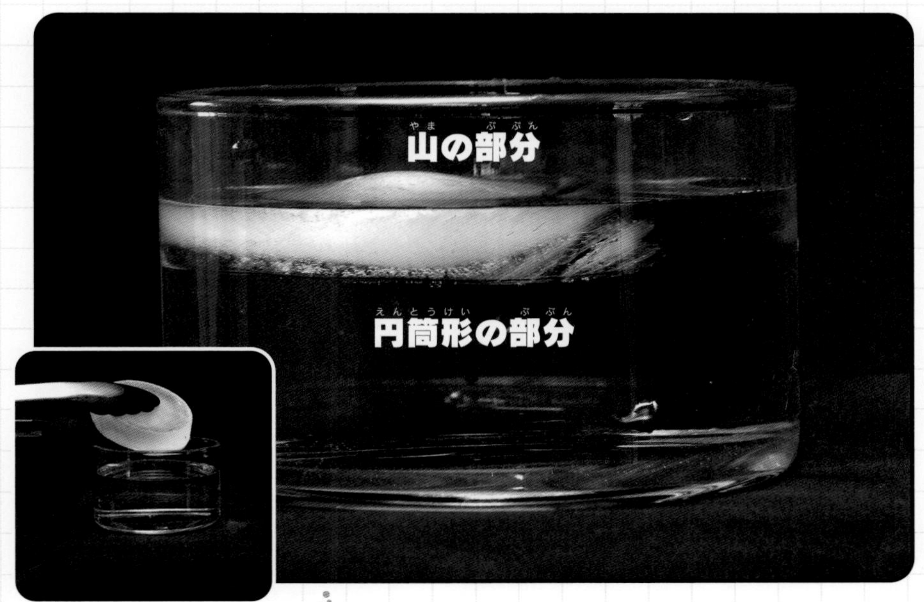

すすめかた

使うもの

プリンカップ、耐熱ガラス容器などの透明容器

1. **プリンカップなどに深さ1㎝ほど水を入れ、冷蔵庫で凍らせる。**
2. **氷ができたらまわりを軽く温めて取り出す。上下を入れ替えないように気をつけて、耐熱ガラス容器などに入れた水に浮かべる。**
3. **氷の水中にある部分と水面に出た部分を観察する。**

冷蔵庫でつくる氷は、表面が山のように出っぱっています。円筒形のプリンカップで凍らせた氷も同じで、水に浮かべると円筒形の部分がすっぽり水中に入り、表面の山の部分だけがぴったり水面の上に出て浮かびます。水は氷になるときに体積がおよそ9％大きくなり、この増えたぶんが盛り上がって氷の表面の山になるためです。

注意とワンポイント

氷は冷たくてすべりやすいので、トングなどを使って容器に入れるといい。

Day 200

やりやすさレベル ふつう（火気注意）

顕微鏡のご先祖さま

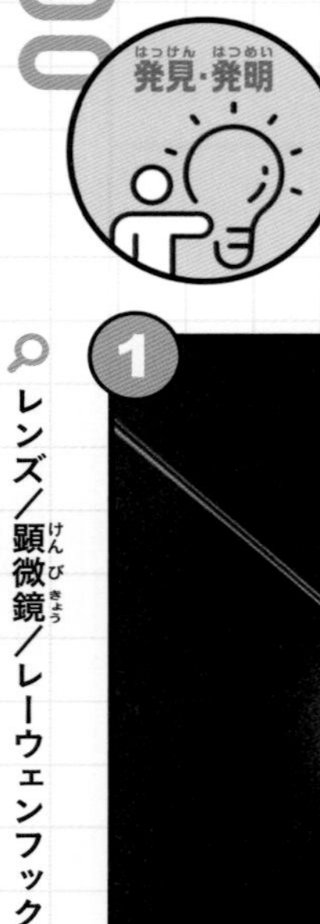

ガラスを熱してつくった球をレンズにして、いろいろなものを高倍率で観察しよう。

レンズ／顕微鏡／レーウェンフック

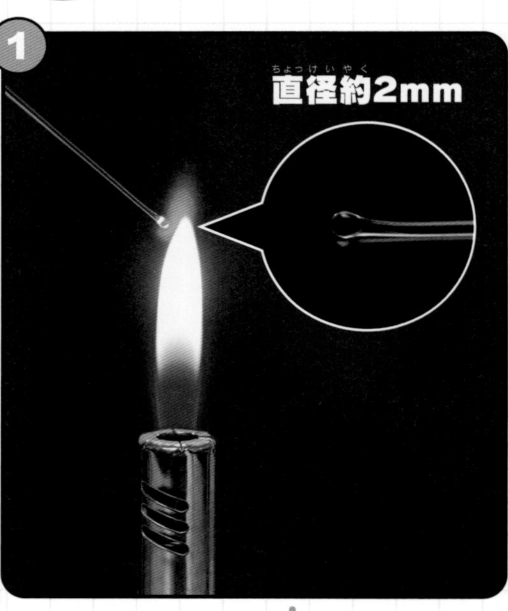

すすめかた

使うもの

ガラス棒、ガスバーナー、黒い下じき、画びょう、観察するもの、セロハンテープ、スライドグラス、カバーグラス、スポイト

1. **ガラス棒をバーナーで加熱して溶かし、約1㎜の太さの線にしてから、端を溶かし丸めて直径約2㎜の球をつくる。**
2. **3×8㎝に切って写真のように曲げた下じきのまん中に画びょうで直径約1㎜の穴をあける。❶の棒の部分をセロハンテープで、球が穴のところにくるように取りつける。**
3. **観察するものでプレパラートをつくり、❷の穴の部分を観察するものに合わせて穴に目をつけてのぞく。下じきを曲げてピントを合わせる。**

ガラスの球は焦点距離がとても短い凸レンズとしてはたらきます。凸レンズはルーペとしてものを大きく見ることができます。17世紀にレーウェンフックがつくった顕微鏡の元祖と同じしくみです。

注意とワンポイント

ガラスの球をつくるのがちょっと難しい。やけどの危険性もあるので必ず大人といっしょに実験すること。

やりやすさレベル かんたん

よく鳴るコップはどれ？

グラスのヘリをこすって音を出す「グラスハープ」。この楽器演奏を身近なグラスやコップで試そう。

音／振動／固有振動数

すすめかた

使うもの

さまざまなグラスやコップ（ガラス製がよい）、中性洗剤、ふきん

1. **グラスやコップを中性洗剤でよく洗い、手の指もよく洗う。**
2. **清潔なふきんで水気をふいて乾かす。**
3. **安定した机の上にコップを置いて片手で押さえ、反対の手の指に少し水をつけてコップのヘリを軽くこする。力が強すぎても弱すぎてもうまくいかない。抵抗感があるがスーッとすべる感じで動かすと音が鳴る。**

手とコップの両方に油分がなければ適当な摩擦が起き、指先を動かすとコップのヘリが少しゆがみます。次にすべってもとに戻りますが、このくり返しが一瞬の間に何回もくり返され、コップのふるえが空気に伝わって音になります。

注意とワンポイント

グラスや指の油分をじゅうぶんに取りのぞくのが成功のコツ。ただし、手を洗いすぎると手荒れすることもあるのでほどほどに。

Day 202

やりやすさレベル かんたん

息は酸性？ アルカリ性？

はく息を水に溶かして酸性かアルカリ性かを調べ、呼吸のしくみを考えよう。

pH／呼吸／炭酸

すすめかた

使うもの

透明コップ、ストロー、ムラサキイモかムラサキキャベツの色素液（304、333ページ）

1. **ムラサキキャベツやムラサキイモの色素液を、色が見やすいように数倍の水で薄め、透明なコップに約2㎝の深さに入れる。**
2. **空気を大きく吸って息をため、コップの中にストローをさし込んで息をゆっくり吐く。**
3. **2〜3回くり返して色素液の色を調べる。**

色素液は中性だと紫色、酸性だと赤紫〜ピンク〜赤になります。この実験では、明るい赤紫かピンクに変色し、**はいた息が溶けた水は弱酸性**であることがわかります。これははく息に含まれる**二酸化炭素が水に溶け、炭酸という物質をつくるため**です。呼吸で取り込んだ酸素が体内で炭素と結合し、二酸化炭素になっていることがわかります。

注意とワンポイント

息を吸って色素液を飲み込まないように注意（毒ではないけれど気持ち悪い）。ムラサキイモやムラサキキャベツの色素液のつくり方は304、333ページを見てね。

ペットボトルでルーペ

水を入れるとペットボトルもレンズになる。
大きさによって拡大する能力に差があるよ。

屈折／レンズ

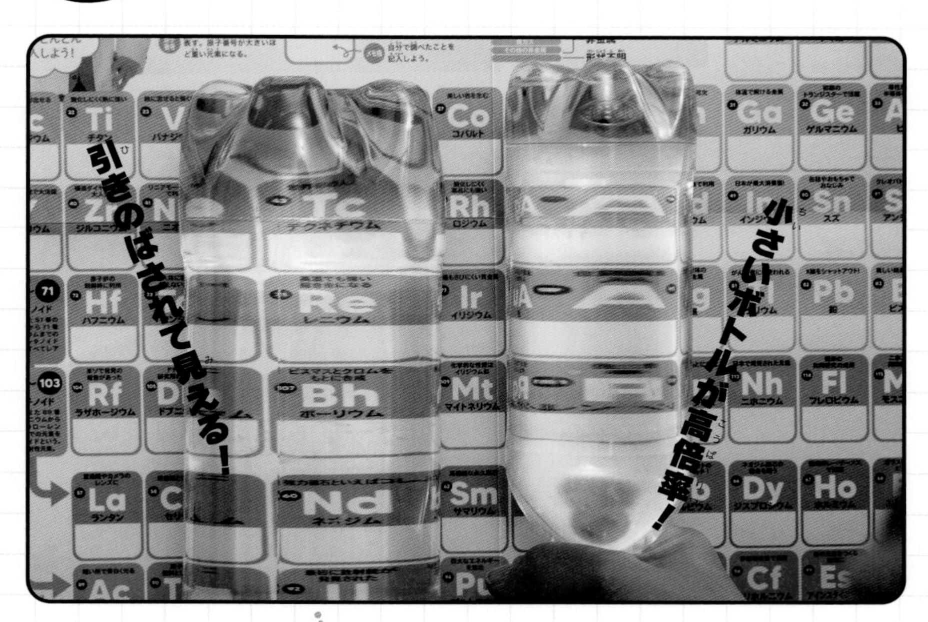

すすめかた

使うもの

大小さまざまな円筒形ペットボトル（透明なガラスボトルでもOK）、印刷物など

1. **炭酸飲料用の円筒形ペットボトルに水をいっぱいに入れ、キャップをしっかりしめる。**
2. **印刷物の文字や小さなものの前にかざして、ルーペのように観察。**
3. **目の前にかざして友達などに見てもらう。**

ボトルの円筒形は真横の断面は円なので、「まん中が周囲より厚い」凸レンズと同じとみることができます。中身が透明な水だと凸レンズのようにはたらき、光を集めたりものを拡大して見たりすることができます。ただし、縦方向の断面は長方形で凸レンズのようにはたらきません。なお、直径の大きさによって凸レンズとしての焦点距離がことなるので、拡大する力も変化します。

注意とワンポイント

目の健康に害があるので、水を入れたボトルを通して太陽を見ないこと。実験後にはボトルが光を集めてものがこげたりしないように、必ず水を出しておこう。

Day 204

やりやすさレベル 超かんたん

エタノールでホット

水とエタノールを混ぜると温度が上がる？
かんたんな実験で試してみよう。

溶解熱／エタノール

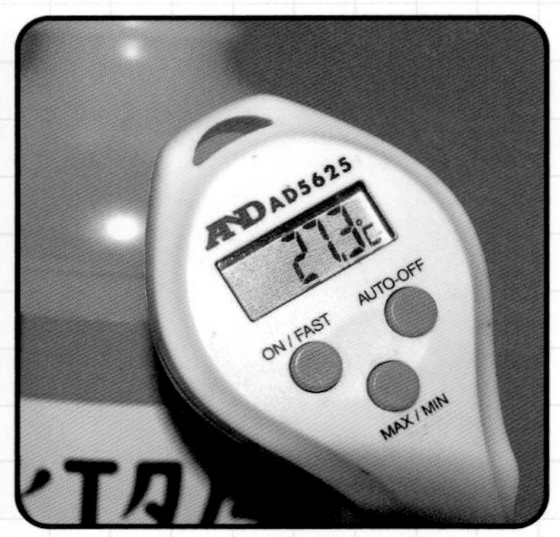

27.3℃に上がった！

すすめかた

使うもの

水、エタノール、温度計、プラスチックコップ（2個）

1. **水とエタノールを別々のコップに4分目まで入れ、それぞれの温度を測る。**
2. **片方をもうひとつのコップに入れて混ぜ、すぐに温度を測ってもとの温度とくらべる。**

水もエタノールも分子が集まってできています。混ぜるとそれぞれの分子がばらばらになって混ざりあいますが、このとき分子同士の結びつき方が変化し、エネルギーが出たり入ったりします。エネルギーが出るか（温度が上がる）入るか（温度が下がる）かは、何と何を混ぜるかなどの条件によって違いますが、水とエタノールを混ぜるとエネルギーが出て、少し温度が上がります。

注意とワンポイント

エタノールは火がつきやすいので、火の気のないところで実験しよう。

やりやすさレベル かんたん（火気注意）

炎の正体は？

ロウソクって、いったい何が燃えているのかな？
炎の中から燃えているものを取り出して調べよう。

燃焼／炭素

すすめかた

使うもの

ロウソク、ビーカーまたは金属スプーン、水、ぞうきん

1. **ビーカーに半分ほど水を入れる。**
2. **ロウソクに火をつけ10秒ほど待って炎が安定したら、炎の中ほどにビーカーの底を当てる。スプーンの場合は、出っぱった側を炎の中ほどに入れる。**
3. **3つ数えたら炎から出して観察。汚れた部分はぬれぞうきんでふき取る。**

ロウソクでは熱で溶けたロウが蒸発して燃えています。ロウの主成分は炭素です。炭素は熱によって空気中の酸素と結びつき、二酸化炭素になります。この反応は炎の中で起きています。冷たいビーカーの底やスプーンを炎にさし込むと、反応が起きている途中の、炭素だけの状態で取り出せます。私たちはこれを「すす」と呼んでいます。

注意とワンポイント

火をあつかうので、やけどや火災にじゅうぶん注意して実験しよう。ビーカーやスプーンについた黒いすすは取れにくいので、衣服などにつかないよう気をつけよう。

Day 206

やりやすさレベル かんたん

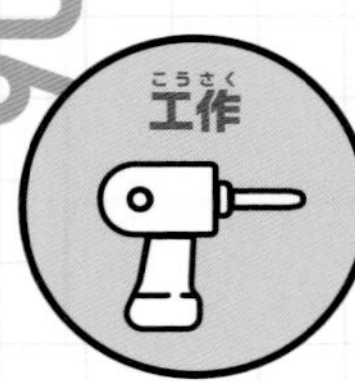

らくらくブーメラン

3本の紙の帯を組み合わせてつくるブーメラン。投げるとカーブをえがいて戻ってくるよ。

ジャイロ効果／揚力／空気抵抗

すすめかた

使うもの

厚紙、定規、ハサミ、ホチキス

1. **厚紙を幅2〜3㎝、長さ20〜25㎝に切り（3本）、片方の端を重ねてたがいに120度に開いて中心をホチキスでとめる。**
2. **各羽根を外から見て反時計回り（左投げの場合は時計回り）に、ほんの少し（5度ぐらい）ねじる。**
3. **羽根の1本を持って縦にかまえ、手首を返して回転するように正面斜め上に投げると、カーブをえがいて戻ってくる。**

これは3本足ブーメランと呼ばれています。縦向きに回転するとねじれた羽根のはたらきで左に倒す力（右投げの場合）が生まれます。しかし、コマのように回転しているためにその力が反時計回りの回転力になり（337ページで紹介したジャイロ効果のひとつ）、左へ左へと向きを変え続けて戻ってきます。

注意とワンポイント

ほかの人にぶつからないように投げよう。車やバイクなどが通らない安全な場所で実験すること。

Day 207

しくみ

やりやすさレベル かんたん（火気注意）

ロウソクの炎のひみつ

炎は熱いけど、中の温度はどの部分でも同じじゃない。そのしくみは、竹ぐしをこがしてみればわかるぞ！

燃焼／酸化

すすめかた

使うもの

ロウソク、竹ぐし（4本）、セロハンテープ、ガスマッチ

1. **竹ぐし4本を平らにそろえて端をセロハンテープでとめ、面を水平にしてロウソクの炎の下のほう（ロウソクの芯のすぐ上）にさし込む。**
2. **3秒後にすぐ引き出し、こげ具合を観察。**
3. **さし込む部分を変えて同じように調べる。**

炎の上のほうでは竹ぐしは丸くこげますが、下のほうにさし込むと中心はこげず、こげあとは輪になります。これは**炎の中心部は外側にくらべて温度が低い**ためです。ロウソクが燃えるには酸素が必要ですが、炎の中心部には酸素がじゅうぶんに届かないので、温度があまり高くならないのです。

注意とワンポイント

竹ぐしを炎の中に長くさし込んだままにすると火がついてしまう。もし竹ぐしが燃え出したら、すぐに取り出して消すこと。火事にはじゅうぶん注意しよう。

Day 208

やりやすさレベル かんたん

手の熱で風車くるくる

手の温かさでも、まわりの空気が暖められる。
折り紙でミニ風車をつくって試してみよう。

熱膨張／上昇気流

すすめかた

使うもの

折り紙、プラコップ、シャープペンシル、ハサミ

1. 折り紙をプラコップの断面より少し小さな円に切り、4か所に切れ込みを入れて風車の形に折る。
2. シャープペンシルの芯を垂直に立てて持ち、芯の先に風車をのせる。
3. プラコップの底を抜いたものをかぶせると、風車が回り出す。

手は通常は気温より温かいので、まわりの空気を暖めます。暖められた空気はふくらんで軽くなって昇っていき（上昇気流）、この空気の流れによって風車が回ります。コップをかぶせるのは風をさけるためと、煙突のように上昇気流がまっすぐ昇るのを助けるためです。気温が低いときや、手をよく温めて実験するとうまくいきます。よく回らないときは下にお湯を入れたカップを置いてみましょう。

注意とワンポイント

風車の羽根をバランスよくつくるのがポイント。まん中が少し上向きにとがるようにすると、バランスが取りやすくなるよ。

Day 209

やりやすさレベル かんたん

工作

吸い込むうずまきコマ

回転するうずまきをじっと見たあとに
ほかのものを見ると、ふしぎな動きが見えるよ。

錯覚／運動残効

すすめかた

使うもの

厚紙、コンパス、渦巻きの絵、竹ぐし、のり、ハサミ

1. 上のうずまきの絵を写真に撮って（自分でかいてもOK）幅8〜10㎝になるようにプリントし、厚紙にはりつけて周囲を丸く切る。
2. 172ページを参考に竹ぐしをさしてコマにする。
3. 明るいところで回転させ、コマの中心を30秒間以上見つめ続けてから、別のもの（手のひらなど）を見つめる。

私たちの目は動いているものを見続けていると、その動きになれてしまい、止まっているものに目を移したときに「逆方向に動いている」とかん違いします。うずまきを回転させると、回転する方向によって、外向きまたは内向きの動きに見えます。じっと見たあとにほかのものを見ると、うずまきの動きとは逆方向に吸い込まれたり、わき出したりするように見えます。

注意とワンポイント

コマを長時間回すために、ていねいにつくるのがポイント。難しいときは手で回し続けてもいい。

Day 210

やりやすさレベル かんたん

四角い鏡の光は丸？

四角い鏡に光を反射させると当たった光は必ず丸くなる？いろいろな形のカバーをつけて試してみよう。

ピンホールカメラ

すすめかた

使うもの

鏡、黒い紙、ハサミ

1. **黒い紙に丸くない穴をあけて鏡の表面に取りつける。**
2. **太陽が見えているときに鏡で光を反射させて、白いかべなどに光を当てる。**
3. **鏡とかべの距離を変えて、光の形をくらべる。**

鏡とかべが近いと、かべに映った光は黒い紙の穴の形になります。しかし、鏡とかべが数m～10mほど離れると、どんな形の穴でも必ず光は円になります。じつはこの円は太陽の姿です。近くでも影のヘリが少しぼやけているのがわかります。穴の大きさにくらべて鏡とかべの距離がじゅうぶんに離れていると、穴がピンホールカメラの針穴のようにはたらくため、地球から見た太陽の姿がかべに映るのです。

注意とワンポイント

たいへん危険なので、太陽を直接見ないこと。暑い季節には熱中症にも気をつけよう。

やりやすさレベル　超かんたん

くるくる落下傘

マツやカエデの種子がくるくる回転しながら ゆっくり落ちるしくみを模型で考えよう。

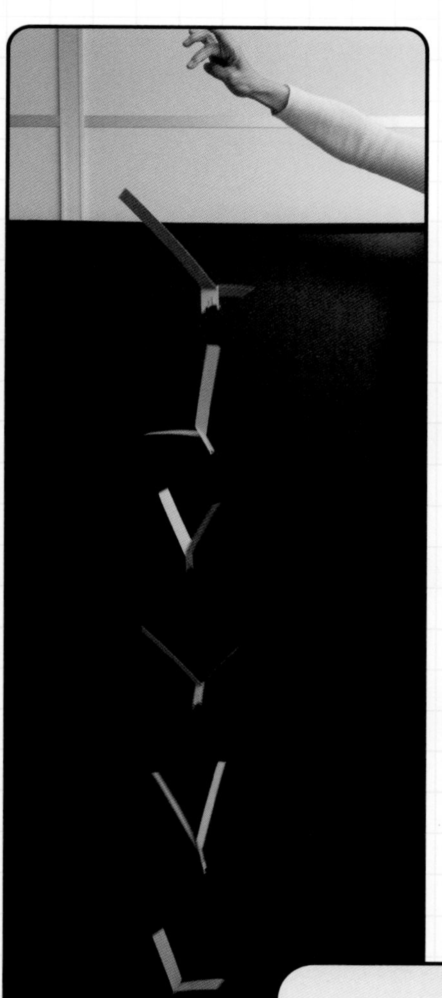

すすめかた

使うもの

画用紙などの少し厚手の紙、ゼムクリップ、ハサミ

1. **画用紙などを幅2～3㎝、長さ30～40㎝に切り、まん中で2つ折りにする。**
2. **折った部分の片方を折り目から1／4～1／3のところで45度にねじって斜め折りし、裏返してもう1本をたがい違いになる向きに同じように折る。**
3. **まん中の折り目にゼムクリップを1～2個つけて高いところから落とすと、回転しながらゆっくり落ちる。**

落ちる力は、重力で引かれて受ける下向きの力ですが、羽根（紙の帯）がねじれているので、当たった空気は斜めになります。左右の羽根がたがい違いなので全体が回転します。下向きの力が回転にも使われるので落ちるスピードがゆっくりになります。

注意とワンポイント

イスなどの上から落とすときは転ばないように注意。大人に手伝ってもらうといい。

Day 212

やりやすさレベル　かんたん

観察

虹シートでアート

虹シートでいろいろなあかりを見てみよう。
あかりの種類が違うと虹の見え方も変わる。

虹／回折／分散

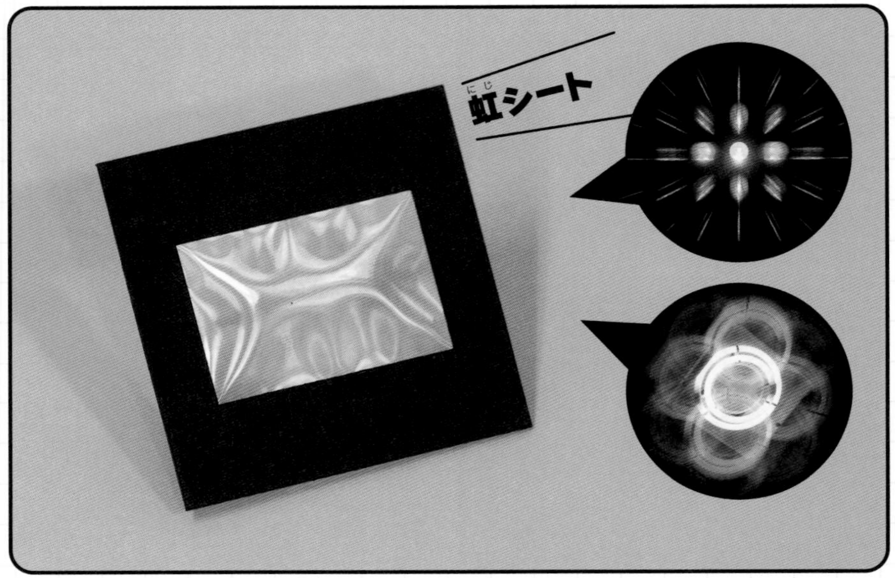

すすめかた

使うもの

虹シート(分光シート、レインボーシート、ホログラムシート)、電灯・蛍光灯・LEDなどのあかり

1. **虹シートを目の近くにかざして電灯の光を見る。**
2. **同じように、蛍光灯やLEDなどさまざまな種類の光を見て、見え方や現れる色の違いを観察する。**

ふつうの虹シートでは、見えている光のまわり8方向に虹が広がって見えます。方向はことなりますが、どの虹も光っているものが同じなら色や明るさに差はありません。しかし、電灯や蛍光灯、LEDなどのように、光っているものの種類がことなると、虹に現れる色や明るさ、見え方のパターンに差が出ます。逆に虹の見え方で光っているものの種類を推測することができます。

注意とワンポイント

離れたところにある小さな光だと、虹の違いがよくわかる。

やりやすさレベル 超かんたん

コップ水の凹レンズ

**コップの底に置いたコイン。
かき混ぜると小さく見え、しばらくするとズームイン！**

レンズ／凹レンズ／遠心力

すすめかた

使うもの

コップなど深さのある容器、割りばしなどかき混ぜるもの、コイン（500円玉など）、水

1. **コップなどの底にコインを置き、コップ6分目ほどに水を入れる。**
2. **泡が立たないように勢いよくかき混ぜ、すぐに上からコインの大きさを確認。**
3. **そのまま水の回転がおさまるまで変化を観察する。**

水をかき混ぜる＝回転させると、遠心力によって水面のへりがもり上がりまん中がへこみます。**これは「両側が厚くまん中が薄い」という凹レンズの形**で、光の道すじを広げ**ものを小さく見せる凹レンズ**と同じようにはたらきます。このため水が勢いよく回転するときは底のコインが小さく見え、回転がおさまると水面が平らになって凹レンズ効果が弱まるので、コインはもとの大きさに戻ります。

注意とワンポイント

水の深さをいろいろ変化させると、コインが小さくなる度合いも変化するよ。

Day 214

やりやすさレベル 超かんたん

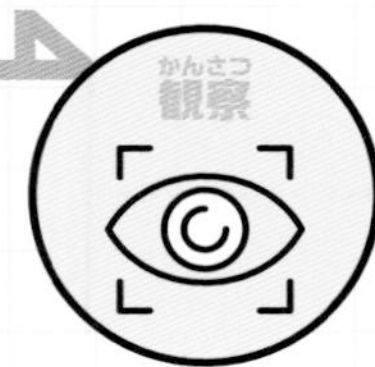

かんさつ 観察

かんたん植物標本

植物標本には乾燥方法などのテクニックが必要。
このやり方なら誰でも色あせしない標本(?)がつくれる。

葉／植物標本／植物の体

植物を並べて
カラーコピー

できあがり！

すすめかた

使うもの

標本にしたい植物、カラーコピー機、白い布など

1. 自宅の庭や校庭などでさまざまな植物の葉を採集する。
2. カラーコピー機のガラス面に採集した葉を並べ、平らな場合はコピー機のカバーを閉じて、デコボコしているときは白い布などをかぶせてカラーコピーする。並び方を変えずに葉を裏返してもう1枚コピーする。
3. 葉の周囲を切って紙やノートにはり、採集日や場所などを書きそえて標本にする。

押し葉や押し花は植物標本の中でも手軽ですが、それでも時間がかかるうえに乾燥が不十分だとカビが生えたりします。カラーコピーすると実物と同じ大きさで、色あせない標本がつくれます。ただし本物ではないので、ていねいな観察記録と合わせて保存するのがよいでしょう。

注意とワンポイント

植物は平らなものがやりやすいけれど立体物でもOK。コンビニでカラーコピーするときはお店の人にやりたいことの説明をしてから。ガラスなどを汚さないように気をつけよう。

やりやすさレベル かんたん

うきうき連結風船

複数の風船をくっつけてドライヤーの風を当てると、くるくる回転しながら空中に浮かぶ。

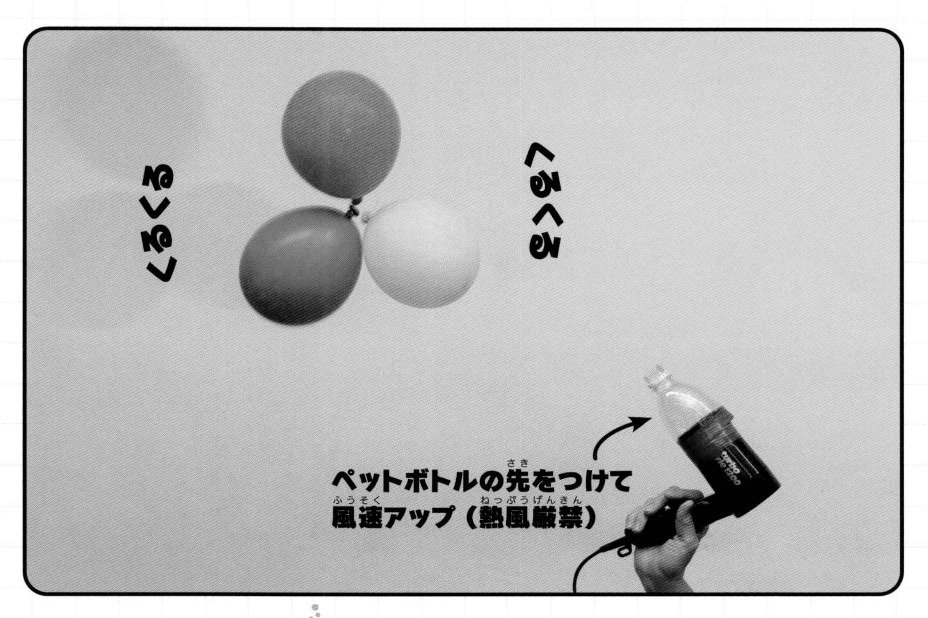

流体／コアンダ効果／浮力

すすめかた

使うもの

ゴム風船、両面テープ、ヘアドライヤーまたはブロア

1. ゴム風船3〜6個を同じぐらいの大きさにふくらませ、両面テープでつないで輪にする。
2. ドライヤーを冷風にして空中に向けてスイッチを入れ、風の中に❶の風船を入れる。
3. 風の向きと風船に当たる場所を少しずつ変えてちょうどよい角度に決まると、風船の輪が回転しながら空中に浮かぶ。

水や空気の中に速い流れがあると周囲を引き込む力が生まれます（37ページ）。この実験でも風船のすぐ上を通るドライヤーの風が風船を引き込むので、風がじゅうぶんに速ければ風船は空中にとどまります。複数の風船が順番に持ち上げられるので、輪が回転します。

注意とワンポイント

ヘアドライヤーは強い風に風量調節できるものだとやりやすい。ドライヤーの風があまり強くないときは、風船1個だけで空中にとどめる実験をしよう。

Day 216

やりやすさレベル かんたん

インクで色氷づくり

インクを混ぜた色水をゆっくり凍らせると、色がまん中に集まったきれいな氷ができるよ。

凍り方／顔料

すすめかた

使うもの

インクや食紅、絵の具など、プリンカップ、食品ラップ、保温シート、太い輪ゴム、水、やかん、冷蔵庫

1. **一度沸騰させた水にインクや食紅などを溶かして薄い色水をつくる。**
2. **色水をカップに入れてラップでふたをし、まわりを保温シートで2〜3重にくるんで輪ゴムでとめる。**
3. **冷蔵庫製氷室の温度を「中」または「−15℃ぐらい」に設定し、❷をひと晩〜1日冷やして凍らせる。**

水が凍るときは、水だけで集まって氷に変化するので、水の中に含まれている水以外のものが押しのけられます。そのときはまわりから氷に変化するので、ゆっくり冷やすと押しのけられたインクなどがまん中に集まります。冷凍庫でふつうに冷やすと凍る速度が速くてわかりにくいので、保温シートでくるんでゆっくり冷やします。

注意とワンポイント

製氷室の設定温度が低すぎると速く凍って見えにくくなるため、ひと晩ぐらいで凍る温度を探してから実験しよう。

Day 217

やりやすさレベル かんたん

携帯ご飯クッキング

登山やアウトドア、非常食としても使われる携帯ご飯。
お湯で戻せば食べられるご飯をおうちでつくってみよう。

デンプン／高分子／アルファ化

冷蔵庫で保存

加熱して乾燥

お湯で戻せば、あったかご飯

すすめかた

使うもの

かために炊いたご飯、茶わん、ペーパータオル、はし、皿、冷蔵庫、電子レンジ

1. 大さじ1杯のご飯を茶わんに入れ、ペーパータオルをかぶせて冷蔵庫で1〜2日保存。
2. かたくなったご飯をはしでほぐし、電子レンジで数分加熱する。加熱を数回くり返し、風がよく当たる場所で完全に乾燥させる。
3. 一部を皿などに取って数滴の水やお湯をかけてもどし、食感などを確かめる。

お米はそのまま食べると消化されず、おなかをこわします。しかし、水を加えて炊くとデンプンの性質が変化して、おいしく食べることができます（これがご飯）。いったん炊いたものを乾燥させてもデンプンの性質は変わらないので、お湯などで戻せば食べることができ、保存食や携帯食として利用されています。

注意とワンポイント

実験用に残りご飯で少しだけつくる。口に入れるのは食感などを調べるためで、数粒だけにする。たくさん食べてはいけない。乾燥中にカビが生えたら失敗、廃棄しよう。

Day 218

やりやすさレベル かんたん

墨流し上級編

202ページで紹介した墨流しの上級テクニック。
ミョウバンを利用して独特の模様をつくろう。

表面張力／分子／界面活性剤

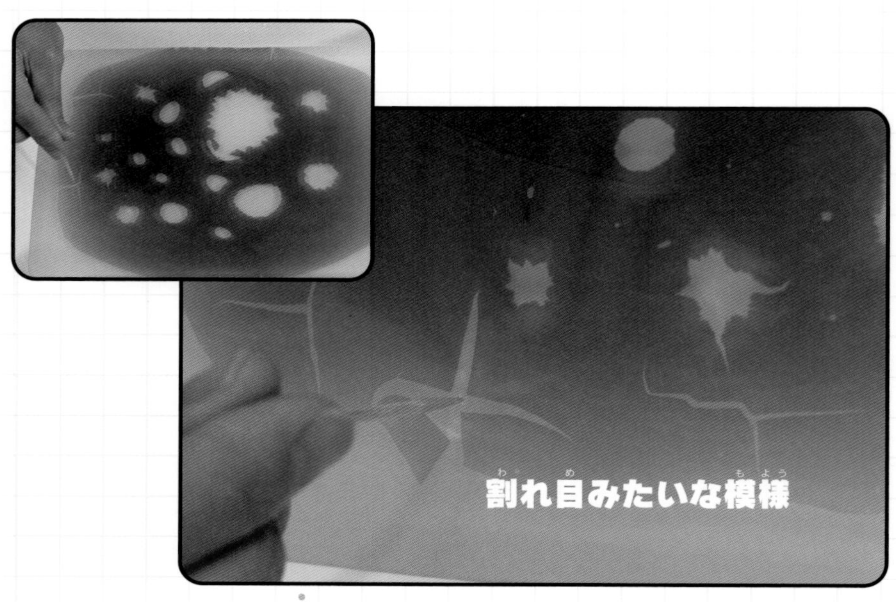

すすめかた

使うもの

ミョウバン、墨汁、朱墨汁、バットまたは洗面器、絵筆、小カップ、中性洗剤、つまようじ、水、画用紙、新聞紙など

1. **小カップに水50mLほどを入れ、ミョウバンを溶けるだけ溶かす。これを水200mLに対して2〜5mL加える。**
2. **水の代わりに❶の水溶液を使って、202ページのやり方で墨流しを行う。**

ふつうの墨流しが渦や波のようななめらかな模様になるのに対し、ミョウバンを加えた水を使うと、とがったり割れ目のような模様ができたりします。これは**ミョウバンのはたらきで墨が薄い膜のような状態にまとまっているため**です。中性洗剤をつけたつまようじで水面にふれると、洗剤がない部分の水面にはたらく表面張力で引っぱられ墨の膜が割れます。このことからこの技法は墨割りと呼ばれます。

注意とワンポイント

飽和水溶液をつくるときは、少し多めにミョウバンを水に入れてよくかき混ぜ、しばらく待ってあまったミョウバンが沈んだら、うわずみ（上の透明な部分）を使うといい。

やりやすさレベル かんたん

毛細管水時計

むかし使われていた「漏刻」という水時計を毛細管現象を応用して試そう。

毛細管現象／漏刻

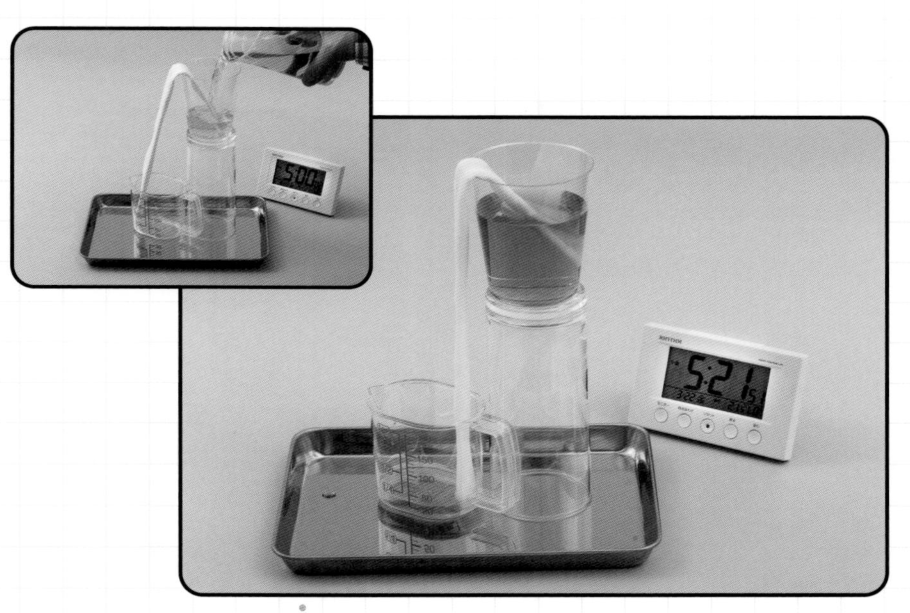

すすめかた

使うもの

透明コップ、ペーパータオル、計量カップ、水、時計、台になるもの

1. **ペーパータオルを細長く折って、透明コップのへりにかける。**
2. **台の上に❶をのせ、たれ下がったペーパータオルの端を別のコップの中に入れる。**
3. **計量カップで水の量を量り、上のコップに入れてタイマースタート。一定の時間で下のコップに移動する水の量を調べる。**

機械式の時計が発達する以前は、小さな穴からもれ出す水の量で時間を計る「漏刻」という水時計も使われていました。似たようなしくみを小さな穴ではなく、狭いすき間に水などの液体が入り込んでいく現象＝毛細管現象を利用して試すのがこの実験です。ペーパータオルが乾いているときと、ぬれているときとでは時間が違うので、ぬらしてから実験するといいでしょう。160ページと同じ道具で試すことができます。

びっくり

すっとびボール

**竹ぐしをさし込んだ大小のスーパーボール。
2個重ねて落とすと、小さいほうがケタはずれにすっとぶ！**

運動エネルギー／質量

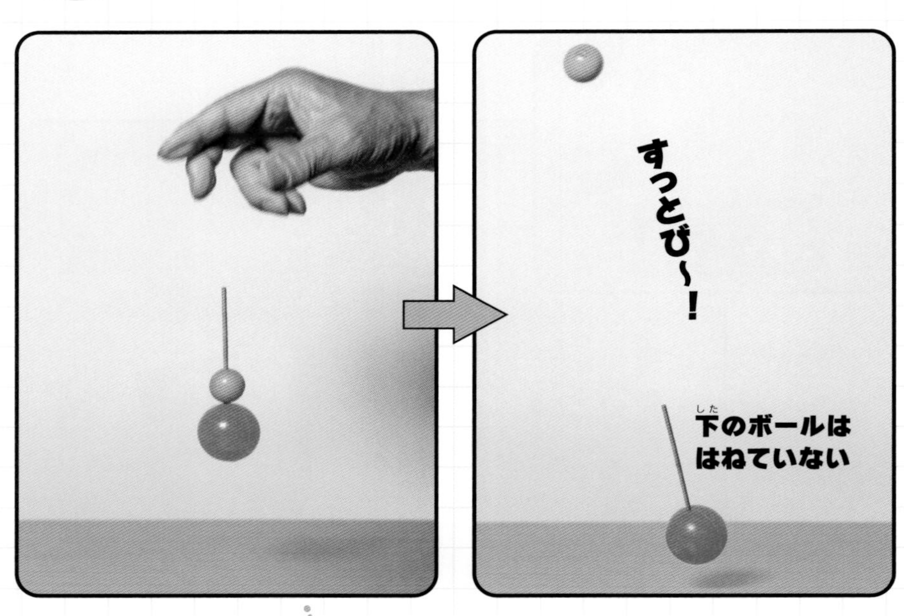

すすめかた

使うもの

大小のスーパーボール、ドリルの刃、ストロー、竹ぐし、ゴム系接着剤、ハサミ

1. **大きいボールにドリルの刃で穴をほり、竹ぐしをさし込んでゴム系接着剤でとめる。小さいボールはまん中に穴を通してストローをさし込む。**
2. **竹ぐしに小ボールを通し、机や床にまっすぐ落とすと上のボールが高くとび上がる。**

落としたボールがはずむのは、落ちるときの運動エネルギーではね返るためです。この実験では、落ちるときは2個分の重さですが、はねるときには下のボールは上にのっているボールを押し上げてエネルギーを失うので止まり、上のボールは2個分のはね返る力を受けるので、より高くとび上がります。

注意とワンポイント

ボールに穴をあけるのは少し難しいので、自信がないときは大人に手伝ってもらおう。また、ドリルの刃（刃物）で手をケガしないように注意しよう。

Day 221

やりやすさレベル　超かんたん

観察

キュウリの砂糖漬け

キュウリを塩漬けにすると、水分が減ってしなびるよね。
では、キュウリを「砂糖漬け」にするとどうなるだろう？

浸透圧／細胞膜

すすめかた

使うもの

キュウリ、皿、砂糖

1. キュウリを適当な大きさに切って表面の水分をふき取り、皿にのせて砂糖をたっぷりとかけておく。
2. しばらくすると砂糖が溶け、キュウリがしなびる。

キュウリをはじめ生物の体をつくる細胞の膜には、半透性という性質があります。膜の両側に濃い溶液と薄い溶液があると、薄いほうから濃いほうに水分だけが移動する性質です。このため、キュウリの細胞から水分がしみ出してしなびれて、その水分で砂糖が溶けたのです。食塩でもこれと同じことが起きます。これは漬物のしくみで、細菌の活動をおさえて食品を保存する古くからの知恵です。

注意とワンポイント

実験なので観察だけにとどめよう。

Day 222

やりやすさレベル　かんたん（薬品注意）

飛べ！ ニンジンロケット

ニンジンの成分を使ってガスを発生させ、そのパワーでものを吹き飛ばす！

化学反応／過酸化水素水／カタラーゼ

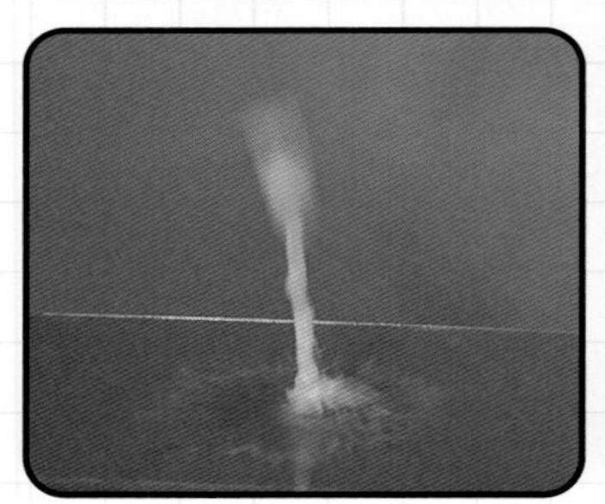

すすめかた

使うもの

ニンジン、おろしがね、オキシドール（3％過酸化水素水）、フィルムケース（パチンとしまる容器）、計量さじ

1. **ニンジンをすり下ろし、小さじ2杯をフィルムケースに入れる。**
2. **オキシドール小さじ1杯を加えてすぐにキャップをはめ、上下ひっくり返して平らなところに置くと、数秒後にキャップがはずれてケースが飛び上がる。**

ニンジンに含まれている成分のカタラーゼ（酵素のひとつ）がオキシドールと混ざると、オキシドールが水と酸素に分かれる反応が進みます。発生した酸素は気体（ガス）としてケースの中にたまり、圧力が上がります。高い圧力になってキャップがはずれるとガスが一気に吹き出すので、ケースが飛び上がります。薬品を使うので、必ず大人と実験しましょう。

注意とワンポイント

オキシドールは消毒液なので、目や口に入れないこと。もし入ったら、すぐに大量の水で洗い流そう。

やりやすさレベル かんたん

溶けた氷のゆくえ

コップの水の中に入れた色つき氷。
溶けた氷はどこに行くのかを調べよう。

比重／水の最大密度

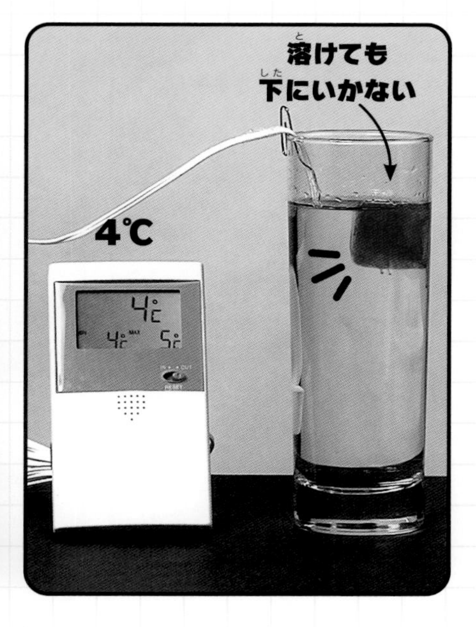

すすめかた

使うもの

水、インク、製氷皿、温度計、細長いコップ

1. **水に少量のインクを入れて色をつけ、製氷皿に入れて凍らせる。**
2. **常温の水（15～20℃くらい）と4℃に調整した水に氷を入れ、色がついた水がどのように移動するかを観察する。**

注意とワンポイント

インクで色をつけた氷は食べられない。インクでテーブルなどを汚さないように注意。

水はさまざまな液体と同じように、温度によって体積が変化しますが、ほかの液体とは違い、体積がいちばん小さくなる（＝比重が大きくなる）のは4℃です。それ以下になると体積は少しずつ増え、凍ると10％近く体積が増えます。この実験のように常温の水に氷を入れると、溶けた水（この実験では青い水、ほぼ0℃）はまわりより比重が大きいので、まっすぐ底に向かいます。しかし、4℃にした水に入れるとまわりのほうが比重が大きいので、溶けても底には向かわず、水面の近くにとどまっています。

Day 224

やりやすさレベル 超かんたん

転がりにくいボトル

**重さも直径もまったく同じアルミ缶。
でも、片方だけとっても転がりにくいのはどうして？**

運動エネルギー／粘性

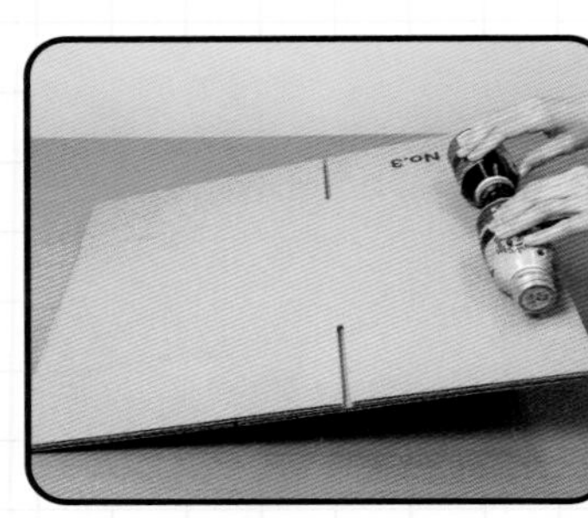
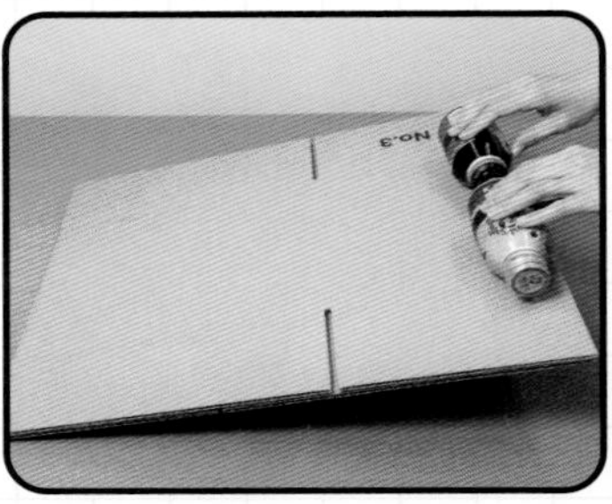
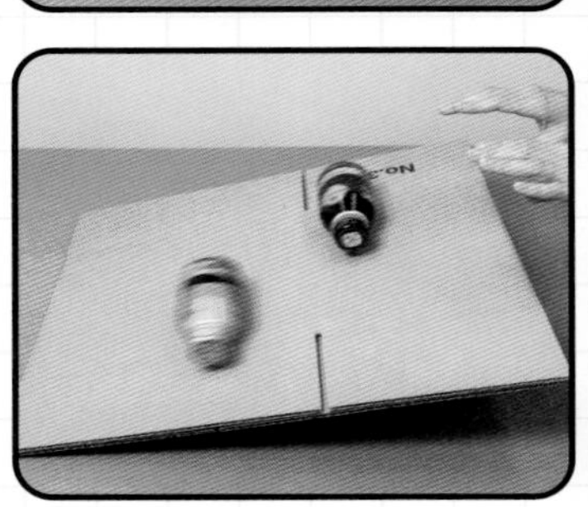

すすめかた

使うもの

スクリューキャップの飲料缶（あき缶）、液体洗濯のり、水、計量カップ、板や段ボールなど斜面をつくる材料

1. **飲料缶の片方に容量の1/4〜1/3の体積の水を入れ、もう片方に同じ量の液体洗濯のりを入れる。**
2. **板や段ボールを使って約10度傾いた斜面をつくる。**
3. **斜面の上のほうに両方の缶を寝かせて置き、同時に手を放して転がりやすさをくらべる。**

水と液体洗濯のりはいずれも液体ですが、洗濯のりは強い粘り（粘性）があります。粘性とは、力が加わったときの「形の変わりにくさ」。粘性が大きいとなかなか形が変化しません。水はさっと形を変えるので缶が転がってもずっと下側に動きますが、洗濯のりは形が変わりにくいので容器にくっついて動きをさまたげるため、転がりにくくなります。

注意とワンポイント

缶を手で転がして、転がりやすさをくらべるだけでもおもしろいよ。

Day 225

やりやすさレベル かんたん

赤しまシャボン膜

シャボン玉の膜にはきれいな虹色が見えるけど、
赤い光で見るとどうなる？

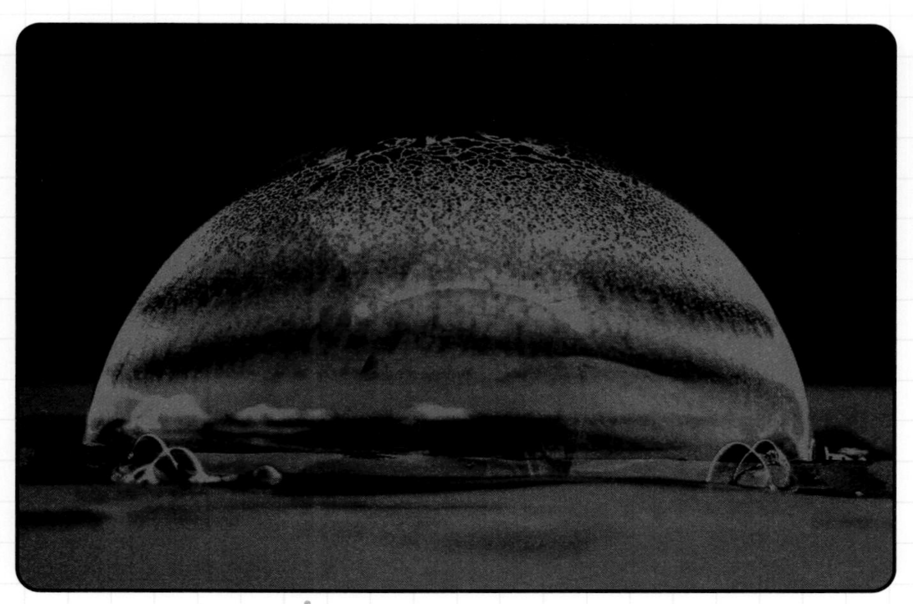

回折／薄膜干渉／単色光

すすめかた

使うもの

シャボン玉液、コップ、赤セロハン、懐中電灯

1. シャボン玉液を机の上に広げ、ストローで吹いて半球のシャボン玉にする。
2. まわりを暗くして、赤セロハンをかぶせた懐中電灯の光を当てる。

シャボン膜の上に見える虹の色は、絵の具などのようにそれ自体がもつ色ではなく、当たった光の中に含まれるさまざまな色の光が分かれてできた色です。薄い膜に光が当たってはね返るとき、膜の厚さによってある色だけが強まり、膜の厚さが変化すると、見える色が変わります。この実験では、当てる光を赤だけにしたので、赤が強まる厚さの部分は明るくて、ほかが暗い縞模様に見えます。また、シャボン膜は重さで下のほうほど厚くなっているので、上下の縞模様になります。

Day 226

やりやすさレベル かんたん

モーターで発電

電流で回転するモーターは、発電機にもなる。超かんたんな腕力発電の実験だ。

発電機／電磁誘導

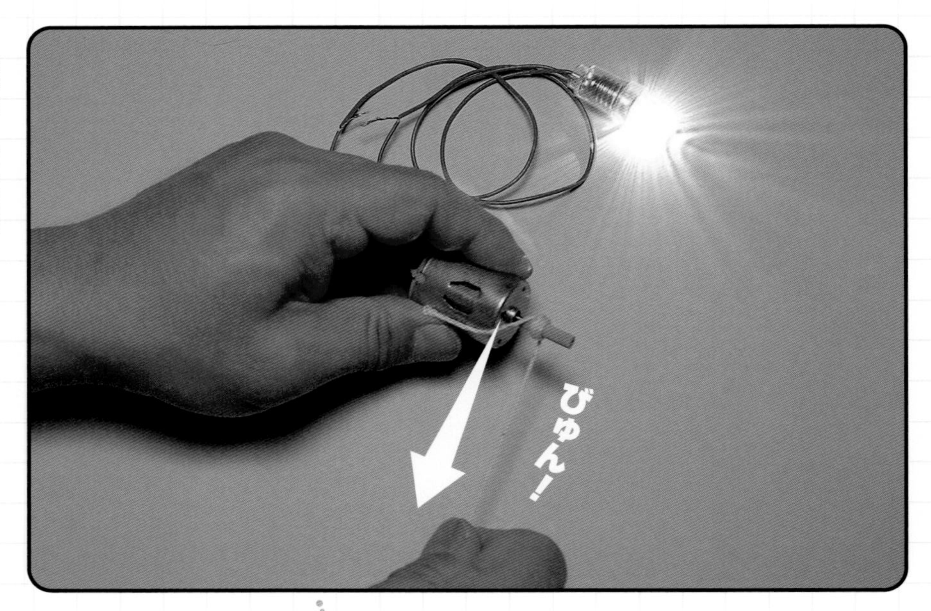

すすめかた

使うもの

工作用モーター、豆電球&ソケット、網戸の網を押さえるゴム、タコ糸

1. **工作用モーターのリード線に豆電球のリード線をつなぐ。**
2. **モーターの軸に網戸の網を押さえるゴムをさし込む（すべり止め）。**
3. **軸にタコ糸を巻きつけ、勢いよく引っぱると豆電球が点灯する。**

モーターの中には磁石とコイル（電線を巻き重ねたもの）があります。そこに電流を流すとコイルが電磁石になり、磁石と反応して回転する力を生み出します。この力と電流の関係が逆になると発電機になります。つまり、外からの力でモーターを回すとコイルが回って磁石と反応し、コイルに電流が発生します。

注意とワンポイント

モーターが「びゅん!」と音を立てるぐらいのスピードで糸を引くのがコツ。工作用モーターは模型店やホームセンター、ネットショップなどで買えるよ。

やりやすさレベル かんたん

輪ゴム温度計

ゴムのもつふしぎな性質を利用して、
わずかな熱でもしっかり感じとるセンサーをつくってみよう。

熱弾性／分子運動

すすめかた

使うもの

輪ゴム、割りばし、ビニールテープ、まち針、ストロー、お湯を入れたカップ

1. **割りばしの先側をしばり、まん中にビニールテープを2〜3重に巻きつけて、縦に輪ゴムをかけわたす。**
2. **ストローのまん中にまち針を直角に刺し、針を❶の輪ゴムの下にさし込んで、はしとストローを直角にする。**
3. **片側のゴムにお湯を入れたカップを近づけて温めると、ストローが回転する。**

ゴムは熱が加わると縮みます。割りばしにつけたゴムの一部が温まって縮むと全体を引っぱり、温めた側に動きます。わずかな変化ですが、針が少し回転するとストローの先が大きく動くので、変化のようすがはっきりとわかります。ゴムのこの性質を「熱弾性」といい、ゴムをつくっている分子が熱によって変化することで起きます。

注意とワンポイント

針のあつかいには、じゅうぶんに気をつけよう。まん中のビニールテープは輪ゴムを針に押しつける役割なので、少し厚めにするといいよ。

Day 228

やりやすさレベル　超かんたん

コップからあふれない水

ビンに入った水を勢いよくコップに注いでも、
自動的にピタッと止まる！

大気圧

ビンの口が水面より下だと空気が流れ込まないうえ、コップの水には空気の圧力がかかってビン内の水を支えるので、つり合って流れが止まります。

すすめかた 

使うもの
口の細いビン、コップ、水

1. 水を入れたビンの口にコップをかぶせ、逆さまにひっくり返してビンを少し持ち上げる。
2. ビンの口がある高さまで水面が上がると、水が流れ出なくなる。

注意とワンポイント
水がこぼれてもいいように、まわりのものを片づけてから実験するといい。

Day 229

やりやすさレベル　超かんたん

観察

超シンプル棒日時計

地面にのびている影を利用して、
地面そのものを日時計にする。

太陽の高さは季節や時刻で変化しますが、1時間に動く角度は一定で、影も同じだけ動きます。影の長さは季節で変化しますが、同じ時刻には同じ向きにできます。

すすめかた 

使うもの
電柱や建物の影、小石またはチョーク

1. 電柱の先端や建物のひさしなど、わかりやすいものの影を探す。
2. 1時間ごとに影の場所に小石を置くか、地面にチョークで印をつけると日時計になる。

注意とワンポイント
車や人通りのない安全な場所で実験すること。翌日も同じ時刻に調べてみよう。

Day 230

糸電話がギターに？

糸電話に輪ゴムをつないでつま弾くと、ギターみたいに鳴る！

糸のふるえがコップに伝わって音になります。ゴムを引っぱる力を変えると音の高さが変わります。これは、強く引くと糸がふるえる周期が短くなるためです。

すすめかた

使うもの

マルチ糸電話（101ページ）、輪ゴム

1. **マルチ糸電話の糸のゼムクリップに輪ゴムを通す。**
2. **ひじでコップを押さえてゴムを引っぱり、糸をギター弦のように弾く。**

注意とワンポイント

友達が聞く人、自分が弾く人のように2人で試しても楽しい。

音／振動／減衰

Day 231

沈んだ卵を浮かすワザ

新鮮な卵は水に入れると沈むけれど、ちょっと工夫をすると浮かび上がる！

新鮮な生卵は同じ体積の水よりわずかに重いので沈みます。しかし、水に食塩がじゅうぶんに溶けると卵より重くなり、卵が浮きます。

すすめかた

使うもの

生卵、コップ、食塩、小さじ、割りばし、水

1. **水を入れたコップに生卵を入れ、沈んだところに食塩小さじ1〜2杯を入れる。**
2. **割りばしなどで静かにかき混ぜると卵がだんだん浮き上がり、最後は完全に水に浮く。**

注意とワンポイント

実験に使った卵はムダにせずに利用しよう。

比重

Day 232

やりやすさレベル かんたん

びっくり

速度アップ回転イス

キミはペットボトルを持って回転イスに座る。ほかの人にイスを回してもらってから腕を縮めると…！

角速度／エネルギー

すすめかた

使うもの

回転イス、ペットボトル（2本）、水

1. 水をいっぱいに入れたペットボトルを両手で持ち、回転イスに座る。
2. 足を床から離し、ボトルを持った腕を広げる。
3. 協力してくれる人にイスを回してもらい、回転し始めたらボトルを持った腕を縮める（胸の前に引き寄せる）と、回転スピードがアップする。

ものが回転するとき、同じ1回転でも外側のほうが内側より長い距離を動くので、速いスピードで動きます。この実験では、外側にあった重いボトルを内側に動かすと、ボトルがもっていた“速さ”（正しくは運動エネルギー）が内側に来るので、回転スピードが上がります。縮めておいた腕をのばすと逆のことが起こります。

注意とワンポイント

腕の力に自信がないときは、少し小さいペットボトルにしよう。イスを回転させるときは、腕がまわりのものにぶつからないように注意。

Day 233

やりやすさレベル かんたん

大小変化するマシュマロ

62ページで紹介した、マシュマロを大きくする実験。これをもっと手軽に、かんたんにするやり方があるよ。

気圧／真空

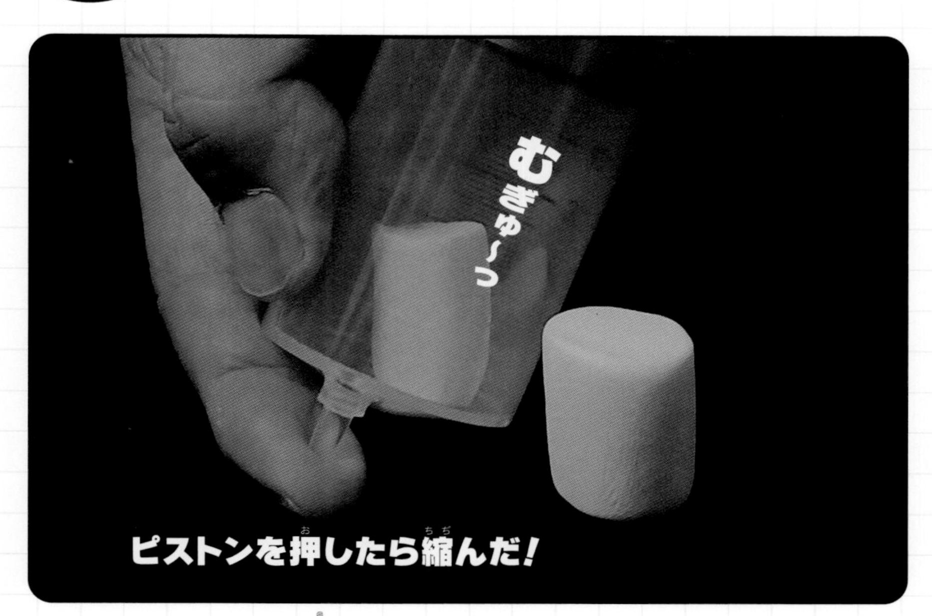

すすめかた

使うもの

プラスチック製のシリンジ（やや大きめのもの）、マシュマロ

1. **シリンジのピストンを引き抜いてマシュマロを入れ、ピストンを戻す。**
2. **マシュマロをぎりぎりまで押し込んで先端の口を指で押さえ、ピストンを引くとマシュマロがふくらむ。**
3. **口をいったん開放してピストンをいっぱいまで引き、口を押さえてピストンを押し込むとマシュマロが縮む。**

泡でできているマシュマロ中の空気は、つくったときのままでほぼ1気圧です。シリンジの中でピストンを引いて圧力が下がると、マシュマロ中の空気の圧力が外より高くなってふくらむのでマシュマロもふくらみます。逆にピストンを押すと圧力が上がり、マシュマロ中の空気が縮むのでマシュマロも縮みます。

注意とワンポイント

ピストンを押すのにかなり力が必要なので、難しいときは大人に手伝ってもらおう。シリンジの口はゴム板などに押しつけてふさいでもいい。

Day 234

やりやすさレベル 超かんたん

水中かくれんぼアート

全反射

コップにかいた絵を水に入れると見えなくなる。
だけど、水が入るとまたすぐに出現する!?

すすめかた

使うもの

プラスチックコップ(2個)、油性ペン、千枚通し、洗面器などの容器

1. プラスチックコップの側面に好きな絵や文字を油性ペンでかく。
2. 別のコップの底に千枚通しで小さな穴をあけ、❶のコップの上に重ねる。
3. 外側のコップの穴を指でふさぎ、空中で絵が見えることを確認。
4. 水中に入れると絵が見えなくなり、穴をふさいでいた指をはずすと水が入って絵が出現する。

水と空気の境目に、光が浅い角度(境目の面に近い方向)からさし込むと、光が全部はね返る「全反射」が起きます。はじめに水に入れたときはコップの間に空気の層があるので、全反射で光がはね返って絵が見えなくなります。穴を開いて水が入ると空気の層がなくなるので全反射が起きず、絵からの光が目に届いて見えるようになります。

やりやすさレベル かんたん

エコー輪ゴム電話

247ページの糸電話ギターを利用して、エコーがかかる輪ゴム電話をつくろう。

音／振動／ゴム

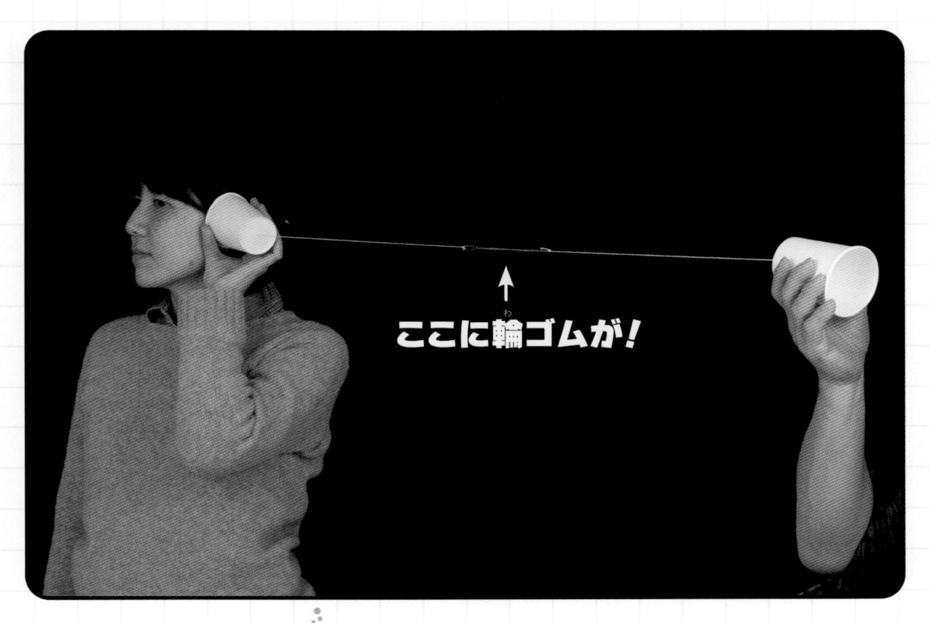

すすめかた

使うもの

247ページの糸電話ギター（紙コップ、ゼムクリップ、タコ糸、輪ゴム）、71ページの糸電話

1. **糸電話のゼムクリップに輪ゴムを引っかけた糸電話ギターに、もう1つの糸電話ユニット（71ページ）をつなぐ（輪ゴムにクリップを引っかける）。**
2. **ふつうの糸電話のように2人で会話して、どのように聞こえるかを調べる。**

糸電話では、音が糸のふるえとして伝わります。糸があまりのび縮みしなければ音は正確に伝わりますが、のび縮みするゴムだと正確に伝わりません。とくに、ゴムは力が加わると形が変わり、そのあとでもとに戻るため、ゴムに届いた音のふるえは少しおくれて伝わります。このためゴムの糸電話では、声にエコーがかかったような響きが加わります。

注意とワンポイント

輪ゴムの太さや長さを変えると、声の伝わり方はどのように変わるかな？

Day 236

やりやすさレベル かんたん

水あめレインボー

とろりとあまくて無色の水あめ。
でも偏光シートを使うと超カラフルに変身する！

偏光／干渉色

水あめ

偏光シートを
通して見ると…

すすめかた

使うもの

偏光シート（2枚）、ガラスビンに入った水あめ、白い紙

1. **明るいところに白い紙をしき（この光をビンに通して観察）、そのまん中に水あめが入ったガラスビンを置く。**
2. **2枚の偏光シートを両手で持って水あめのビンの前後にかざし、偏光シートの角度を回転させながら色を観察する。**

偏光シートは、115ページのように光の波のゆれる向きをかたよらせ、通り抜ける明るさも変化させます。一方、水あめはたくさんの原子や分子がつながった細長い分子でできていて、光のゆれの向きを光の色ごとにことなる度合いで変化させます。偏光シートと組み合わせると、水あめを通ったときに光のゆれが受けた影響の度合いを色の違いとして見ることができます。

注意とワンポイント

プラスチック容器やチューブ入りの水あめは、容器に色がついてしまう。ビーカーなど透明なガラス容器に移して実験しよう。

Day 237

やりやすさレベル ふつう

髪の毛で湿度計

髪の毛(毛髪)は湿度で長さが変化する。この性質を利用した湿度計をつくろう。

湿度/髪の毛

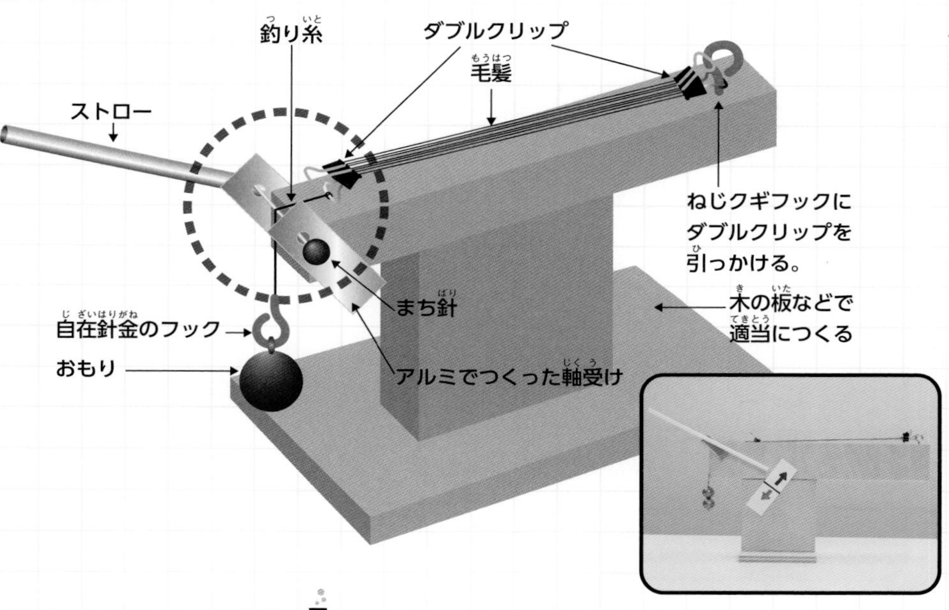

すすめかた

使うもの

長い毛髪、ダブルクリップ、木の板、まち針、フックなど、ストロー、アルミ板、釣りおもり、釣り糸、自在針金のフック、ねじクギフック

1. **毛髪数本を束ねて、両側をダブルクリップで、すべらないように厚紙といっしょにはさむ。片方に釣り糸を結びつける。**
2. **木の板などで台をつくり、片側にフック、反対側にアルミ板で支えたまち針を配置。毛髪を上図のようにかけて釣り糸の先におもりをつける。**
3. **まち針にストローをさし、目盛り板などをつくってつける。**

毛髪(髪の毛)は空気中の湿気(湿度)によってのび縮みします。この実験では毛髪が湿気でのびるとおもりが下がり、途中の釣り糸がこすれてまち針が回転。その動きをストローで大きく見せます。毛髪のわずかなのび縮みが拡大されるしくみです。電子式湿度計ができる前は、実際に毛髪を使った湿度計も使われていました。

注意とワンポイント

まち針の先でケガをしないように。

Day 238

やりやすさレベル かんたん

夏みかんスタンプ

発泡スチロールを夏みかんの汁で溶かしてかっこいいスタンプをつくろう。

発泡スチロール／リモネン

すすめかた

使うもの

発泡スチロールのかたまり、夏みかんなどかんきつ類の皮、シール紙、油性ペン、絵の具またはスタンプ台、カッターナイフなど

1. **シール紙に油性ペンで好きな文字や絵をかき、発泡スチロールの平らな面にはりつける。**
2. **シール紙の絵柄のまわりにキズを入れて、絵柄以外の部分をはがす。**
3. **はがした部分に夏みかんの皮などを折り曲げて汁をこすりつける。何回かくり返して絵柄以外の部分がへこんだら全体を洗剤でよく洗う。**
4. **出っぱっている部分に絵の具やスタンプインクをつけてスタンプする。**

かんきつ類の皮から出る汁には、リモネンという発泡スチロールを溶かす物質が含まれています。発泡スチロールにつけると溶けた部分の体積が小さくなってへこみ、シール紙がついている部分が出っぱった状態になるので、インクなどをつけてスタンプできます。

注意とワンポイント

かんきつ類の汁が目に入らないように注意。汁が飛び散ってまわりが汚れるので新聞紙を広げて作業しよう。

Day 239

やりやすさレベル かんたん

石けん水からドロリ

石けんは水に溶けやすいけど、
塩水が加わると何が起きるだろう？

溶解度／イオン

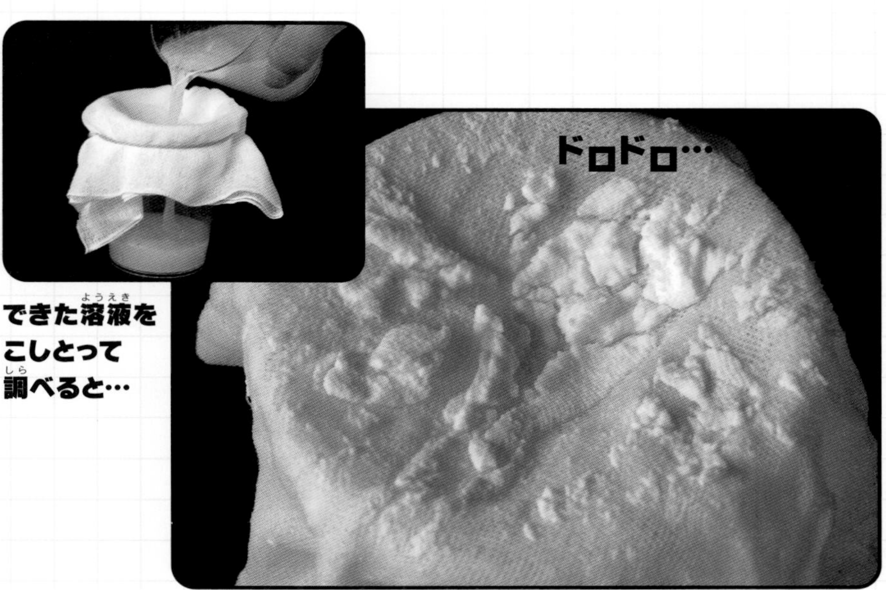

できた溶液を
こしとって
調べると…

すすめかた

使うもの
石けん、食塩、コップ（2個）、スプーン、ガーゼ、ぬるま湯

1. 石けんをスプーンなどでけずって細かくし、大さじ1～2杯をコップ1杯のぬるま湯によく溶かす。
2. 別のコップに水を半分ほど入れ、食塩を溶けるだけ溶かす。
3. ❶に❷を少しずつ加えて変化を観察。できたものをガーゼでこし取って調べる。

❶の濃い石けん水に❷の濃い食塩水を加えると、どろどろしたものができます。手ざわりやにおいを調べると、これが石けんだとわかります。食塩が溶けている水には石けんは溶けにくいうえ、石けんより食塩のほうが水に溶けやすいため、最初に水に溶けていた石けんは、食塩が加わったことで溶けていられなくなり、溶液から出てきます。これが集まったのがどろどろしたものの正体、もちろんこれは石けんです。

Day 240

やりやすさレベル 超かんたん

水玉つぶし

まず水をたらしてきれいな水玉をつくろう。
うまくできたら、今度はその水玉をつぶしてみよう。

表面張力／界面活性剤

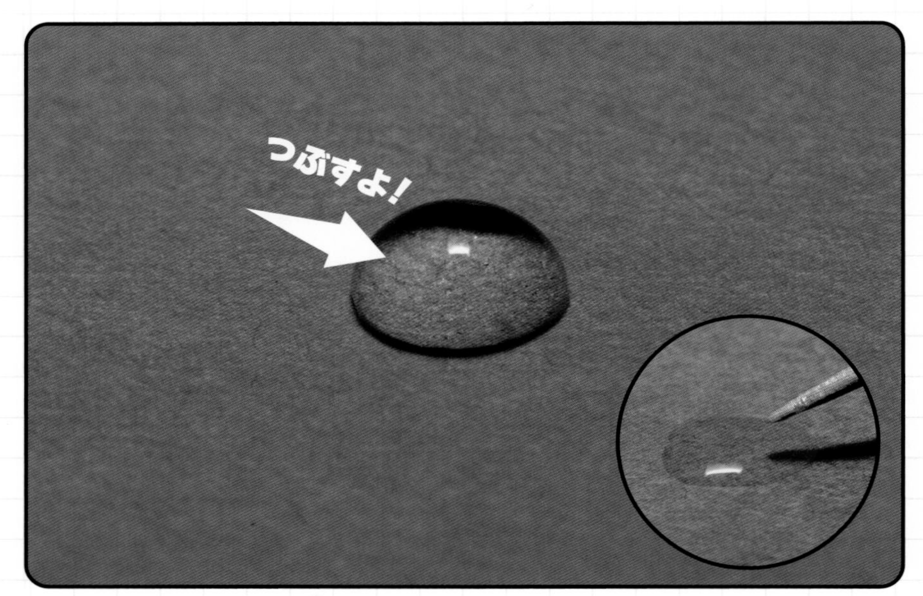

すすめかた

使うもの

ロウソク、ストローまたはスポイト、水、つまようじ、中性洗剤

1. **紙にロウソクをまんべんなくこすりつけて、ストローやスポイトで水を落とす。**
2. **きれいな水玉になったら、ごくわずかな中性洗剤をつけたつまようじの先でふれる。**
3. **水玉がつぶれて広がる。**

ロウは水をはじく（水となじみにくい）ので水は広がらずに集まり、表面張力（表面を引っぱる分子の力）のはたらきで玉（球）の形に近づきます（重力で少しつぶれた球になる）。球は、同じ体積ではいちばん表面積が小さい形なので、表面を引っぱるとこの形になります。ところが、洗剤は表面張力を弱めるので水玉になる力がとても弱くなり、重力に負けてつぶれて広がります。

注意とワンポイント

つまようじにつける中性洗剤は、ごくわずかでOK（1滴の10分の1ぐらい）。洗剤を水で2〜3倍に薄めてからつけるとやりやすいよ。

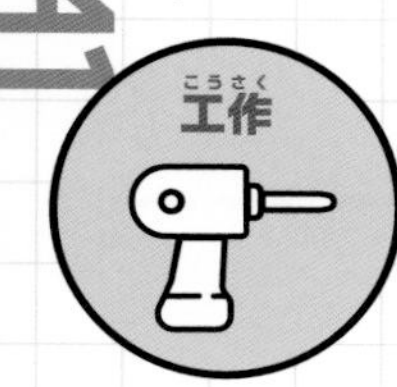

やりやすさレベル かんたん

工作

逆立ちふりこ

おもりがてっぺんにある"逆立ち"したふりこ。
ゆれるタイミングは何によって決まるのかな？

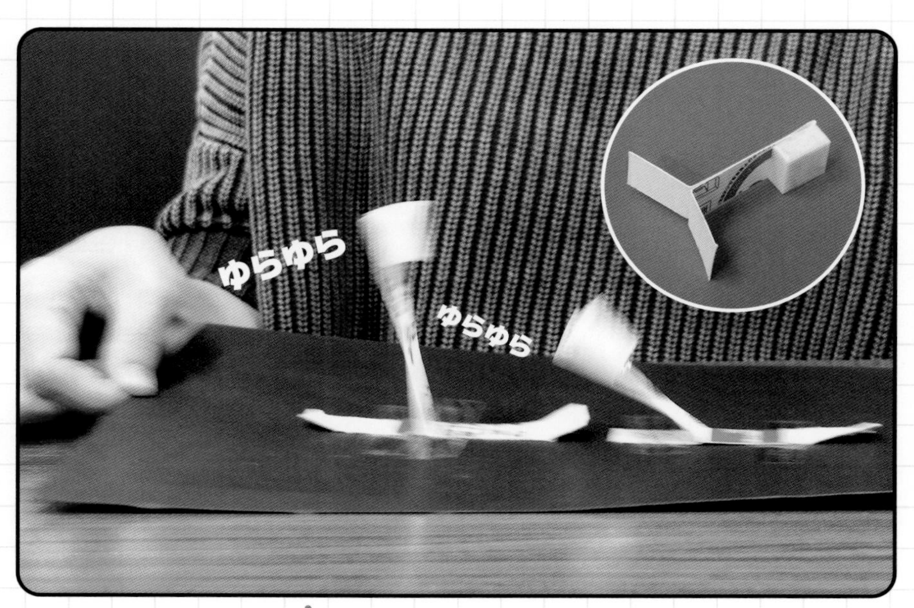

ふりこ／ふりこの周期

すすめかた

使うもの

牛乳パック、プラスチック消しゴム（またはコインなどおもりになるもの）、下じき、セロハンテープ

1. **牛乳パックを分解して幅2cmくらいの帯を2枚切り取る。片側を3cmずつ折り曲げてL字形にし、はり合わせる。**
2. **長いほうの先におもり（小さく切った消しゴムやコインなど）をテープでとめる。**
3. **短いほうを下じきに固定する。**
4. **先端をはじいたり下じきをゆらしたりすると、ふりこのように動く。**

ふつうのふりこはおもりが下にありますが、このふりこは上にあります。しかし、基本的なふりこの性質をもっているので、ゆれるタイミング（周期）は重さやふれ幅に関係なく、支点から重心までの長さで決まります。長さをいろいろ変えて試すと、これがふりこであることが感じられるでしょう。

注意とワンポイント

長さが違うふりこを数本並べて動かすと、違いがはっきりわかるよ。

やりやすさレベル かんたん

入浴剤でソーダ水

ソーダ水とは二酸化炭素が溶け込んだ水のこと。
身近にある材料を使ってソーダ水もどきをつくろう。

溶解／二酸化炭素

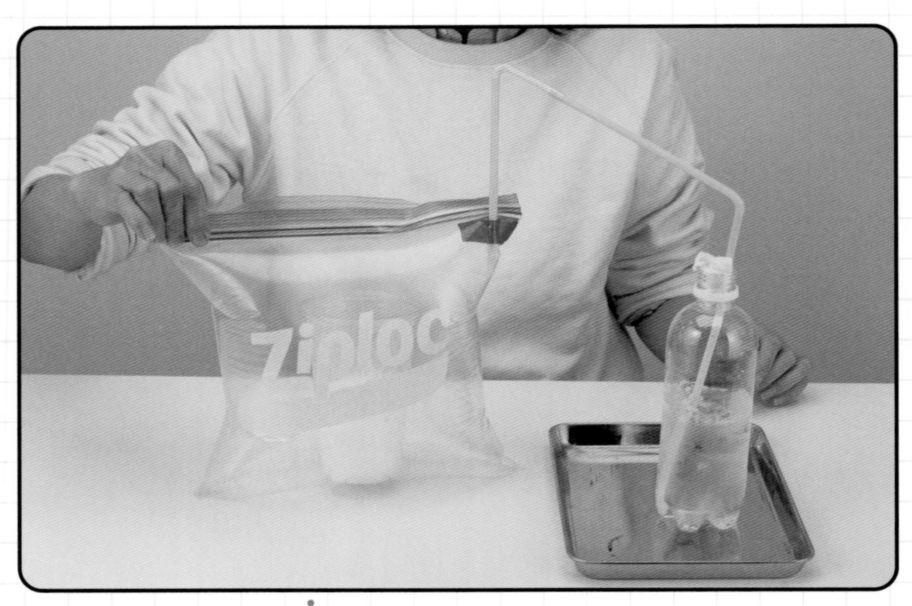

すすめかた

使うもの

発泡入浴剤、氷水、曲がるストロー、ビニールテープ、ペットボトル、大きめのチャックつきビニール袋、プラスチックコップ、バットまたは洗面器、割りばし、お湯

1. ストロー数本をテープでつないで細長いチューブをつくる。
2. ペットボトルに氷水を入れて立てる。
3. ビニール袋の1か所に穴をあけ、❶の端をさし込んでとめる。反対側はペットボトルにできるだけ深くさし込む。
4. ビニール袋にプラスチックコップを入れ、その中に軽くくだいた入浴剤を入れる。
5. ❹のコップにカップ1～2杯のお湯を入れて口を閉じる。ビニール袋がふくらんでストローの先から泡が出る。気体をじゅうぶん水に溶かして割りばしを入れると表面に泡がつく。

発泡入浴剤には、溶けると二酸化炭素が出る薬剤が含まれています。発生した二酸化炭素を水に通すと少しずつ溶けて、水が炭酸水になります。

注意とワンポイント

氷水を使うのは、二酸化炭素のような気体は温度が低いほうがよく溶けるためだ。できた炭酸水はおいしそう（?）だけど、飲んだらダメだよ！

やりやすさレベル ふつう

究極のふぅ～力発電

口から吹き出す風のパワーで電力をつくる。
これぞ究極のSDGs(?)"ふぅ～力"発電!?

発電／モーター

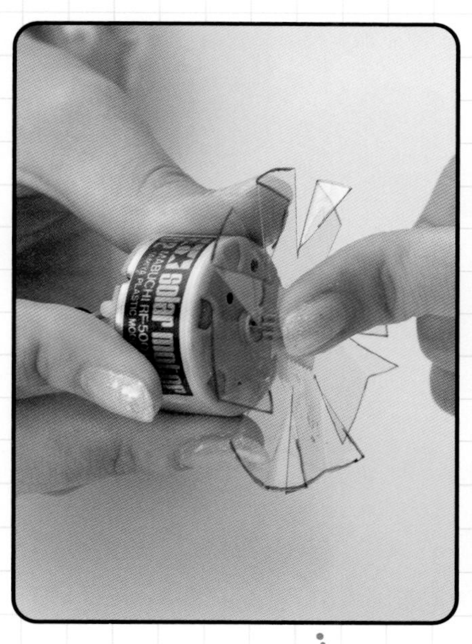

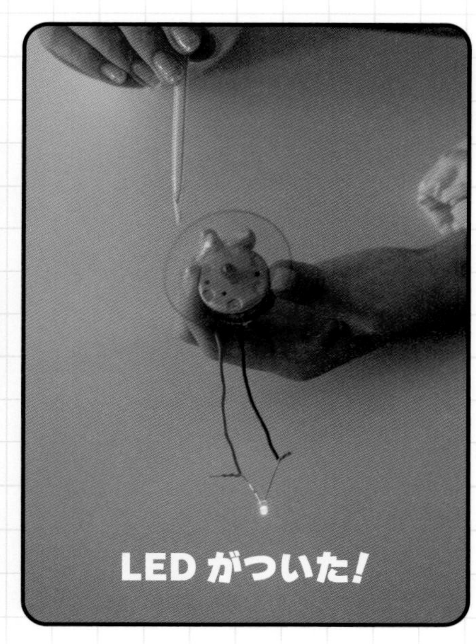

すすめかた

使うもの
太陽電池用モーター、薄いプラスチック板、モーター用ギヤ、LED、両面テープ、ストローなど

1. **プラスチック板を円盤に切り、4～8か所に切れ込みを入れて風車の形にする。**
2. **ギヤに両面テープをはってモーターにさし込み、❶の風車のまん中にはりつける。モーターのリード線にLEDをねじって取りつける。**
3. **ストローの先をセロハンテープで半分ふさいで細くして風車を吹く。**

244ページで紹介したように、モーターは発電機にもなります。小さな風車を息で回転させると発電してLEDがともります。ただし、高い回転速度が必要なので風車は小さくし、先を細くしたストローで思い切り吹きます。びゅんと音がするくらいに回るとうまくいきます。LEDが点灯しないときは、配線を逆につけ直して試してみましょう。

注意とワンポイント

プラスチック板を切るときなどはケガに注意。自信がないときは大人に手伝ってもらおう。LEDは高輝度ではないタイプが点灯しやすい。

Day 244

やりやすさレベル かんたん

ロバの耳イヤホン

厚紙でつくったロバの耳たぶを耳につけると、小さな音がびっくりするほどよく聞こえる！

音／集音器／耳

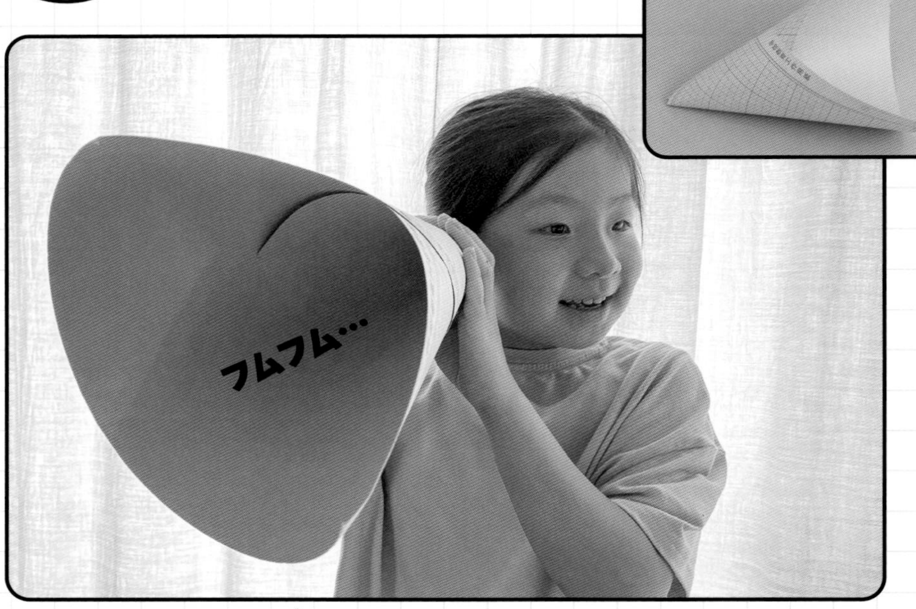

すすめかた

使うもの
厚紙、木工用接着剤、ハサミ

1. 厚紙からできるだけ大きな半円形を切り出し、円すい形に丸めて木工用接着剤で接着する。このときとがったほうが完全にふさがらないように調節する（穴があいた状態）。
2. 円すい形の広がったほうを小さな音のするものに向け、細いほうを耳に当てて聞く。

円すい形の開いたほうから入った音は、円すいの内側ではね返って進み、耳の穴に届きます。**ふつうの耳たぶよりたくさんの音が耳の穴に集まるので、小さな音もよく聞こえます。**ロバをはじめ耳が大きな動物は、このしくみで音を敏感にとらえています。

注意とワンポイント

❶の円すい形の上に同じ大きさの紙を重ねると、がんじょうになって音がよく反射するので、聞こえもよくなるよ。

Day 245

やりやすさレベル かんたん

緑の目玉焼き

ふつうの目玉焼きの白身は白いよね。
でもこの目玉焼きは白身が緑色でちょっとびっくり！

pH／アントシアニン

すすめかた

使うもの

生卵、ムラサキイモかムラサキキャベツの色素液（304、333ページ）、フライパン、コンロ、皿

1. **生卵を割って黄身と白身を分けて取り出し、白身に色素液を混ぜる。**
2. **フライパンに油をひいて加熱し、緑色になった白身、黄身の順番で入れて、ふつうの目玉焼きのように焼く。**
3. **お皿に盛りつけてできあがり。**

ムラサキキャベツやムラサキイモの色素液には、アントシアニンの仲間が含まれていて、酸性ではピンク～赤、アルカリ性では青～緑に色が変わります。卵の白身はアルカリ性なので、色素液が混ざると緑色になります。それを焼いても色はあまり変わらないので、食卓で見るとびっくりします。

注意とワンポイント

ムラサキイモやムラサキキャベツの色素液の場合、材料はすべて食品なので、においが少し変わるけど、できた目玉焼きは食べられる。

Day 246

やりやすさレベル 超かんたん

わくわく

アルミにくっつく磁石

磁石に引きつけられないはずのアルミ定規を動かすと、なぜか磁石がくっついてくる？

電磁誘導／渦電流

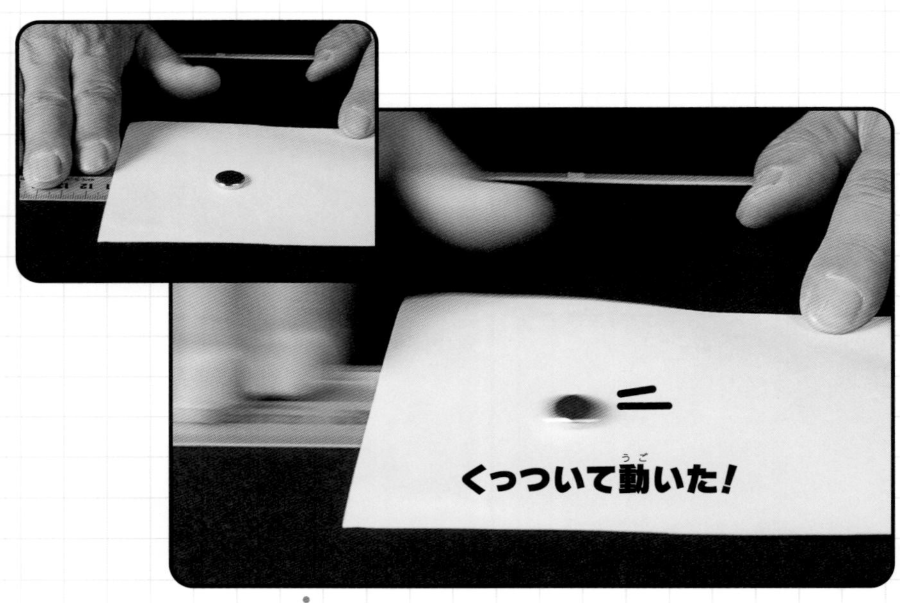

すすめかた

使うもの

アルミ定規、紙、ネオジム磁石（直径1～2㎝、厚さ数㎜）

1. **アルミ定規に磁石がくっつかないことを確認。**
2. **机の上にアルミ定規を置き、端の数㎝を外に出して紙をかぶせ、定規のまん中あたりにネオジム磁石を置く。**
3. **片手で紙を押さえ、反対側の手で定規をすべらせるように外に向けてすばやく動かすと、磁石がくっついて動く。**

アルミニウムは磁石にくっつかない性質です。けれど、磁場（磁力が届いている場所）の中で動かすと、アルミの中に回転するような電流が発生します（渦電流といいます）。この電流によって電磁石のように別の磁場が生まれ、もとの磁場と力を及ぼしあいます。このはたらきによって磁石がアルミ定規にくっついたように動きます。

注意とワンポイント

ネオジム磁石はとても強力なので、磁気カードや時計、精密機器などに近づけないこと。

Day 247

やりやすさレベル かんたん

あやしい光オブジェ

透明なプラスチック板のへりだけが
暗やみで浮かび上がる光のオブジェをつくろう。

全反射／光ファイバー

使うもの

アクリルや塩ビなど透明なプラスチックの薄い板、カラー油性ペン、輪ゴム、懐中電灯、ガムテープ、カッターナイフやハサミ

1. **透明プラスチック板を長さ150㎜、幅5～10㎜に10枚ほど切り、1本ずつ軽く力を加えてゆるくカーブさせる。**
2. **まとめて輪ゴムでしばり、しばった側を懐中電灯の先にガムテープでしばりつける。**
3. **まわりを暗くして懐中電灯をつける。**

透明なプラスチックのへりから入った光は、ほかの面にはとても浅い角度で当たるので、全部はね返りながら（全反射）進みます。別のへりに当たったときだけ急な角度になるため光がもれ出るので、へりだけが光って見えます。

注意とワンポイント

プラスチック板をきつく曲げすぎると、うまくいかないことがある。実験後は、懐中電灯から取りはずしておこう。

Day 248

やりやすさレベル 超かんたん

うきうきピンポン玉

ドライヤーの風でピンポン玉を空中に浮かせる。
風の向きが変わるとピンポン玉の動きはどうなる？

流体／コアンダ効果／浮力

すすめかた

使うもの

ドライヤー、ペットボトル、ピンポン玉、ビニールテープ、カッターナイフなど

1. **ペットボトルの上半分を切り取ってドライヤーの先にビニールテープでつける。**
2. **ドライヤー（冷風）を真上に向け、風の中にピンポン玉を入れて手を放す。**
3. **ピンポン玉の動きが安定したらドライヤーを傾け、風の向きを変化させて観察。**

ピンポン玉が風の流れの中心からかたよると、かたよった側は空気が流れにくくなり、反対側は流れやすくなるため、流れのスピードに差ができます。すると風のおそい部分から速い部分に向かって力がはたらき、ピンポン玉を押し戻します。ドライヤーを傾けてピンポン玉が下がると上側の流れが速くなるので引き上げられ、つり合う位置にとどまります。

注意とワンポイント

ドライヤーは必ず冷風に設定して実験すること。実験後は、すぐにビニールテープをはがしてペットボトルを取りはずしておこう。

Day 249

やりやすさレベル かんたん

ギヤだって楽器

モーターにつけたギヤにかたいものを当てると音がする。ギヤの歯数が変わると音も変わるかな？

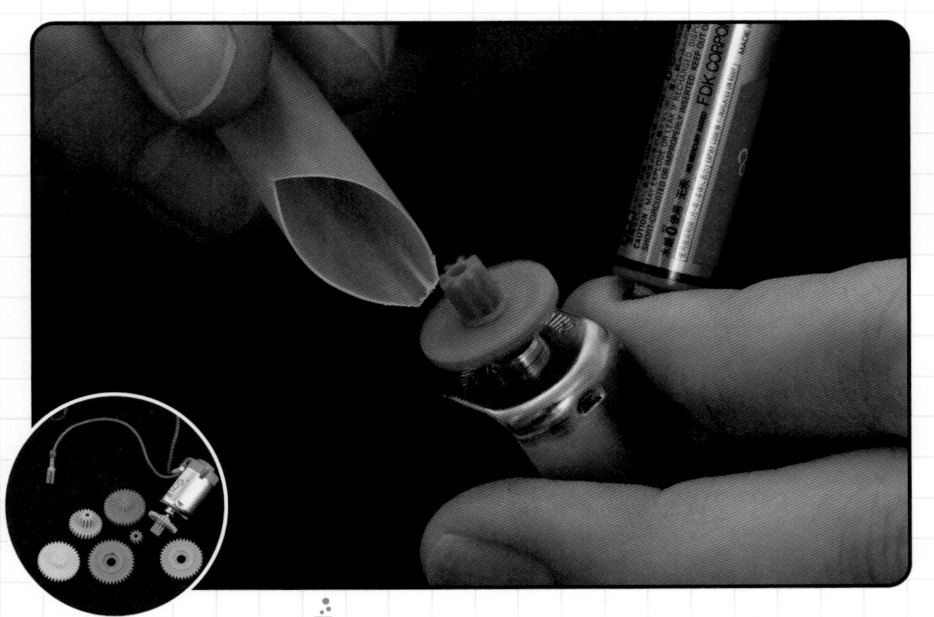

音／振動／周波数

すすめかた

使うもの

工作用モーター、ギヤ、乾電池&電池ボックス、ミノムシクリップつきリード線、ストローなど

1. **ストローを斜めに切ってとがらせる。モーターにギヤを取りつける。**
2. **モーターと電池をつないで回転させ、とがらせたストローの先をそっとギヤの歯に当て、音を聞く。**
3. **電池の接続を切ってから別のギヤにつけ替え、同じように音を鳴らして音を聞く。**

音が出ているとき、何かがふるえてそのふるえが空気に伝わっています。この実験ではモーターでギヤを回転させ、当たっているストローをふるわせています。ギヤの歯の数が変われば1秒間あたりのふるえる数が変化し、音の高さが変わります。モーターの電圧を変えて回転数が変わっても、音の高さが変化します。

注意とワンポイント

ストローを強く持っていると引っかかったときに手をケガすることもある。必ずそっと持つこと。ギヤは模型やモーターなどに付いてくるものでいいよ。

Day 250

やりやすさレベル かんたん（やけど注意）

入浴剤で火を消す？

発泡入浴剤から出る泡の中身は二酸化炭素。これを使って火を消すことができる。

燃焼／二酸化炭素

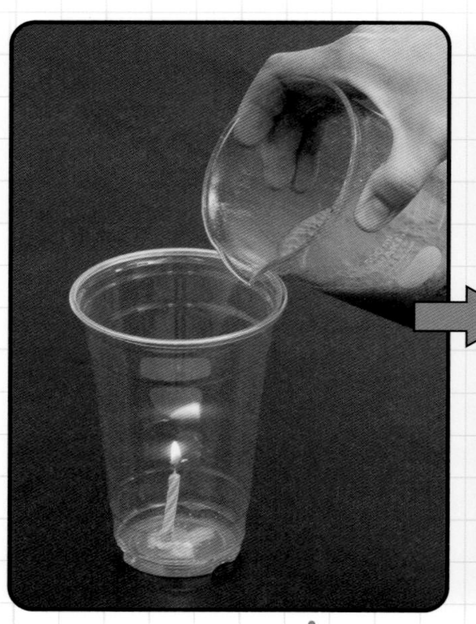

すすめかた

使うもの

大きめのコップなど、発泡入浴剤、お湯（約70℃）、ロウソク、ガスマッチ

1. コップなどの底にロウソクを立てて火をつける。
2. 別の容器に入浴剤とお湯を入れて二酸化炭素をためる。
3. ❷の容器の上にたまっている気体（見えない）を❶のコップに注ぐと火が消える。

発泡入浴剤をお湯に入れると二酸化炭素が発生します。二酸化炭素は空気より重いので上昇せず、容器の底にたまります。一方、ロウソクの炎が燃え続けるには酸素が必要です。この実験ではロウソクのまわりに二酸化炭素が流れ込み、酸素が届かなくなって炎が消えます。

注意とワンポイント

火やお湯をあつかうので、やけどや火災にじゅうぶん注意して実験しよう。

Day 257

やりやすさレベル かんたん

コイルで電圧アップ

巻き数のことなる2つのコイルをつくって、片方のコイルに電流を流すとどうなる？

電圧／コイル／昇圧器

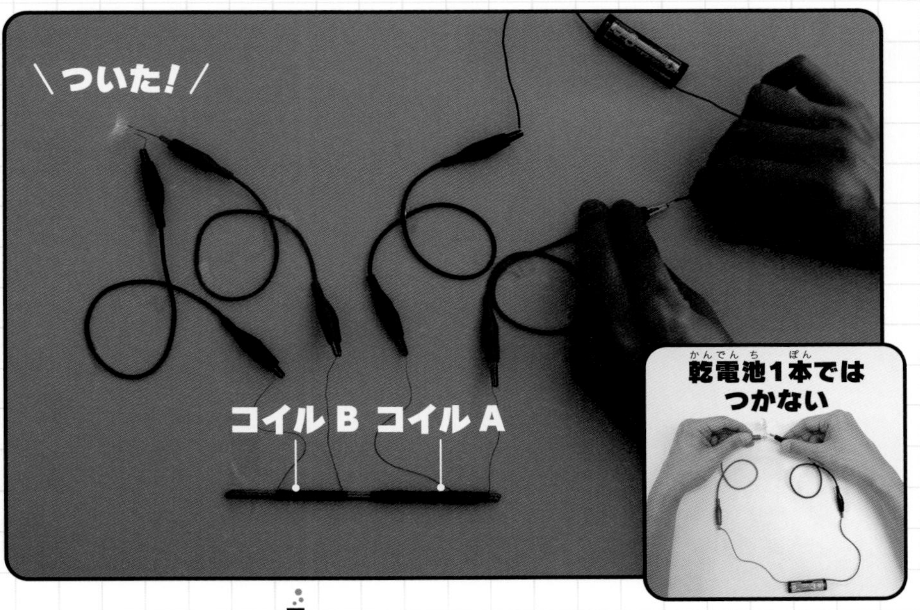

すすめかた

使うもの

約3VでともるLED、乾電池＆電池ボックス、太い針金、エナメル線（直径0.35～0.4㎜）、紙やすり、セロハンテープ

1. **乾電池にLEDをつなぎ、1本では点灯しないことを確かめる。**
2. **鉄心になる針金にエナメル線を300回巻きつける（コイルA）。その横に別のエナメル線を100回巻きつける（コイルB）。外側からテープでとめて、すべてのエナメル線の端を紙やすりでこすって被覆をむいておく。**
3. **コイルBにLEDをつなぎ、コイルAからの線の片方を電池ボックスに接続。**
4. **つながっていない端を電池ボックスの電極につないだ瞬間だけLEDがともる。**

コイルのしくみを利用して電圧を調整するしくみです。コイルAで発生した磁力でコイルBに電流が流れますが、その電圧はコイルの巻き数に比例します。ただし、電流が流れるのは、変化したとき（この実験では、つながった瞬間と切った瞬間）だけです。

Day 252

やりやすさレベル かんたん（紫外線注意）

びっくり

あやしく光るキュウリ

緑色野菜のキュウリやコマツナ。
暗いところでUVライトの光を当てると…びっくり！

紫外線／蛍光／葉緑素

すすめかた

使うもの

キュウリやコマツナなど緑色の野菜、反射の少ない黒っぽい紙（黒画用紙など）、UVライト

❶ 机の上に反射の少ない黒っぽい紙（黒画用紙など）をしき、まん中にキュウリやコマツナなど緑色の野菜を置く。

❷ 部屋を暗くしてUVライトを野菜の真上15㎝ぐらいから当てて、どのように見えるかを調べる。

野菜の緑色は葉緑素（クロロフィル）という物質の色です。植物は葉緑素のはたらきで、光と水と二酸化炭素から養分をつくっています（光合成）。葉緑素は光に含まれる色の中でも赤と青の光を吸収し、緑を反射するため緑色に見えます。このほかにも紫外線も吸収し、受け止めた光のエネルギーによって赤い光を出します。緑の野菜がUVライトで照らしたときに赤く見えるのはこのためです。

注意とワンポイント

UVライトが多く出す紫外線は目の健康に害がある。ライトの光は暗く感じるけれど、直接目に入らないように注意しよう。

Day 253

やりやすさレベル ふつう

へそ曲がりなボトル

モーターで回転させたペットボトルに風を当てると、
風の向きと別の方向に動く!?

流体/マグヌス効果

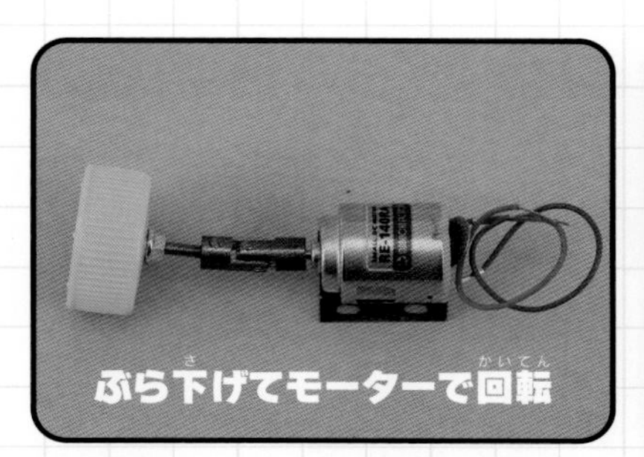

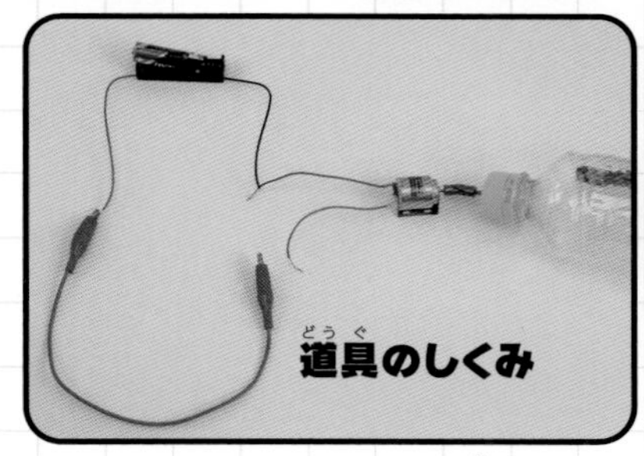

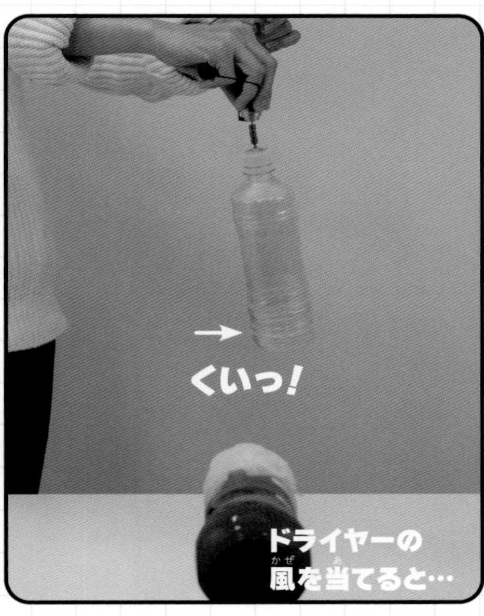

すすめかた

使うもの

ペットボトル、モーター、乾電池&ボックス、ナット、ビス（3㎜）、ユニバーサルジョイント、リード線、ドライヤーなど

1. **ペットボトルのキャップのまん中に穴をあけ、3㎜のビスをナットで取りつけ、モーター軸をユニバーサルジョイントでつなぐ。**
2. **❶のナットがゆるまない向き（上から見て反時計回り）にモーターが回転するように乾電池を配線。**
3. **回路をつないでボトルを回転させながらドライヤーの冷風を正面から当てたとき、ボトルがどちらに傾くかを観察。**

ボトルが上から見て反時計回りに回転しているとき、真正面から風を当てるとボトルは右にゆれるように傾きます。ボトルの右側では風と回転が合わさるので風が加速し、左側では逆に減速します。流れるものの中で速い流れがあると引き寄せる力が生まれるので、ボトルは右側に引き寄せられます。

注意とワンポイント

重心がずれてボトルがあばれたら、すぐに回路を切ろう。このためにスイッチは使わず、乾電池の電極に電線を接触させて押さえて持つと、手を放せば自動的に止まるので安全だよ。

Day 254

かんさつ 観察

やりやすさレベル かんたん

尿素で冷え冷え

**尿素を混ぜて溶かすだけで20℃近くも温度が下がる！
体を冷やすパッドなどはこのしくみを利用しているよ。**

溶解熱／尿素

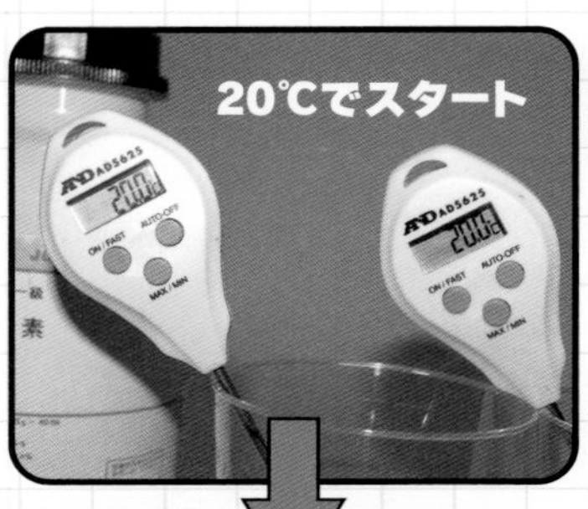

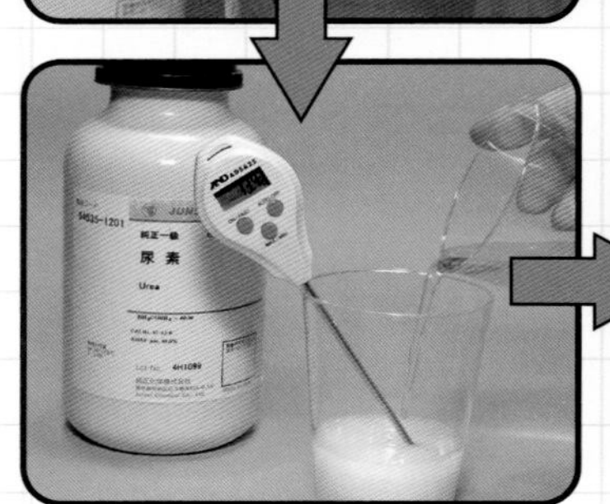

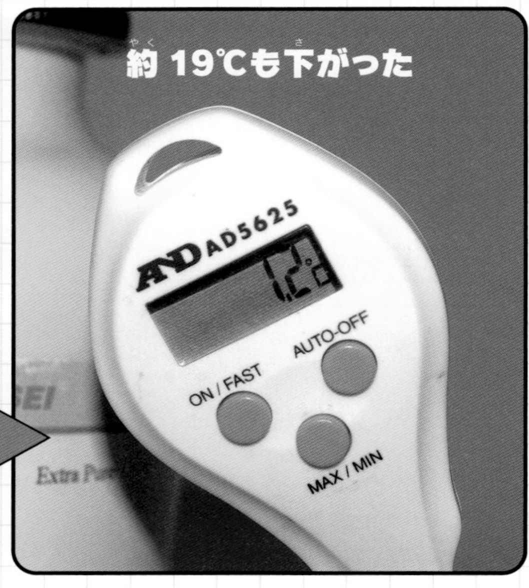

すすめかた

使うもの
尿素、水、温度計、プラスチックコップなど

1. コップに尿素を大さじ2～3杯入れて温度を測る。別のコップに入れた水の温度も測っておく。
2. 温度を測りながら水を尿素を入れたコップに半分ほど入れてかき混ぜる。
3. 溶けたところで温度を測って❶とくらべる。

ものをつくっている小さな粒が分子です。ものが何か別の液に溶けるというのは、ものの分子がバラバラになって液の分子と混ざり合うことです。このとき、ものの分子の結びつき方が変化しますが、ものの種類によって熱が出たり、熱を吸収したりします。尿素は水に溶けるときにたくさんの熱を吸収するので、温度が大きく下がります。

注意とワンポイント

尿素は化学実験用でも肥料用でもいい。ドラッグストアや園芸店、ホームセンターなどで入手できる。

Day 255

やりやすさレベル かんたん（やけど注意）

べっこうあめづくり

つやつやで、いいにおいのする「べっこうあめ」。
砂糖を加熱して手づくりしてみよう。

高分子／砂糖

1

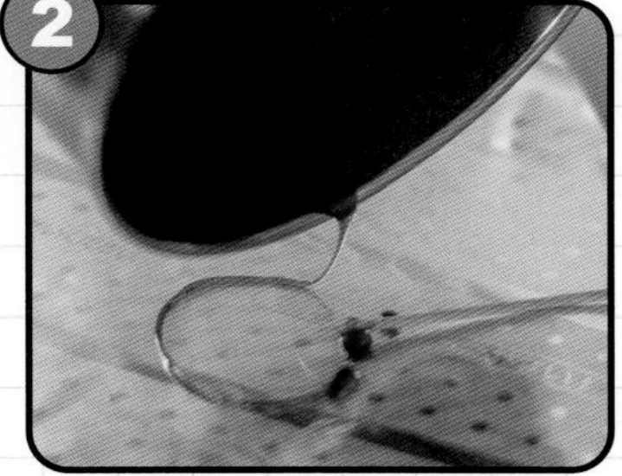
2

3

すすめかた

使うもの

砂糖、バター、水、手なべ、クッキングペーパー、つまようじ、割りばし、金属トレイ

❶ **クッキングペーパーに軽くバターをぬって金属トレイに広げておく。砂糖100gに水30mLの割合でなべに入れ、よく混ぜて溶かす。**

❷ **中火で加熱して沸騰したら弱火にする。薄く色がついてから火から下ろし、ペーパー上に直径4～5㎝になるように流して、つまようじをさす。**

❸ **そのまま冷ましてペーパーからはずす。**

砂糖水を加熱していくと140℃ぐらいで色がつきはじめ、170℃ほどになると香ばしいにおいを出し始めます。この段階で冷やしてかためたのが、このべっこうあめです。さらに加熱すると水分が減って茶色いカラメルになり、最後はこげて炭になります。

注意とワンポイント

衛生面に気をつけてつくろう。溶けた砂糖は沸騰した水よりも熱いので、やけどしないように注意。

Day 256

やりやすさレベル 超かんたん

観察

マイクロペットを育てる

土や雨水の中にいるプランクトンを超マイクロペットとして育てて観察しよう。

微生物／植物プランクトン／動物プランクトン

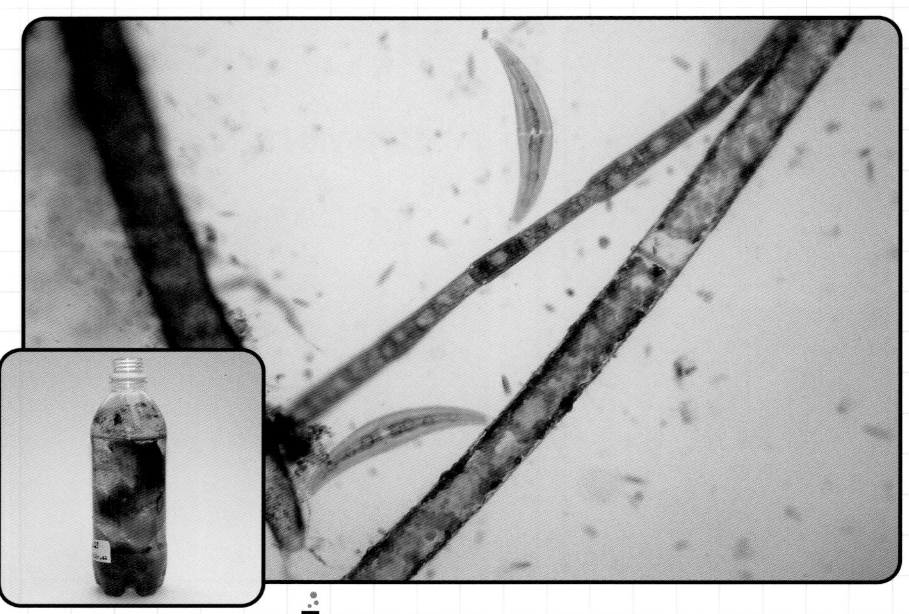

すすめかた

使うもの

500mLのペットボトル、水、庭やプランターの土、たまった雨水、スポイト、顕微鏡

1. ペットボトルの内側をとくにていねいに洗い、水を8分目ほど入れて日なたに2～3日置いておく（水道水に含まれている消毒成分を抜くため）。
2. キャップをしてよくふり、空気をじゅうぶんに溶かしてから、耳かき1～2杯の土か1mLほどの雨水を入れて、雨の当たらない場所にキャップをせずに置いておく。
3. 夏は数日、冬は1～2か月で微生物が増えてくるので、水を取って顕微鏡で観察。

土や雨水の中には、数え切れないほどの微生物がいます。これを、太陽光を当てて消毒成分を抜いた水で増やして観察します。ボトルに日付を書いて記録し、いろいろな土でくらべるとおもしろいですよ。

注意とワンポイント

顕微鏡は小型の携帯顕微鏡（100倍ぐらいが使えるもの）でもじゅうぶんに観察できる。専門の本などで調べて挑戦しよう。

やりやすさレベル かんたん（やけど注意）

氷でまた沸騰？

いったん沸騰したお湯に氷を入れると突然、また沸騰が始まる！

突沸／沸騰

すすめかた

使うもの

ビーカーや耐熱ガラスサーバーなどのガラス容器、水、氷、スプーン、電子レンジなど

1. **ガラス容器に高さ2／3ぐらいまで水を入れて、電子レンジで沸騰させる。**
2. **沸騰したら加熱をやめて静かに取り出し、氷の小片を投げ入れると再度沸騰が始まる。**

沸騰とは、熱せられた液体がその内部から気体に変化する現象です。水ではふつうの気圧だと100℃になると起きます。電子レンジでの沸騰がおさまったとき、内部にはエネルギーが保たれることがありますが、この状態の水はとても不安定で、何らかのショックで再び沸騰します。この実験では氷を投げ入れていますが、容器が何かにぶつかるなどしても沸騰します。

注意とワンポイント

熱いお湯でやけどをしないよう、注意しよう。氷は振動を与えるのが目的なので、小石などでも沸騰する。

Day 258

やりやすさレベル 超かんたん

カイロで磁力を観察

磁石の力がどのような向きにはたらいているか、使い捨てカイロの中身を使ってテストする。

磁場／磁力線

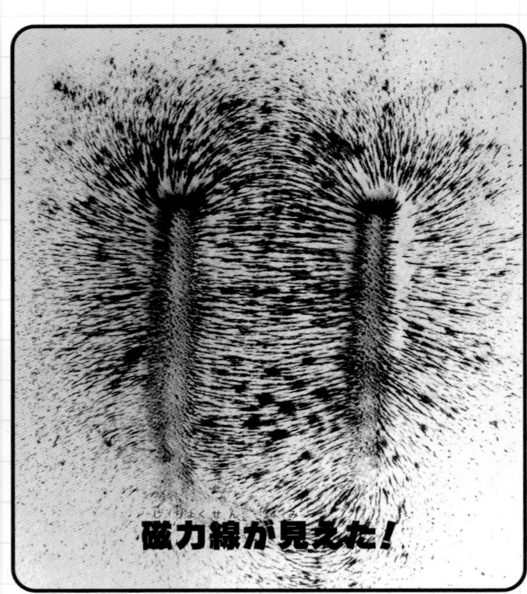

すすめかた

使うもの

磁石、使い捨てカイロ、古新聞紙、画用紙、ハサミ、紙コップ、千枚通し

1. **紙コップの底に千枚通しで穴を数個あける。使い捨てカイロの内袋をハサミで切り、中身を古新聞紙の上にいったん広げる。数分ほど風を当てて軽く乾かしてから、穴をあけたコップに移す。**
2. **机の上に磁石を置き、上に画用紙をのせる。**
3. **画用紙の30㎝ほど上でコップをゆすってカイロの中身を画用紙にふりかける。画用紙を軽くたたくなどして振動させ、できる模様を観察する。**

磁石の力はN極からS極に向かっていて、そのようすをえがいた線が磁力線です。使い捨てカイロの中身には鉄の粉が混ざっているので磁石の力によって並び、磁力線の模様になります。ふりかける量やゆらし方を工夫すると、磁力線をよりはっきりと見ることができます。

注意とワンポイント

使い捨てカイロの中身に含まれている鉄の粉はとても細かく、布などにつくと取れにくいので、こぼさないように注意。

つぼみの断面観察

ツバキや菜の花などいろいろな花のつぼみを切って、花が開くしくみを考えよう。

植物の体／つぼみ／花のしくみ

すすめかた

使うもの

花のつぼみ（やわらかいものがよい）、カッターナイフ、まな板など台になるもの、ルーペ、ペンチ

1. **つぼみを根元の茎ごと切り取る。**
2. **まな板などのしっかりした台の上にのせてカッターで半分に切る。縦切りと横切りとで結果がことなるので、できれば両方試す。**
3. **切った面を壊さないようにルーペで観察。**

花が開く直前のつぼみの中には、花のパーツのすべてがたたみ込まれています。雄しべや雌しべも丸まったり折り曲げられたりして入っていて、開花と同時にのびて広がります。折りたたまれ方は花の種類によって違いがあります。ルーペを使ってくわしく観察すると、花はとても複雑なしくみをもっていることが感じられるでしょう（写真は左が八重咲き、右が一重咲きのツバキ）。

注意とワンポイント

手をケガしないように注意。とくにかたいつぼみだとすべりやすいので、ペンチなどではさんで切るといい。難しそうなときは大人に手伝ってもらうこと。

Day 260

やりやすさレベル かんたん

静電気で缶転がし

111ページの「静電気で氷動かし」の応用編。
中身の入った重い飲料缶もストロー1本で動かせる！

静電気／静電誘導

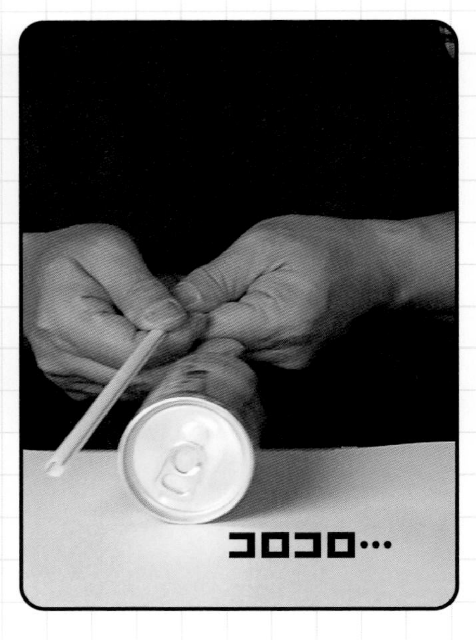

すすめかた

使うもの

飲料缶、ストロー、ティッシュペーパー、エタノール

1. 平らでなめらかな机の上に中身入りの飲料缶を横に寝かせて置く。
2. ストローをティッシュペーパーでこすって静電気を起こし、缶に平行になるように真横からゆっくり近づける。
3. 缶が動き始めたら、その動きに合わせてストローを少しずつ動かす。

111ページで紹介した静電誘導を利用しています。缶は金属なので電気が伝わりやすいため、転がって向きが変わってもプラスマイナスのかたよりはそのままの向きでストローと引きあい続けます。また飲料缶は精密な円筒形につくられているのでたいへん転がりやすく、この実験に向いています。ストローを缶と平行にして静電気の力が効果的にはたらくようにするのがコツです。

注意とワンポイント

静電気を起こすもの（ストローなど）をエタノールなどでふいてきれいにするとうまくいく。

やりやすさレベル かんたん

地震計の模型実験

ふりこのしくみを利用するタイプの地震計を身近な材料でつくって原理を考える。

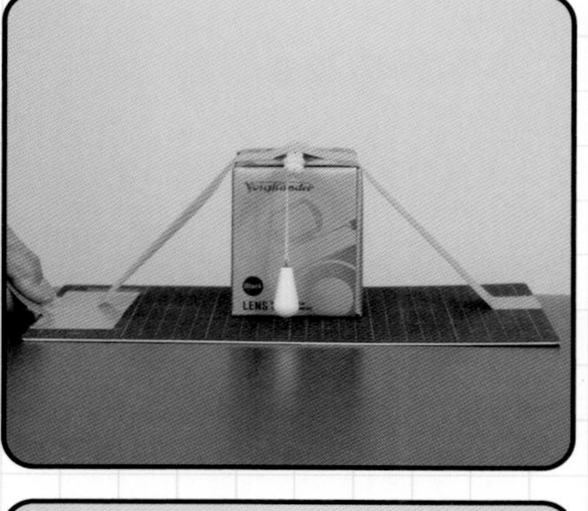

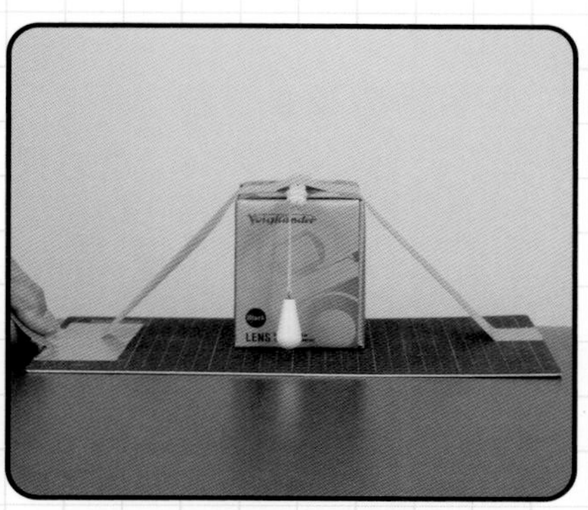

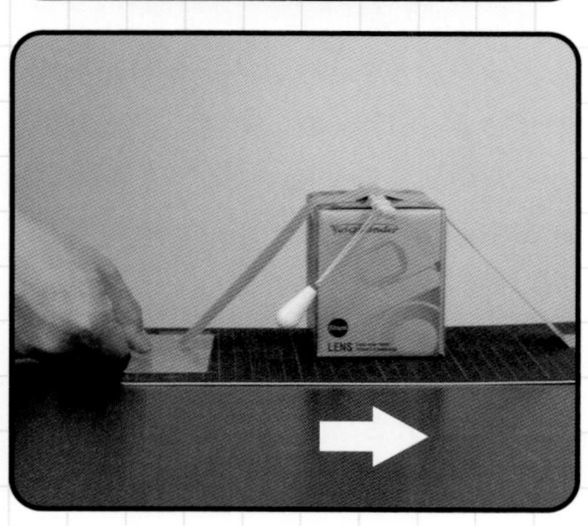

すすめかた

使うもの

釣りおもり、タコ糸、短い定規、小さな箱、セロハンテープ、下じきや板など、敷居すべり

1. **短い定規に釣りおもりをタコ糸でぶら下げ、箱の上にはりつける。**
2. **下じきや板などの下面に敷居すべりをはってすべりやすくし、上面には❶の箱を動かないように固定する。**
3. **机の上に置いて、下じきや板をいろいろなタイミングで細かく左右にゆらし、おもりの動き方を観察する。**

慣性（動きの変化をさまたげる力）によって、おもりを動かそうとしても止まり続ける向きに力がはたらきます。下の板をすばやく動かすと、おもりは左右にゆれ動きません。これは、板から見れば「板の動きに応じておもりの位置が左右に動いている」ことになります。この動きを記録するのが地震計です。

地震／慣性／ふりこ

Day 262

やりやすさレベル かんたん

ペーパーしゅう曲模様

大地の巨大な力で地層がぐにゃりと曲がる「しゅう曲」。この地層の曲がりを不用な紙片などで再現する。

地層／しゅう曲／地殻変動

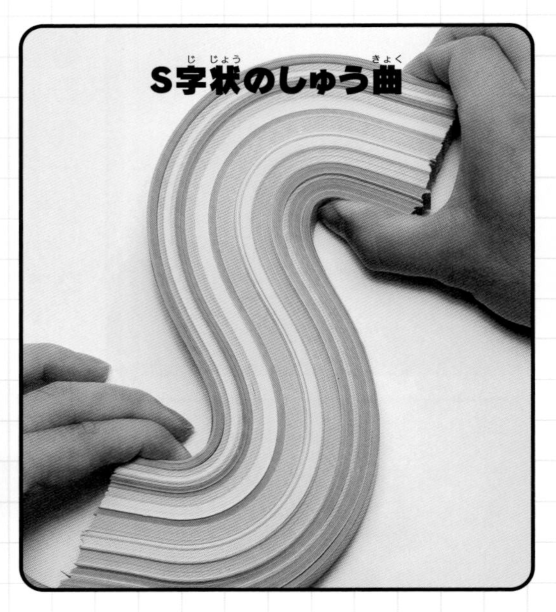

すすめかた

使うもの

ミスコピー紙や裁断の端切れ、古新聞紙、(色をつけるとき)絵の具やポスターカラー

1. **ミスコピー紙などの不用な紙片を一定の幅の帯に切りそろえて厚さ5〜10㎜に重ね、側面に絵の具やポスターカラーなどで色をつける(数色分つくる)。**
2. **色が乾いたら全部を重ねて、ねじ曲げたりカーブさせてできる模様を観察。**

地層は岩石などでできていますが、長い時間にゆっくりと大きな力がはたらくとあめのように曲がります。その結果、地層がうねったのが「しゅう曲」です。さまざまなパターンがありますが、両側から押されてできるS字状のしゅう曲、まん中が下がった向斜構造や盛り上がった背斜構造、まん中が厚くなって下がった地向斜などをつくることができます。

注意とワンポイント

いらなくなった色画用紙などを切りそろえて重ねてもいい。

Day 263

やりやすさレベル かんたん

米のとぎ汁の正体

お米をとぐと水が白くにごる。
このとぎ汁に含まれているものは何だろう？

デンプン／ヨウ素デンプン反応

すすめかた

使うもの

米のとぎ汁、ヨウ素入りうがい薬、透明コップ

1. **ヨウ素入りうがい薬1mLを水30〜70mLに入れて薄めておく。**
2. **とぎ汁（といだ1回目、2回目、3回目）をそれぞれ透明なコップに半分ほど入れる。**
3. **薄めたヨウ素入りうがい薬0.5〜1mLを加えて色の変化を観察。**

お米のおもな栄養成分はデンプンです。デンプンは米粒の中だけでなく、精米した（米として売るために表面をきれいにした）ときに外側にもつきます。これがとぐときに落ちるので、とぎ汁にはデンプンが含まれています。ただし、デンプンは3回目以降にはほとんど含まれないので、米粒表面の洗浄は2回とげばよいと考えられています。

注意とワンポイント

とぎ汁が濃くにごっているときは、全部を2〜4倍（同じ比率）に薄めてもよい。薄めたヨウ素入りうがい薬を保存するときは、実験用とわかるようにラベルをつけよう。

Day 264

やりやすさレベル　超かんたん

ストローで雑音発生

ストローをこすったときに出るものの正体を、ラジオを使って確かめよう。

静電気／電磁波／放電

すすめかた

使うもの

ラジオ、ストローまたは塩ビパイプ、ティッシュペーパー

1. **ラジオのスイッチを入れ、チューニング（選局ダイヤル）を放送が入らない周波数にする。**
2. **ラジオのそばでストローをティッシュでこすって静電気を起こし、ラジオから聞こえる音の変化を観察する。**

ティッシュペーパーでこするタイミングに合わせて、ラジオからはバチバチという音が聞こえます。静電気が発生し、ティッシュやストローの間で放電（電気が空間を飛び越えて移る現象）が起きて、このときに電波が発生したためです。静電気は電気の量としては小さいですが、電圧はストローでも数千ボルトにもなります。放電という激しい変化によって、まわりに電波のパルスを放出します。

注意とワンポイント

ラジオにアンテナがある場合は、のばしたほうがうまくいく。

Day 265

やりやすさレベル 超かんたん

くるくる筒飛ばし

紙を丸めただけのシンプルな紙筒も、しっかり回転させると意外によく飛ぶ。

ジャイロ効果／慣性／揚力

すすめかた

使うもの

画用紙など少し厚めの紙、ビニールテープ、両面テープ、ハサミなど

1. **少し厚みのある紙を幅10～14㎝、長さ18～20㎝に切る。短辺の片方に両面テープをはり、裏返して長辺の片方にビニールテープを2～3枚重ねてはる。**
2. **ビニールテープが内側になるように丸めて筒にし、両面テープで接着する。**
3. **ビニールテープがあるほうを先に向け、手首をひねって回転させて投げると、すーっと飛んでいく。**

回転させるとジャイロ効果（コマのように回転する向きを保つしくみ）のはたらきで、向きが変わらずに空気の中を進みます。空気が筒の内側のかべに当たり、飛行機のつばさの下面と同じようにはたらいて揚力（上向きの力）をつくるのでよく飛びます。

注意とワンポイント

ビニールテープははったあとに少し縮むので、内側になるように両面テープを工夫するとつくりやすい。人に当たらない場所で、まわりの交通にも気をつけて実験しよう。

Day 266

やりやすさレベル　かんたん

氷の中の花アート

氷の中に花を閉じ込めることができる？ 透明な氷なら、とてもきれいなオブジェになるよ。

凍り方／レンズ

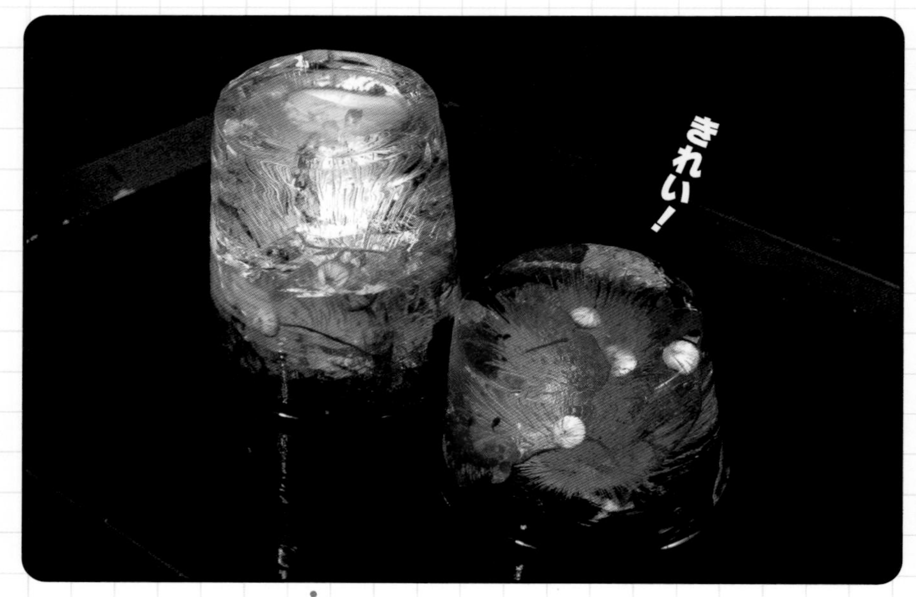

すすめかた

使うもの

やかんやなべ、水、プリンカップなどの容器、小さめの花、食品ラップ、保温シート、大きな輪ゴム

1. **水をやかんやなべに入れて強火で10分間ほど沸騰させ、溶けている空気を追い出してそのまま室温まで冷ます。**
2. **プリンカップなどに❶の水を入れ、小さな花を沈めてラップでふたをする。**
3. **まわりを保温シートで2〜3重にくるみ、冷凍庫でひと晩かけて凍らせて取り出す。**

冷凍庫で水を凍らせると、水に溶けていた空気などの小さな泡が氷の中に閉じ込められるので氷が白くにごります。保温シートなどで包んでゆっくり冷やすと泡が空中に逃げ出る時間があるので透明な氷ができます。氷が透明だとレンズのようにはたらいて光が強調され、花が大きく見えて印象的なオブジェになります。

注意とワンポイント

冷凍庫の設定温度が低すぎると速く凍って花が見えにくくなる。あらかじめ、ひと晩ぐらいで凍る温度設定を探してから実験しよう。

Day 267

やりやすさレベル 超かんたん（観察物の破壊に注意）

ペタッと表面採集

身のまわりにあるさまざまなものの表面のようすを、セロハンテープで写し取って調べよう。

表面構造

すすめかた

使うもの

セロハンテープ、黒画用紙、ルーペ

1. セロハンテープを数cm～10cmの長さに切り、身近なものの表面にしっかりこすりつけてはる。
2. ものの表面を壊さないようにていねいにテープをはがし、黒画用紙にそっとはってルーペでくわしく観察する。

セロハンテープなど粘着テープのはりつける面には、粘着剤というくっつく材料がぬってあり、はりつける相手の表面の出っぱった部分に接触してくっつきます。相手にふれていない部分はそのままです。はがすと接触していた部分の粘着剤が引っぱられてザラザラになるので、見た目には白っぽくなります。これを利用して、はりつけた相手の表面のようすを写し取ることができます。

注意とワンポイント

調べるものの表面を調べてテープをはっても壊れないかを確認する。壁紙などはテープにくっついて破れてしまうので注意。ビニールテープは数日するとのびて観察できなくなるので適さない。

Day 268

やりやすさレベル　かんたん

圧電ブザーでプチ発電

小さな電力で音を出す圧電ブザー。
LEDをつないでたたくと発電する!?

結晶／摩擦発光／ピエゾ効果

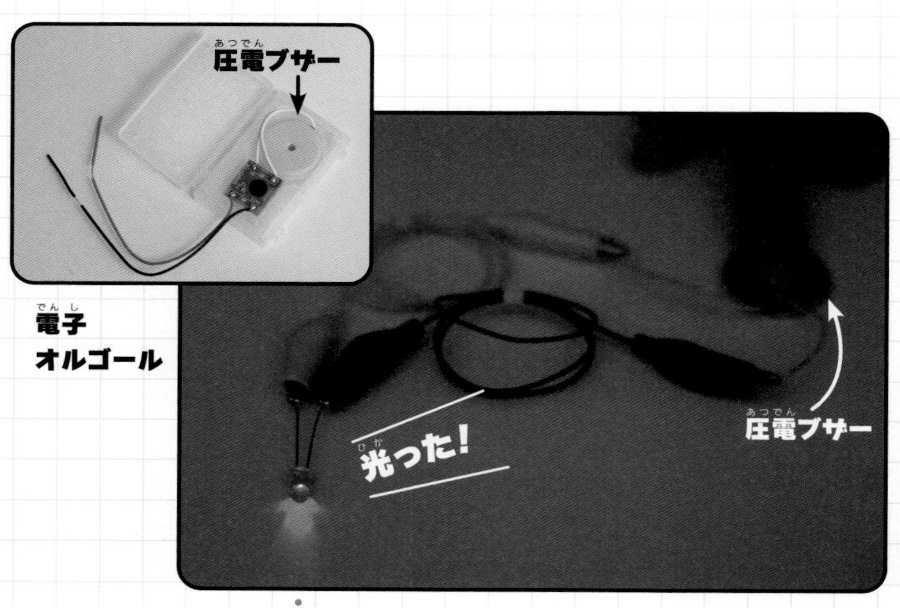

すすめかた

使うもの
圧電ブザー※、LED、ミノムシクリップつきリード線（2本）

1. **圧電ブザーの2本のリード線にミノムシクリップつきリード線2本をつなぎ、先端にLEDをつなぐ。**
2. **まわりを暗くして圧電ブザーの表面を指で軽くたたいたり、押しつけたりしてLEDの変化を観察。**

もともとの使われ方では、圧電ブザーは流れ込んだ電流の強弱に応じて振動板が動き、空気をふるわせて（音を出して）います。逆に振動板に力を加えると電流が発生します。これは圧電効果と呼ばれる現象で、以前は特別な結晶などを使っていましたが、近年ではもっと安価で性能のよい素材を利用しています。

※圧電ブザーは電子部品販売店などで入手できるが、安価な電子オルゴールなどから取り出してもよい。

注意とワンポイント

LEDや圧電ブザーにはプラスマイナスがあるけれど、ブザーが戻るときに逆向きの電流が発生するので配線はどちらでもOK。うまくいかないときだけ逆向きにつなぎ直してみよう。

Day 269

やりやすさレベル かんたん（火気注意）

炎切断イリュージョン

ロウソクの炎の中に金網を入れると、炎が半分ちょん切れた！

炎／気体

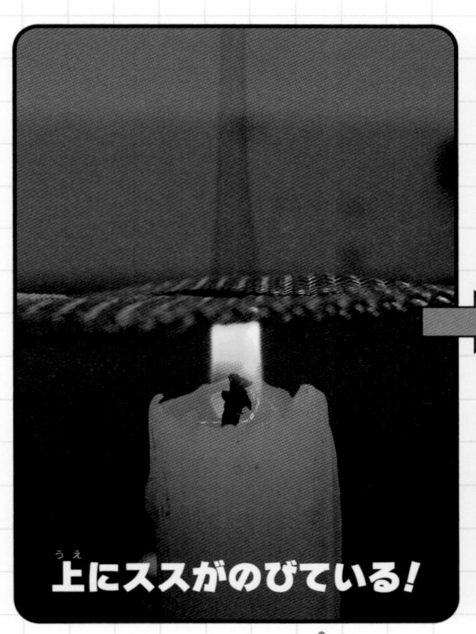

すすめかた

使うもの

ロウソク、ロウソク立て、ガスマッチ、目のあらい金網

1. **太めのロウソクをロウソク立てにしっかりと立て、火をつける。**
2. **炎のまん中ほどに目のあらい金網をさし込むと、炎が半分になる。**
3. **ガスマッチを使って炎の上半分があったところに火を近づけると、炎の上半分が復活する。**

ロウソクはロウを加熱して溶かしてから芯に吸い上げ、蒸発させて火をつけています。燃えているのはロウの蒸気です。金網があると熱がうばわれ温度がいっぺんに下がるので、それより上は燃焼ができず炎は途切れます。しかし、燃料のロウの蒸気は燃え切らずに立ち上っているので、火が近づくと燃えます。また、しばらくして金網の温度が上がると再点火することもあります。

注意とワンポイント

まわりから燃えやすいものを取りのぞいて実験しよう。やけどにもじゅうぶん注意すること。

Day 270

工作

やりやすさレベル かんたん（キリ注意）

アルミ缶オカリナ

あき缶でシンプルな笛をつくってみよう。
うまくド・レ・ミの音が出せるかな？

音／周波数／共振

すすめかた

使うもの

アルミ製の飲料缶、ストロー、セロハンテープ、キリ、油性ペン

1. 5㎝ほどに切ったストローを平たくつぶし、先端がアルミ缶の穴のへりから2～3㎜になるようにプルタブに仮どめする。
2. 息を吹き込んで音が出るように、ストローの位置や角度を調節してしっかりとめる。
3. 缶を片手で持ち、指の先が当たるところに油性ペンで印をつけて、キリで直径3㎜ほどの穴をあける。
4. 息を吹き込みながら、穴を閉じたり開いたりして音の高さを調べる。

笛の仲間は、音を出す部分からの音が筒の中の空気をふるわせて大きな音が出ます。音の高さを変えるには、筒の途中にあいた穴を閉じたり開いたりします。このしくみをストローとあき缶で再現したのがこの実験です。

注意とワンポイント

キリで穴をあけるときはケガをしないように注意。穴の位置をずらすときは穴をセロハンテープでふさぎ、別の位置に新しく穴をあけよう。

Day 271

やりやすさレベル かんたん

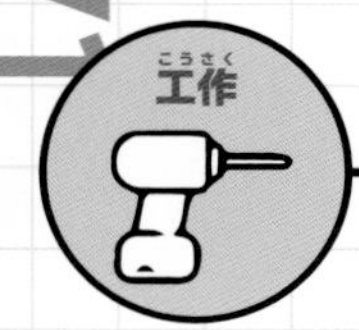

かっこいいコマ型日時計

**夏をはさんで半年間使える
シンプルな日時計をつくろう。**

全体を真北に向けると、竹ぐしは地球の自転軸と同じ向きになり、そのまわりを太陽が1時間に15度動きます。竹ぐしの影も同じ割合で動くので影の向きが時計の針になります。

すすめかた

使うもの

厚紙、竹ぐし、接着剤、コンパス、定規、分度器、方位磁針

1. **厚紙に直径10㎝の円をかき、分度器で15度ごとに線を入れる。**
2. **まん中に竹ぐしを直角に通し、円盤から下の長さが71.4㎜になるように接着剤で固定（日本の緯度に合わせた寸法）。**
3. **竹ぐしが真北を向くように地面に置くと竹ぐしの影が落ちる目盛りが時刻になる。**

日時計／太陽の動き

Day 272

やりやすさレベル かんたん

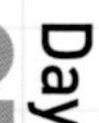

なぜか吸えないストロー

**ふつうに吸っても吸っても、
空気だけしか吸えないストローってどんなの？**

ストローで吸うとき、口の中の空気の圧力を下げると、水面にかかる大気の圧力で水が押し上げられます。途中に穴があると空気が入って圧力が下がりません。

すすめかた

使うもの

ストロー、コップ、水など、画びょうまたは千枚通し

1. **ストローの途中に画びょうなどで穴をあける。**
2. **穴を指でふさいで水を吸うと吸えるが、穴をふさがないと吸うことができない。**

圧力／大気圧

COLUMN

かがくあそびのコツ4

みんなにも感動してもらおう

せっかく挑戦するのですから、自分だけじゃなくみんなにも楽しんでもらいましょう。いっしょに試すとか、やるところを見てもらうのでもＯＫ。自由研究のような形で発表するのも楽しいです。

発表や見せるときのポイントは「どこがいちばん楽しかったか」を伝えること。そしてそのためには、自分がどこが楽しいと感じたかをよく考えることが必要です。

たとえば、液の色がパッと変わったときに驚いて楽しく感じたとします。でもあとでじっくり考えると、変化を起こした化学反応がわかった瞬間が、いちばん驚いた瞬間だったかもしれません。

正解はありません。でも、そのような「考えたこと」を自分の言葉や絵、写真、声でいっしょうけんめいあらわせば、見せるときでも自由研究でも、みんなきっと感動してくれますよ。

たとえばこういうこと！

1

みんなにも聞いてもらおう。
そのためには
どんな工夫が必要かな？

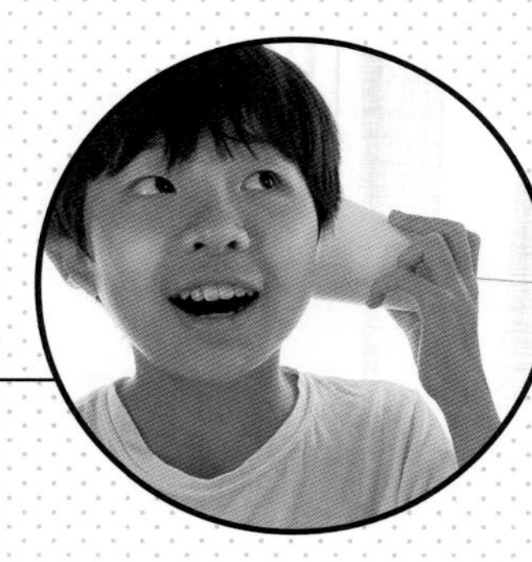

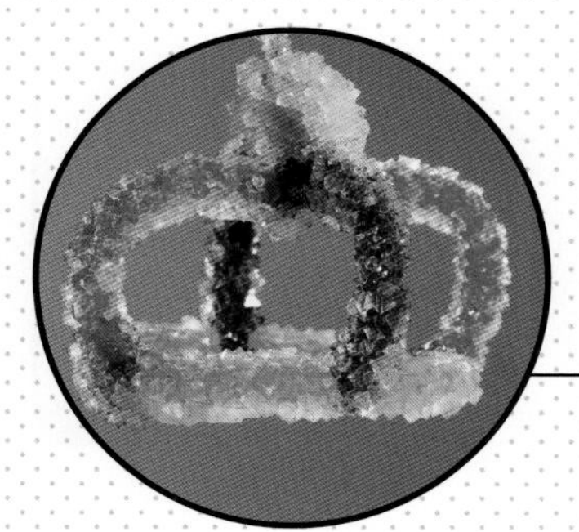

2

作品にするには、
かざりつけや見やすくする
工夫もしなくちゃ。

3

おもしろい顔が見えたよ。
絵じゃなくて自分の顔だったら、
もっとおもしろいかも。

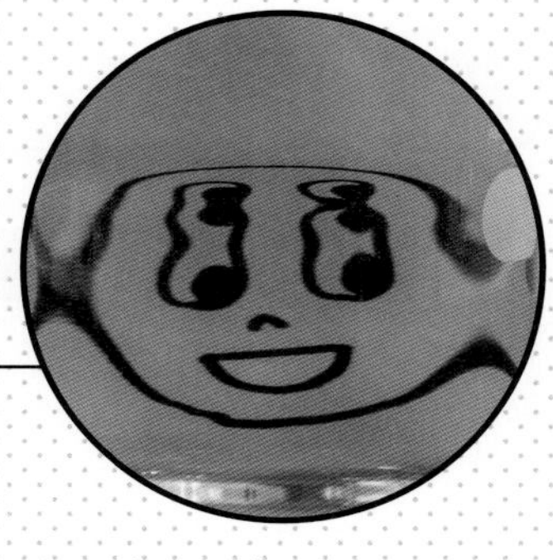

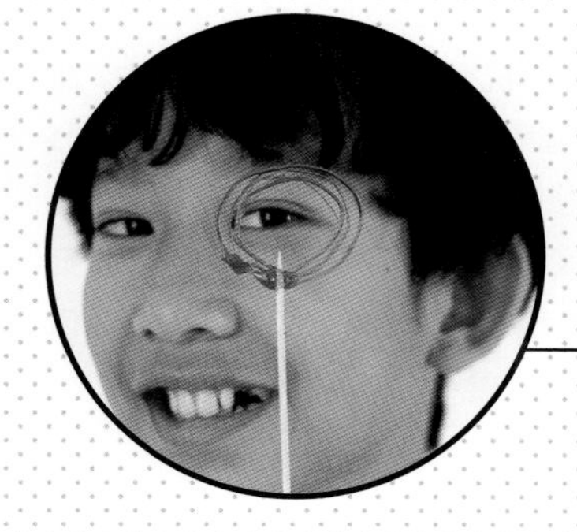

4

カチカチにかたまったけど、
条件を変えたらどうなるかな？
試した結果を並べるとくらべやすいよ。

Day 273

やりやすさレベル　超かんたん

紙皿フライングディスク

「フリスビー」のように投げて飛ばすディスクを2枚の紙皿でつくって遊ぼう。

揚力／空気抵抗／ジャイロ効果

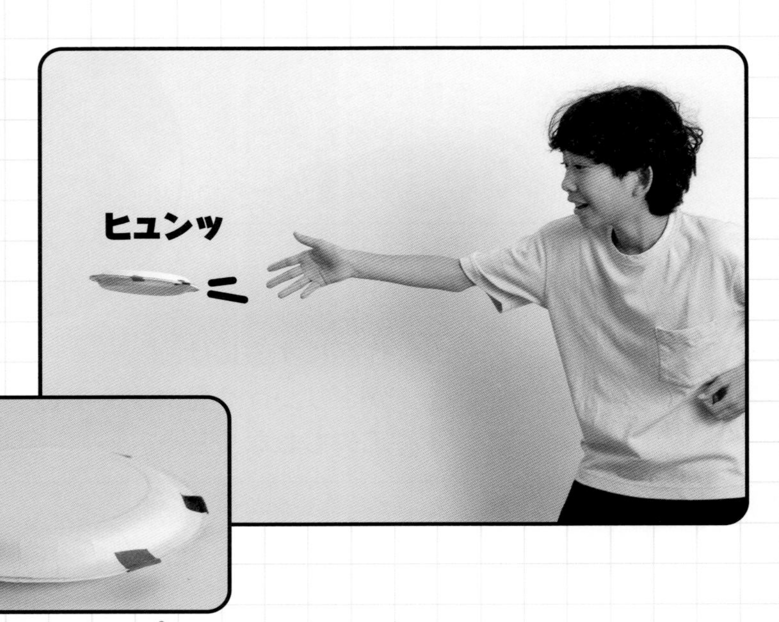

すすめかた

使うもの

同じ大きさの紙皿（2枚）、ビニールテープまたはセロハンテープ

1. **紙皿2枚を重ねてビニールテープでとめる。同じ向きに重ねてもよい。**
2. **利き手でヘリを持って水平にかまえ、手首をかえして回転させながら投げる（「フリスビー」と同じ投げ方）。**

平らなものを水平にすると、真横に動きやすく上下には動きにくくなります。真横の向きだと空気抵抗が小さいですが、上下では空気があたる面積がずっと大きいので空気抵抗が大きくなるからです。皿をコマのように回転させると姿勢が変わりにくくなり、水平を保つので、上下には動きにくくなります（＝よく飛ぶ）。この実験では回転を長続きさせるために、紙皿を2枚重ねて重くしています。

注意とワンポイント

車などが通らない安全な場所で実験すること。ほかの人にぶつけないように、まわりをよく見てから投げよう。

Day 274

やりやすさレベル かんたん

スプーンで教会の鐘

スプーンをたたいたときの小さな音を糸電話で聞くと迫力ある教会の鐘の音に聞こえる!?

音／振動／残響

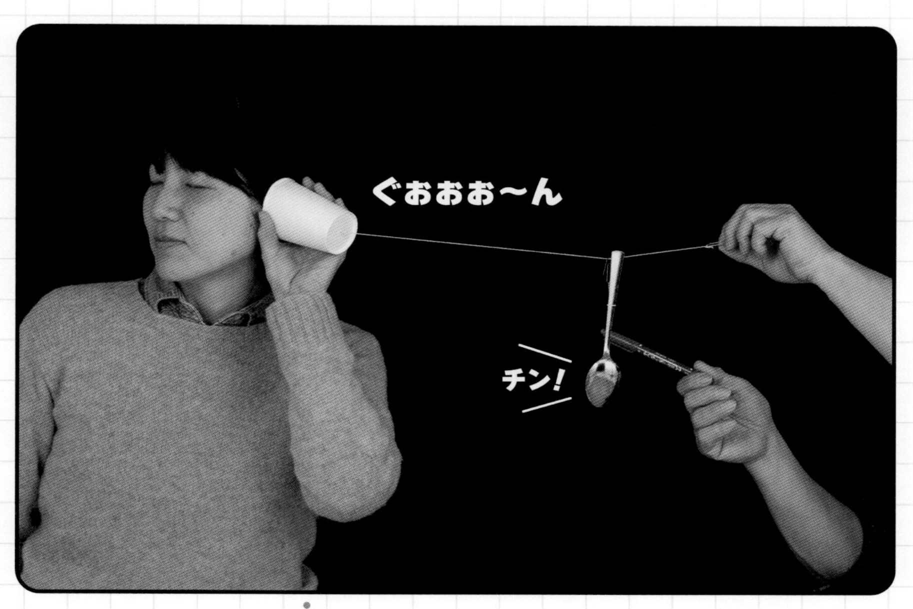

すすめかた

使うもの

糸電話基本ユニット（71ページ）、スプーン、タコ糸、ゼムクリップ

1. **タコ糸などを利用してスプーンの柄にゼムクリップをしばりつける。**
2. **糸電話の糸の端を誰かに持ってもらってピンとはり、途中に❶のゼムクリップをさげる。**
3. **糸電話のコップを耳に当てて、スプーンをペンなどかたいもので軽くたたく。**

大きな鐘はたたいた瞬間だけでなく、そのあともゴーンと音がのびて聞こえます。大きな鐘は、たたいたあともしばらくふるえ続けるためです。スプーンもたたいたあとにふるえ続けますが、ふるえが小さいので音としては聞こえません。紙コップの糸につけることで、小さなふるえも糸を伝わって耳の近くまで届くので、耳の近くで鳴っているように大きな音で聞こえます。

注意とワンポイント

消しゴムや指などでたたくとペンやはしなどかたいものと違った音色になるよ。スプーンの代わりに金属製のトングなどを使ってもいい。

Day 275

わくわく

やりやすさレベル かんたん

水中シャボン玉

薄い水の膜を空中につくるのがシャボン玉。
それなら、水中に薄い空気の膜をつくることはできるかな？

表面張力／界面活性剤

すすめかた

使うもの

透明コップ、中性洗剤、ストロー、水

1. コップに8分目ほど水を入れ、中性洗剤8～10滴を入れて静かにかき混ぜる。
2. ストローの先端3～5㎝を水中にさし込む。
3. 反対側を指でふさいで液を持ち上げ、水面の上1～2㎝の高さから落とす。
4. 液の量や落とす高さを調節すると、キラキラ光るふしぎな玉が水中にできる。

水滴が落ちたとき、空気もいっしょに水中に入ります。ふつう空気はすぐに浮かんで外に出ますが、**水の表面張力が弱まっていると、空気が広がった膜の形になることがあります**。空気の膜が水を包んでできる玉が、この実験で見られるシャボン玉です。水の表面張力を弱めているのは、中性洗剤に含まれる界面活性剤という成分です。

注意とワンポイント

中性洗剤は5滴ぐらいから少しずつ増やそう。濃すぎるとうまくできないよ。落とす水の量や高さなどを変えながら何度も試そう。

Day 276

やりやすさレベル　超かんたん

輪ゴムでギター

輪ゴムを弦にしてミニギターをつくろう。
うまく調節すると、ちゃんとド・レ・ミと音が鳴るよ！

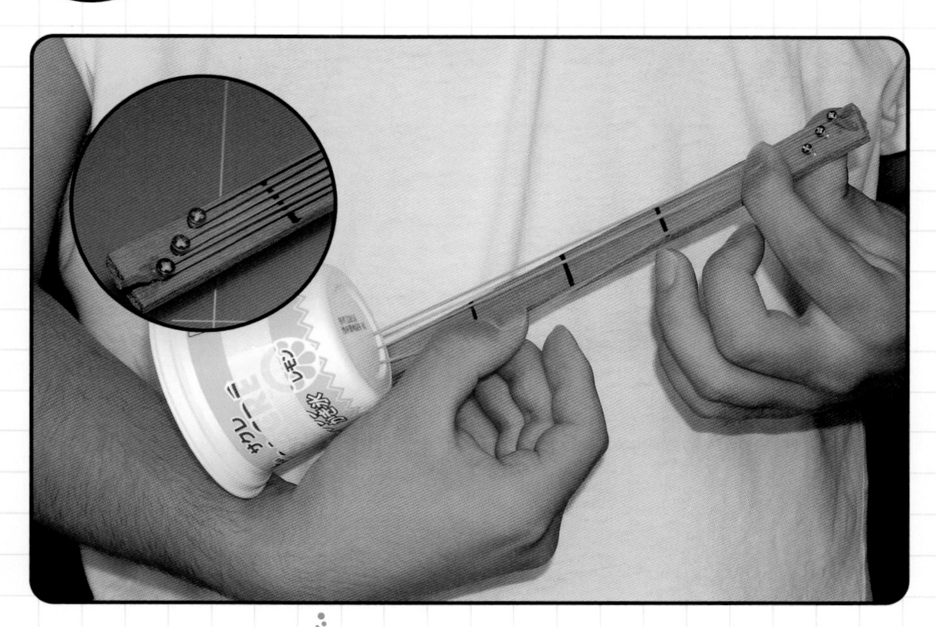

音／周波数／共振

すすめかた

使うもの

アイスのカップ、木の棒、ねじくぎ、輪ゴム、セロハンテープ、油性ペン

1. **平たい木の棒の端にねじくぎなどを数本立て、アイスのカップの横にテープで取りつける。これがギターのネックになる。**
2. **アイスのカップのへりにあらかじめ穴を数個あけておき、片側をまとめてしばった輪ゴムを、この穴に1穴ごとに1本ずつ通し、棒の端のねじくぎにかける。**
3. **輪ゴムをはじいて調節。輪ゴムの先をしばってきつく張ると音が高くなる。**

ギターなどの弦楽器は、弦のふるえで胴の中の空気が振動し、大きな音になります。このとき太い弦をゆるくはると低い音に、細い弦を強くはると高い音になります。この実験では、のび縮みする輪ゴムを弦にしました。引っぱる強さで弦の太さが変わるので、はりと太さの両方で音の高さを変化させています。

注意とワンポイント

音がうまく調節できたら、輪ゴムをカップにとめている部分を接着剤などでしっかり固定しよう。

やりやすさレベル　かんたん

ビタミンCの多さくらべ

ビタミンCと反応するヨウ素を使って、
身近な溶液のビタミンC量を調べよう。

ビタミンC／ヨウ素／還元

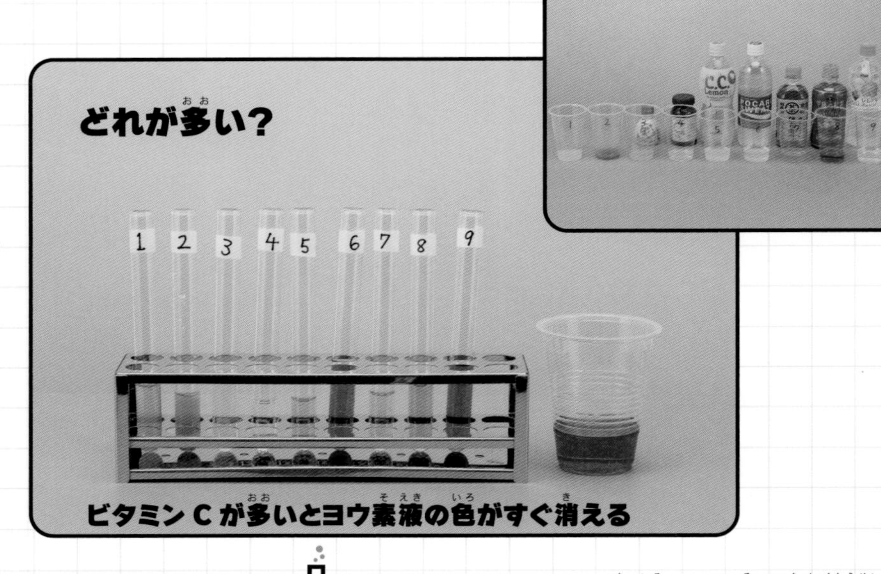

ビタミン C が多いとヨウ素液の色がすぐ消える

すすめかた

使うもの

ヨウ素入りうがい薬、プラスチックコップまたは試験管（数個）、スポイト、調べる溶液（ジュース、お茶など）

1. うがい薬を水で20〜30倍に薄め、コップ数個に同じ量（約10mL）を入れる。薄めた倍率を記録しておく。
2. 調べる溶液を4〜5倍に薄め、❶の各溶液にスポイトで少しずつ入れてかき混ぜる。
3. 何滴入れたらうがい薬の色が消えたかで、その溶液に含まれているビタミンC量が多いか少ないかをくらべる。

ビタミンCは茶色のヨウ素を無色透明のヨウ化水素に変化させます。溶液に含まれているビタミンCが濃い（多い）ほどヨウ素液の色が早く（少ない量で）消えるので、ビタミンC量が比較できます。

注意とワンポイント

溶液はスポイトで1滴ずつ入れると正確にできる。溶液を何種類も調べるときは、コップなどにラベルをつけて混ざらないようにしよう。

Day 278

やりやすさレベル かんたん

ぷかぷか方位磁針

ぬい針を磁石にして、水に浮かべて方位磁針に！
回転しながらバッチリ北をさすよ。

磁化／方位磁針

すすめかた

使うもの

ぬい針、大きめの磁石、発泡スチロールのクッションシート、トレイや皿

1. ぬい針の先を磁石で一方向に1～3回こすって磁石にする。
2. 発泡スチロールのクッションシートを適当な大きさに切り、❶をさして取りつける。
3. トレイなどに水をはって❷を浮かべると、ぬい針が南北をさす。

地球は北極にS極、南極がN極の巨大な磁石です。このため磁石のN極は北に、S極は南に向きます。このしくみを利用して方位を調べる道具が方位磁針です。ぬい針の磁石も同じようにはたらきます。水に浮かべると、摩擦が極端に小さくなって自由に動きやすくなるので、弱い力でも磁石が回転して方位を示します。

注意とワンポイント

ぬい針で指をケガをしないように注意しよう。

Day 279

やりやすさレベル かんたん

かんたんステンドグラス

いつも使っている透明なセロハンテープが色鮮やかなステンドグラス（？）に変身！

偏光／光弾性

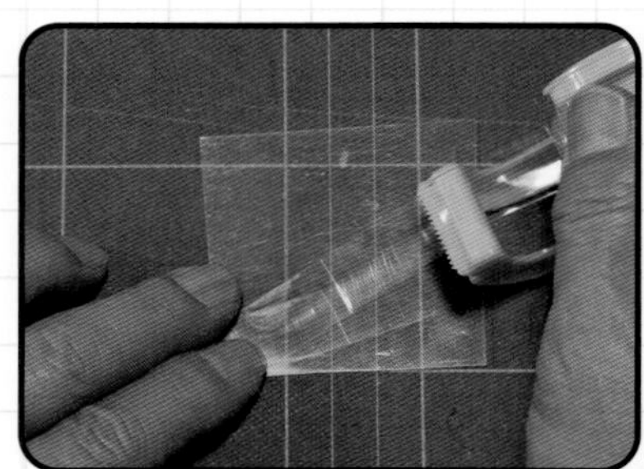

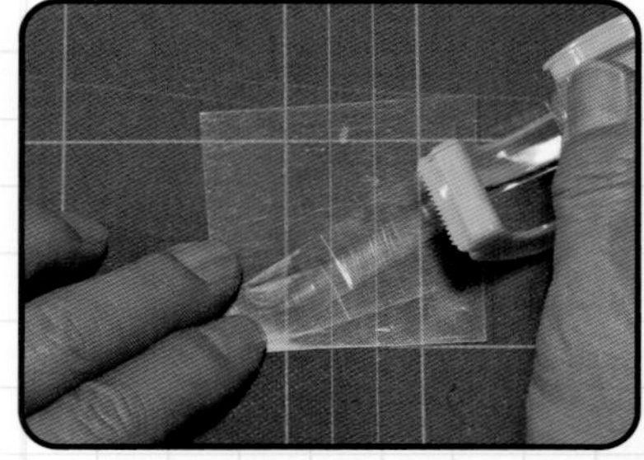

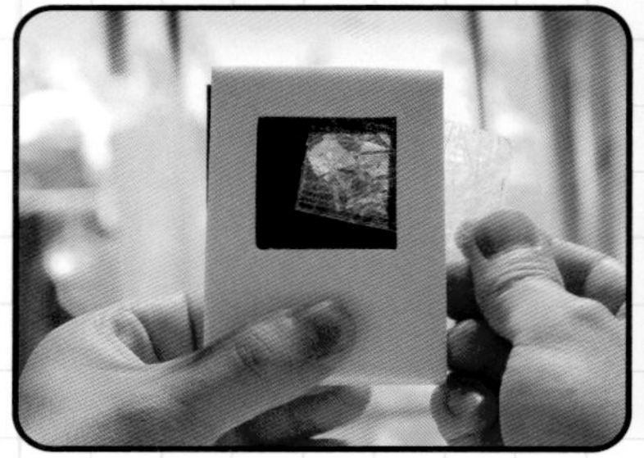

使うもの

偏光シート、透明なプラスチック板、セロハンテープ

1. **透明なプラスチック板を5〜6㎝角に切り、セロハンテープを10〜30本重ねてはりつける。テープ同士は斜めに交差したり重なったりしてもよい。**
2. **明るい方を向いて2枚の偏光シートを重ね、片方を回転させて暗くなる角度にする。**
3. **❶を偏光シートの間に入れ回転させて観察。**

セロハンテープは材料を引っぱりながら製造するため、構成している分子が一方向にそろっています。このような状態の透明物質は、通り抜ける光の波のゆれる方向に影響を与えます。偏光シートを2枚組み合わせた間に「光の波のゆれる方向に影響を与える物質」があると、その影響が色として現われます。セロハンテープの重なり方でさまざまな色が見られます。

注意とワンポイント

セロハンテープは種類によってうまくいかない場合もある。

やりやすさレベル かんたん（転倒注意）

キャスターイスつな引き

キャスターつきのイスに座ってつな引きをするとどうなる？結果はばかばかしいけど、それはなぜかを考える実験。

作用反作用

すすめかた

使うもの

キャスターつきのイス2脚、じょうぶなロープ

1. **2人で実験する。2〜3m離れてキャスターつきのイスを置き、それぞれに座ってロープの両端を持つ。**
2. **あぐらを組むか、足を上げるなどして床から足を離す。**
3. **合図をして、つな引きをする。**

つな引きを始めるとすぐに、この勝負が成り立たないことに気づきます。力の強さなどには関係なく、2人（2つのイス）は勝手な方向に動いてしまいます。もちろんキャスターなのでふんばることができないためですが、逆にこのことから、つな引きは力の勝負ではなく、地面をふんばる力＝摩擦力の勝負であることがわかります。

注意とワンポイント

転ばないように注意。また、イスが意外な方向に進んでしまうので、ほかの人やものに衝突しないよう気をつけよう。

Day 281

やりやすさレベル 超かんたん

湿気で変身松ぼっくり

マツの種子が入っている松ぼっくり（松かさ）。
湿度をコントロールすると閉じたり開いたりしておもしろい。

湿度／飛ぶタネ／マツ

すすめかた

使うもの

松ぼっくり、チャックつきビニール袋、ペーパータオル、水

1. **松ぼっくりを拾ってくる（かさが開いて落ちているものがよい。木から切り取ったものはうまくいかないことがある）。**
2. **ぬらしたペーパータオルといっしょにチャックつきビニール袋に入れて密封し、1日〜数日おいて変化を観察。**

松ぼっくりにはマツの種子（たね）が入っています。マツの種子は小さな羽根がついていて、風にのって遠くまで飛んでいって子孫を広い範囲に広げます。このため、まわりの空気が乾燥して種子が飛びやすい状態になると、かさが開いて種子がこぼれ出し、空気が湿った雨の日などは種子が出ないようにかさが閉じます。湿度の上下で起きる変化を観察します。

注意とワンポイント

松ぼっくりを長時間湿らせておくと、カビが生えることがあるので注意しよう。

Day 282

わくわく

やりやすさレベル かんたん

ポータブル虹投影機

虹シートと虫めがねを使って、
いつでもどこでも手軽に虹をつくって楽しもう。

虹／反射

すすめかた

使うもの

懐中電灯、黒画用紙、虹シート、輪ゴムやセロハンテープなど

1. **黒画用紙を懐中電灯の先にかぶせられる大きさに切り、まん中に幅数㎜の穴をあける。穴の形は細長いほうが観察しやすい。**
2. **懐中電灯をともして白いかべなどに向けて光を映す。虫めがねと虹シートを重ねて前にかざし、光のピントを合わせる。**

230ページで紹介した虹をかべに映す実験です。光は何かのヘリに当たると、色ごとにわずかずつことなる角度で折れ曲がります（回折という現象）。虹シートには細かい溝がたくさん並んでいて、それぞれのヘリで光が色ごとに分かれて重なることで色が強まります。懐中電灯の光を虫めがねでかべなどに集めて映しますが、色ごとに角度が変わっているので虹として見えます。

注意とワンポイント

懐中電灯は光のピントが調節できるものがあればなおよい。

Day 283

やりやすさレベル かんたん

小麦粉で粘土づくり

水に溶かすとドロドロになる小麦粉を、ひたすらこね続けると粘土のような材料になる。

小麦粉／タンパク質／グルテン

すすめかた

使うもの

小麦粉、水、ボウル、食塩、食紅など

1. **小麦粉100gに水30〜70mL、食塩小さじ1杯を加えてよくこねる。水は最初は少なめに入れ、少しずつ足して調節するとよい。色をつけたい場合は、こねるときに食紅などを加える。**
2. **こね続けると粘りが増して粘土のようになる。**

小麦粉と水を混ぜてこねると、小麦粉に含まれる2種類のタンパク質（グルテニン、グリアジン）が結びついて、細長いばねが重なりあったようなグルテンという分子のしくみができます。変形してもその形を保つので、粘土のようにあつかうことができます。グルテンはうどんやパンづくりにも重要な役割をになります。食塩はくさるのをさまたげるほか、グルテン形成の助けになるとされます。

注意とワンポイント

つくったものはしばらくの間は保存できるが、カビが生えたりすることもあるので、適当なタイミングで廃棄すること。

Day 284

やりやすさレベル ふつう

磁石から逃げる木炭

磁石は鉄を引きつけるけど、なぜか木炭は反発して押しのける…？

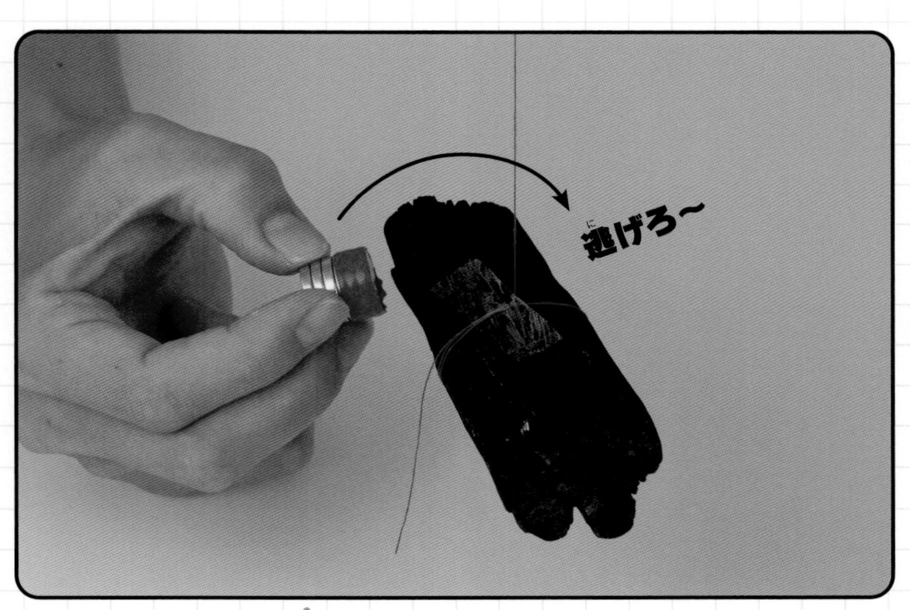

磁場／反磁性／ネオジム磁石

すすめかた

使うもの

木炭（かたくて重い備長炭がよい）、ネオジム磁石数個、ぬい糸、つり下げる台やスタンドなど

1. **木炭のまん中を糸でしっかりしばり、スタンドなどからつり下げる。糸の「よじれ」がなくなるまで1日ほどつるしたままにしておくとよい。**
2. **静止している木炭の近くに、ネオジム磁石を静かに近づけて変化を見る。**

鉄や鉄を含む物質の中にある「非常に小さな磁石の単位」の向きが磁石のはたらきでそろって、鉄が磁石になるので磁石につきます。しかし、炭素などでは、磁力のはたらきで「非常に小さな磁石の単位」が逆向きになるので、磁石と押しのけあいます。変化はごくわずかですが、強力なネオジム磁石だと観察できます。

注意とワンポイント

ネオジム磁石はとても強力なので、時計や精密機器、磁気カードなどに近づけないこと。

Day 285

やりやすさレベル　かんたん

浮くの？ 沈むの？ 塩氷

水は凍るとふくらんで軽くなるので、ふつうの氷は水に浮く。
でも、この「塩氷」を水に入れると…？

比重／氷の密度

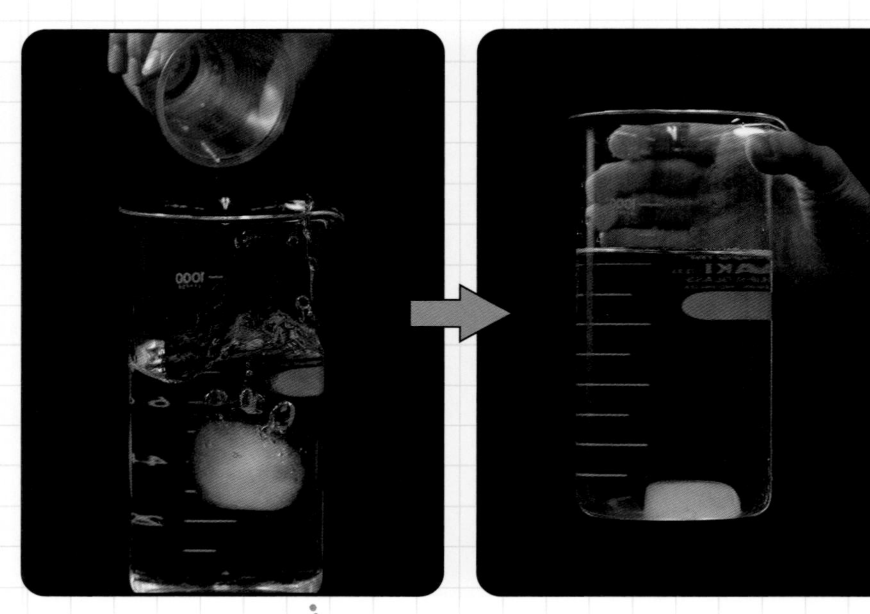

すすめかた

使うもの

食塩、製氷皿、ガラスコップ、はし、計量カップ、水

1. 水100mLに食塩15～20gを溶かした食塩水をつくり、製氷皿に入れて冷凍庫で凍らせる（場合によっては製氷室の温度設定を下げる）。
2. ガラスコップに水を入れ、❶の氷を入れて変化を観察する。

ある物体の重さが、その体積と同じ体積の水よりも軽いと、その物体は水に浮きます。氷は水に浮きますが、これは水は凍るときに体積が増えて同じ体積の水より軽くなるためです。そして食塩水は食塩が溶けているぶん真水より重くなります。じゅうぶんな量の食塩が溶けている食塩水を凍らせた氷（ここでは塩氷と呼んでいます）は、同じ体積の真水より重くなるので、真水に入れると沈みます。

注意とワンポイント

同じように砂糖水でつくった氷でも実験してみるとおもしろそう。

Day 286

やりやすさレベル 超かんたん

リモコンの光をキャッチ

リモコンが出す赤外線は目に見えない。
でもデジタルカメラで撮影するとバッチリ写るよ！

赤外線／光通信

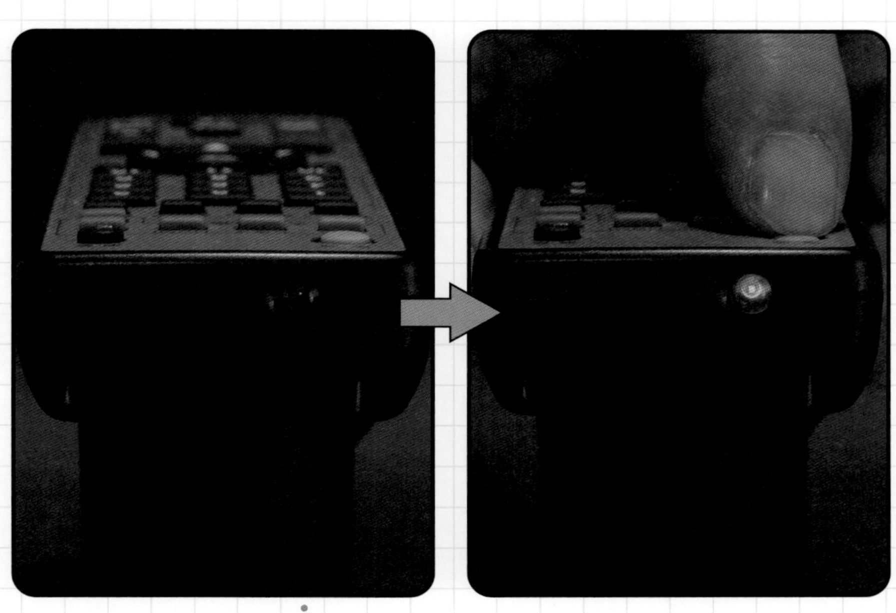

すすめかた

使うもの

テレビなどのリモコン、デジタルカメラ

1. **デジタルカメラのレンズに向けてテレビなどのリモコンを操作し、カメラで撮影する。**
2. **リモコンが出す光が赤く写る。**

テレビやオーディオ装置などのリモコンは、赤外線を使って情報を送っています。赤外線は目に見えないので人間のじゃまにならないため、近距離で使う通信装置で多く使われています。**カメラのイメージセンサ（光をとらえる部品）は赤外線に反応するものがある**ので、これで写すとリモコンが出している光をとらえることができます。

注意とワンポイント

カメラによっては赤外線が写らない機種がある。リモコンの種類によってもうまく写らない場合があるので、いろいろ試して確認しよう。

Day 287

やりやすさレベル かんたん

酸アルカリ判定液①

ムラサキイモの色素は、酸性かアルカリ性かで色が変わる。この色素液を使って、いろいろなものの性質を調べよう。

pH／アントシアニン

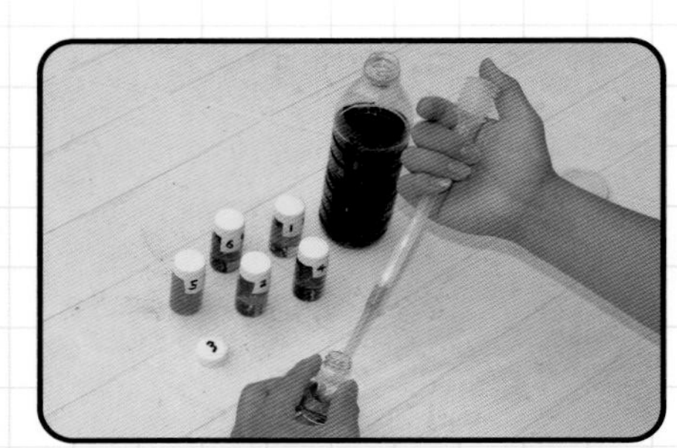

すすめかた

使うもの

ムラサキイモの粉（パウダーよりフレークが使いやすい）、ガーゼ、透明カップ、水、調べるもの

1. **大さじ1杯ほどのムラサキイモの粉を水約200mLに入れてよく混ぜ、しばらくおいて上ずみだけをガーゼでこし取る。**
2. **❶を光が通るぐらいに水で薄める（これが色素液）。**
3. **調べたいものを透明カップに入れ、倍ぐらいに水で薄める。**
4. **同じぐらいの量の色素液を加えて変化を観察する。**

ムラサキイモの色素は、ムラサキキャベツやアサガオと同じアントシアニン系の色素で、中性で紫色、酸性でピンク～赤、アルカリ性で青紫～青～緑（黄緑）と色を変えるので、酸性かアルカリ性か、その強さも含めて調べることができます。

注意とワンポイント

色素液には、できるだけ粉が入らないようにガーゼでていねいにこし取るのがコツ。調べる液の色が濃いときは、さらに水で薄めるといい。

Day 288

やりやすさレベル 超かんたん

つまようじボート発進!

水面に落としたつまようじが、
まるでエンジンつきボートみたいに自動で走り出す!?

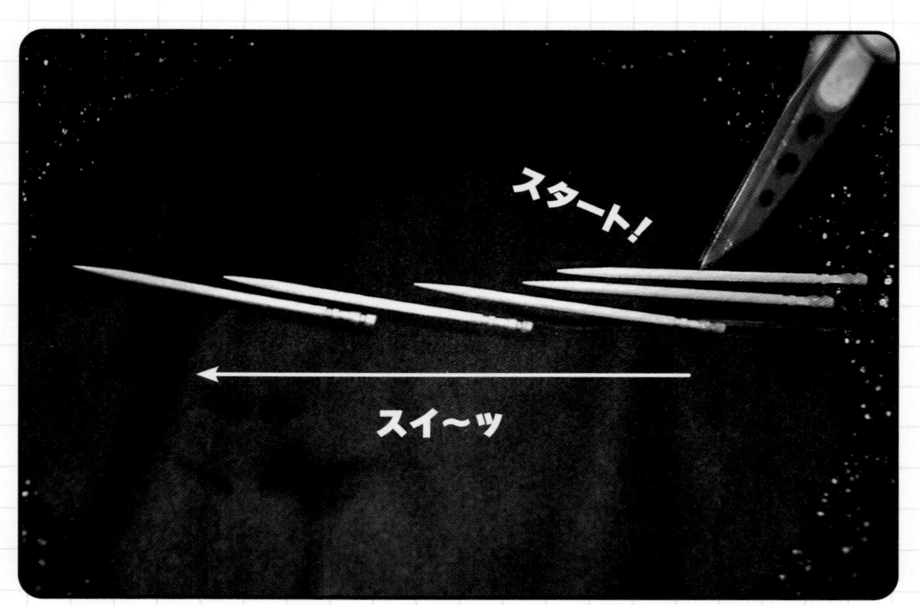

表面張力／界面活性剤

すすめかた

使うもの

つまようじ、中性洗剤、バットまたは平たい皿、水

1. バットに2㎝ほど水を入れ、水の動きがおさまるまでしばらくおく。
2. つまようじの根元に、水で2〜3倍に薄めた中性洗剤を1滴つける。
3. ❷のつまようじをバットの水面に落とすと自動的に進む。

水の表面には、つねに引っぱる力（表面張力）がはたらいています。一方、中性洗剤には表面張力を弱める成分（界面活性剤）が入っています。つまようじが水面についたとき、根元のまわりに洗剤が広がり、つまようじの後ろ側の表面張力が弱まります。先端側で引っぱる力は変わらないので、後ろから前に向かって水面が引っぱられ、浮かんでいるつまようじもいっしょに動きます。

注意とワンポイント

何回もやると水に洗剤が入るので、つまようじの動きが悪くなる。ときどきバットの水を取りかえて実験しよう。

Day 289

やりやすさレベル ふつう

ビー玉で超拡大ルーペ

透明なビー玉をルーペのように使って超クローズアップ写真に挑戦！

レンズ／凸レンズ

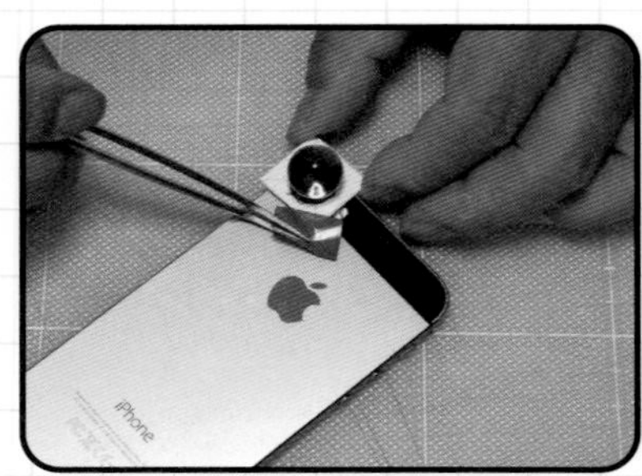

すすめかた

使うもの

透明なビー玉またはアクリル玉、スマートフォン、厚紙、ハサミ、黒のサインペン、両面テープ、ビニールテープなど

1. **ビー玉をのせる丸い台座を厚紙でつくり、まん中に直径6～7㎜の穴をあけて全体を黒くぬる。**
2. **両面テープなどで❶の台座をスマートフォンのカメラの前に取りつけ、さらにビー玉を取りつける。**
3. **光がじゅうぶんに当たっているところで、被写体まで数㎝ほど離れた位置から撮影する。**

レンズの中で周囲にくらべてまん中が厚い凸レンズは、光を集めたり、見るものに近づいて大きく見せたりするはたらきがあります。目の前に凸レンズを置いて、ものに近づき拡大観察する道具がルーペで、カメラレンズの前に置けば超クローズアップが撮れます。ビー玉は球ですが、周辺よりまん中が厚い形をしているので凸レンズとしてはたらきます。

注意とワンポイント

粘着力の強い両面テープやビニールテープをスマホにはると、あとではがしにくくなることもあるので注意。

Day 290

やりやすさレベル かんたん

シャボン玉を冷凍

とても薄い膜のシャボン玉を、壊さずに凍らせるにはどうすればいい？

凍る／二酸化炭素／ドライアイス

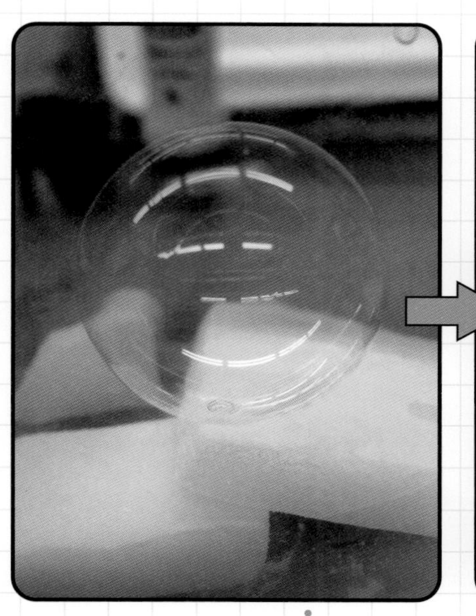

すすめかた

使うもの

シャボン玉液、ドライアイス、水槽、ストロー、段ボールなど

1. 116ページのやり方でシャボン玉液をつくる。
2. 水槽の中にドライアイスを数個入れ、エアコンなどの風が当たらない場所で、段ボール板などをかぶせておく（できたガスを逃がさないため）。
3. 3〜5分ほどして段ボール板を「そっと」水平にずらし、水槽の真上でシャボン玉をつくって落とし、しばらく待つ。うまくいくと膜が凍ったシャボン玉になる。

シャボン玉が空中に止まるのは51ページと同じで、水槽に**空気より重い二酸化炭素がたまっているため**です。ここではドライアイスを使っているので二酸化炭素の温度が低く、**ドライアイスに近いとシャボン玉も凍ります。**

注意とワンポイント

ドライアイスはとても冷たい（約−80℃）ので、絶対に素手でさわらないこと。皮膚の細胞が壊れてやけどのような症状になることがある（凍傷）。

Day 291

やりやすさレベル かんたん

セロリのハーフ&ハーフ

植物が水を吸い上げるようすを知りたいとき、
あるものを使ってひと工夫すると観察しやすくなる。

植物と水／維管束／植物の体

維管束の拡大

すすめかた

使うもの

セロリ、コップ（2個）、食紅または色インク

1. 2つのコップに水を入れ、1つに食紅や色インクで色をつける（2つに別々の色をつけてもよい）。
2. セロリの根元のまん中に縦に切れ目を入れ、左右に開いてそれぞれ別のコップに入れる。
3. 半日〜2日間おいて葉や茎の変化を観察。

植物の体には、水分や養分を運ぶための管がたくさんあります。これらの管がまとまった部分を維管束といい、セロリではとくに茎の中に太い維管束が縦に走っています。茎の左右で水が運ばれる先の葉がことなるので、左右で別々の色の水を吸わせると、茎や葉が左右別々の色にそまります。実験後に茎を切ってみると、維管束も左右で別の色にそまっています。

注意とワンポイント

セロリのほか、いろいろな野菜で試してみてもおもしろそう。ただし、食べものをムダにしないように少量ずつで実験しよう。

Day 292

やりやすさレベル　かんたん

ペットボトル日時計

円筒形のペットボトルを使って、
1年中使える日時計をつくろう。

日時計／太陽の動き

16時すぎをさしている！

すすめかた

使うもの

300〜500mLの円筒形ペットボトル、太い針金または竹ぐし、コピー用紙、板、工作用紙など、方位磁針、キリ、ホットメルト接着剤

1. ペットボトルの底とキャップのまん中にキリで穴をあけ、太い針金を貫通させてホットメルト接着剤で固定。
2. コピー用紙で幅3〜5㎝の帯をつくってボトルに巻く。紙の長さの1／12の目盛りをつけ巻き直してテープでとめる。
3. 工作用紙などで、自分の住んでいる場所の緯度（本州なら約35度）の傾きになる台をつくる。
4. 板に❸の台をつけて加工したボトルをのせ、針金の向きが真北になるように置いて、紙の帯に落ちた針金の影の目盛りを読む。

太陽の見える方向は地球の周囲を1日1回転します。針金は地球の自転軸と平行なのでボトルが地球と同じ姿勢になり、影の向きで時刻がわかります。

注意とワンポイント

日時計は人や車の通行がないところに置いて実験しよう。

Day 293

やりやすさレベル かんたん

びっくり

コーラ噴水テクニック

コーラに表面がざらざらで重いキャンディを入れると、プシューっと泡が激しく吹き出す！

圧力／発泡／二酸化炭素

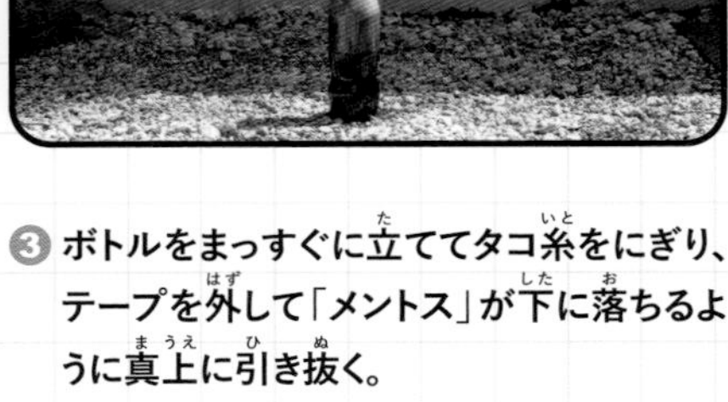

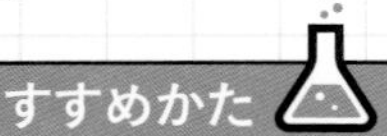

すすめかた

使うもの

ペットボトル入りコーラ、キャップ、「メントス」などのキャンディ、タコ糸、細めのドリルの刃、セロハンテープなど

1. **ボトルのキャップのまん中に直径6～8㎜の穴をあける。「メントス」キャンディのまん中にドリルの刃で小さな穴をあけ、一端に結び目をつくったタコ糸を通してつなぎ（1.5Lなら4個）、キャップの穴に通してテープでとめておく。**
2. **実験場所にコーラを静かに置いて常温にもどし、直前にキャップをあけて中身を5㎝ほど静かに捨てて❶のキャップと取り換える。**
3. **ボトルをまっすぐに立ててタコ糸をにぎり、テープを外して「メントス」が下に落ちるように真上に引き抜く。**

メントスは重いので一気に沈み、表面のざらざらで発生した泡をもとにたくさんの泡が急激にできるので激しく吹き出します。

注意とワンポイント

コーラ以外の炭酸飲料では噴出の効果が弱いことがある。ドリルの刃で手をケガしないように注意する。キャップの穴は最小でも直径6㎜に。小さすぎると圧力が高くなりすぎて危険。

やりやすさレベル かんたん

静電気メーター

静電気が起きているかを調べる道具が「検電器」。そのかんたんバージョンを身近な材料でつくろう。

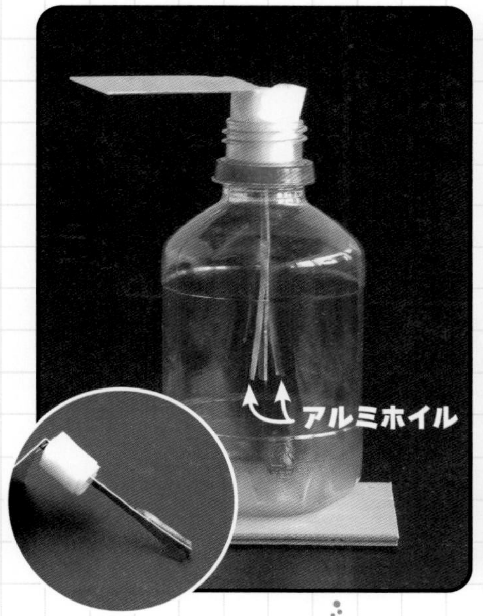

静電気／クーロン力

すすめかた

使うもの

胴が太いガラスびん（またはペットボトル）、薄いアルミ板、アルミホイル、発泡スチロールシート（クッションシート）、金切りバサミ、ストロー、セロハンテープ

1. **薄いアルミ板を切って、5㎝角の1か所から細長い棒（幅5〜6㎜、長さ10㎝）がのびた「9」字型をつくる。**
2. **棒の下の端に幅5㎜、長さ3㎝に切ったアルミホイルをセロハンテープで2枚つける。**
3. **棒の根元で直角に曲げて、幅3㎝ほどに切った発泡スチロールシートを巻きつけてテープでとめ、びんの口にさし込む。**
4. **ストローなどで静電気を起こして上のアルミ板に近づけると、棒につけたアルミホイルが開く。**

静電気も電気と同じでプラスとマイナスは引きあい、プラス同士マイナス同士は押しのけあいます。静電気を帯びたものが上のアルミ板に近づくと、棒やアルミホイル全部がプラスかマイナスのどちらかになるので、押しのける力がはたらいてアルミホイルが開きます。

注意とワンポイント

アルミ板の切り口は鋭いのでケガをしないように注意。

Day 295

やりやすさレベル 超かんたん

かんたん太陽熱温水器

太陽から届く熱でかんたんにお湯をわかす方法。暑い夏の間に試すとかなりの高温になるよ。

太陽熱／赤外線

すすめかた

使うもの

ペットボトル（2本）、黒いスプレー塗料、温度計

1. **同じサイズのペットボトルを2本用意し、1本をスプレー塗料で黒くぬる。**
2. **両方に同じ量の水を同時に入れ、太陽光の当たるところに半日放置してから水温を測定してくらべる。**

太陽からは光だけでなく大量の熱が届いています。その大部分は太陽光の「赤外線」で、これは目には見えない光です。目に見えるふつうの光や赤外線が当たることで、ものの温度が上がります。このとき、ものが透明だと赤外線をはじめ多くの光が通り抜けますが、黒くぬると多くの光エネルギーが吸収されます。そのぶん温度が上がるので、光のエネルギーを利用したいときは黒くぬるのが効果的です。

注意とワンポイント

透明なボトルがレンズのように光を集めて、まわりのものを加熱しないように注意。

Day 296

やりやすさレベル かんたん

熱すると縮むゴム

鉄などの金属を熱するとのびるのは知っているかな？
やわらかいゴムを熱するとどうなるだろう？

熱／熱弾性／分子運動

すすめかた

使うもの

輪ゴム、おもり（単1形乾電池など）、ヘアドライヤー

1. 輪ゴムをつないで長さ50〜70㎝のゴムひもをつくる（2つの輪ゴムを重ねて端をたがいの輪に通して引っぱる）。
2. ゴムひもの端におもりを結びつけ、反対の端を長押などに結んでぶら下げる。
3. 30㎝ほど離れたところからドライヤーの温風を数分間当てて、おもりの高さを観察。

ゴムはたくさんの原子分子がつながった細長いひものような分子でできています。ただし、この分子は少し縮れたような形でかたまっていて、引っぱるとのびます。熱すると、より自由な形に変化しますが、ゴム分子にとって自由な形は、もっと縮れた状態なので全体が縮みます。

注意とワンポイント

ドライヤーの熱でやけどをしたり、ゴムを溶かさないように注意。

やりやすさレベル 超かんたん（熱湯注意）

くねくねセロファン

お好み焼きにかけたかつお節は、くねくね踊ってるみたい。
同じしくみをセロファンで試してみよう。

水蒸気／膨潤

すすめかた

使うもの

セロファン、紙、アルミホイル、ガーゼまたは目のあらいハンカチ、カップ、熱湯

❶ 熱湯の入ったカップにガーゼをかぶせ、その上に6㎜〜1㎝幅の短冊形（細長い長方形）に切ったセロファン、紙、アルミホイルをのせる。

❷ セロハンはくねくね踊るが、アルミホイルは変化しない。紙はその中間だ。

お湯からはさかんに水蒸気が出ています。セロファンを上に置くと、その下の面が水蒸気を吸ってふくらみ、下側だけがのびます。するとセロファンは反りかえる（水蒸気と反対側に曲がる）のですが、反りかえったことで上の面にも水蒸気が当たり、反対側に曲がってくねくねと動きます。水蒸気を吸い込まないアルミホイルは変化せず、少しだけ吸い込む紙は少しだけ動きます。

注意とワンポイント

部屋の湿気が少ないと変化がよくわかるよ。逆に蒸気に当て続けると、湿気を含んで変化しなくなる。その場合は、セロファンに風に当てて乾かしてから試そう。

やりやすさレベル 超かんたん

しくみ

ぴったり1秒ふりこ

ふりこのゆれるタイミングをぴったり1秒にできるかな？ポイントはふりこの長さだよ。

ふりこ／ふりこの周期

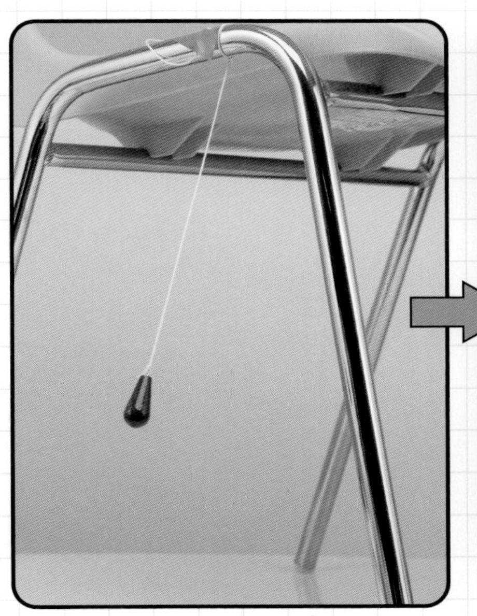

すすめかた

使うもの

おもり（コインや釣りおもり、ナットなど）、糸、定規、セロハンテープ

1. **糸を30〜50㎝に切って、片方の端におもりを結びつける。**
2. **反対側の端を机やイスなどのヘリにセロハンテープでとめる。このとき、とめる部分からおもりの中心までが25㎝になるように調節する。**
3. **おもりを約30度傾けたところから離して動かし、10往復する時間を調べる（10で割るとほぼ1秒になる）。**

ふりこがゆれて1往復する時間を「周期」といいます。あるふりこの周期は、おもりの重さやゆれる幅が変わっても同じで、ふりこの長さで変化します。長さが長いほど周期が長くなり（ゆれるのにかかる時間が長くなり）、長さ25cmでちょうど1秒になります。

注意とワンポイント

机やイスにとめる部分からおもりの中心までが25㎝になるように正確に測ろう。

Day 299

やりやすさレベル かんたん

電波でスイッチオン！

コヒーラと呼ばれる「電波のスイッチ」。電波が届くと電流が通じてLEDが点灯する。

電波／コヒーラ／電信

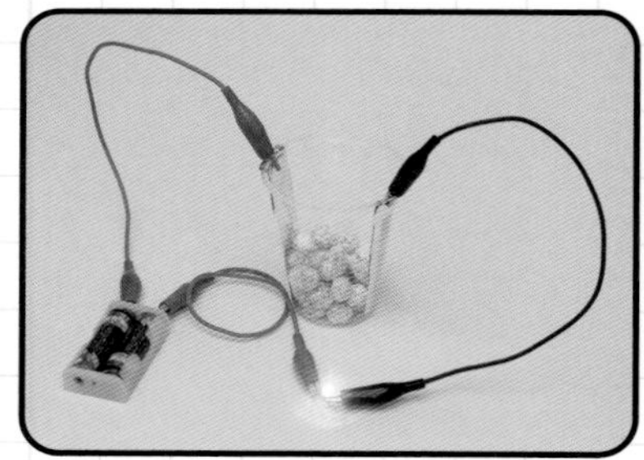

すすめかた

使うもの

アルミホイル、プラスチックコップ、セロハンテープ、ミノムシクリップつきリード線、LED、単3形乾電池（2本）、電池ボックス、ガスマッチ

1. **幅2㎝、長さ10㎝ほどに切ったアルミホイル2本を、コップの内側に縦に向き合わせにして1〜2か所をテープでとめる。**
2. **上の端にミノムシクリップつきリード線をつなぎ、乾電池2本とLEDを直列につなぐ。**
3. **アルミホイルを5㎝角にちぎって玉に丸めたものを20〜30個つくり、コップに入れる。**
4. **LEDが点いたらコップごとゆすると消える。近くでガスマッチを作動させると電流が流れて再びLEDが点く。**

アルミホイル玉の表面は手汚れや酸化でできた膜があり電流が流れにくい状態で、接触不良が起きています。そこに電波が届くと膜が一時的に破れて電流が流れます。ゆするとまた接触不良になってLEDが消えます。

注意とワンポイント

うまくできないときは、上から軽く玉を押さえてLEDが点くことを確認する。もし点かないときはLEDの接続方向を逆にして試そう。

やりやすさレベル かんたん

氷の虹色観察

透明な氷を偏光シートで観察すると、結晶に見られるような色模様が現れる。

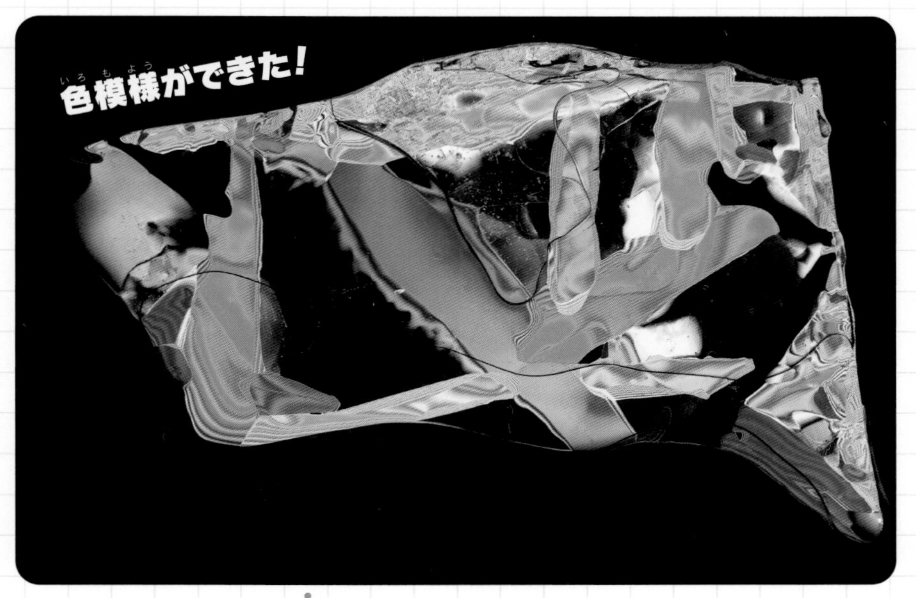

すすめかた

使うもの

偏光シート（2枚）、透明な氷、白い紙など

1. **偏光シートを白い紙などの上に置き、寒い日に外で凍った氷や市販の氷などの「透明な氷」を上にのせる。**
2. **もう1枚の偏光シートを目の近くにかざして氷を見る。氷やシートを回転させて変化を観察する。**

氷はゆっくり凍ると、水の分子がつながりやすい向きにつながった「結晶」をつくります。結晶の分子の並びによって光のゆれ方が影響を受け、その度合いは光の色ごとに、また結晶の向きや厚さによってことなります。光のゆれる向きをかたよらせる偏光シートを組み合わせると、氷の結晶で起きる光の波の変化が、さまざまな色として観察できます。

注意とワンポイント

透明な氷は138ページのやり方で冷蔵庫でつくることもできる。

Day 301

やりやすさレベル かんたん（やけど注意）

わくわく

目の前でできる鍾乳石

鍾乳洞に行くと見られる鍾乳石（つらら石）や、冬にできるつららに似た物体を超時短でつくる。

パラフィン／鍾乳石／つらら

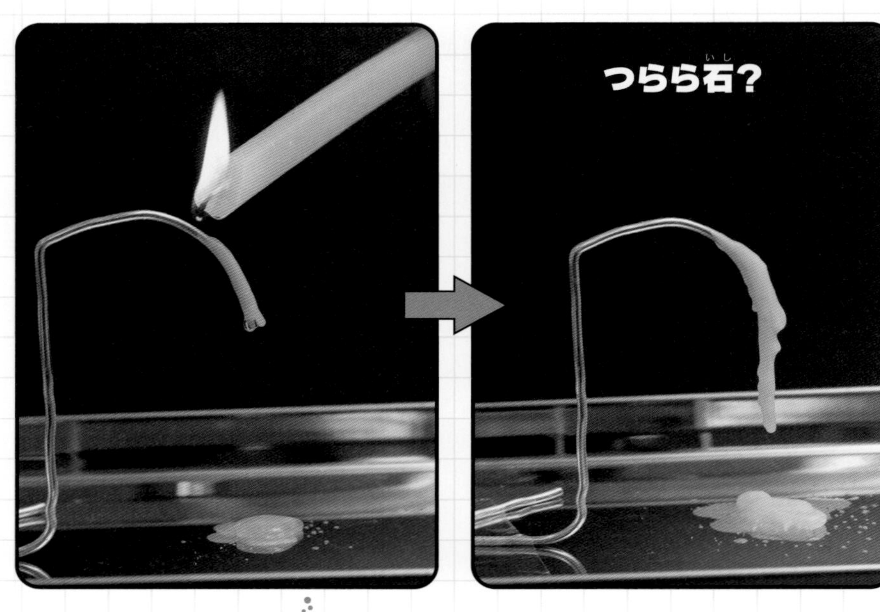

すすめかた

使うもの
自在針金、ロウソク、金属トレイまたは木の板

1. 自在針金を曲げて先がたれ下がった形にする。
2. 金属トレイなどをしいて上に❶を置く。ロウソクの火をたれ下がった針金の上にかざし、溶けて落ちるロウのしずくを当てる。
3. ロウのしずくが冷えてかたまるようにタイミングを工夫しながら、しずくをのばす。

鍾乳洞で炭酸カルシウムが溶け込んだ水がしたたり落ちながら、何百年〜何万年もかけて炭酸カルシウムの結晶がのびるのが鍾乳石（つらら石）です。また、つららは凍る直前の水のしずくが落ちるときに少しずつ凍ってできます。ロウソクの成分であるロウは熱して液体に、冷ますとすぐに固体に変化するので、鍾乳石やつららと同じような形を目の前でつくることができます。

注意とワンポイント

溶けたロウは高温なので、やけどにじゅうぶん注意しよう。

Day 302

やりやすさレベル　かんたん

超クールな霧吹き

霧吹きで腕などに水をかけると冷たいよね。
でも、もっと冷たくするにはどうすればいい？

気化熱

すすめかた

使うもの

霧吹きやスプレーボトル（アルコール可のもの）、アルコール（エタノール）、温度計、水

1. **まず霧吹きまたはスプレーボトルに水を入れて腕などに数回吹きつけ、温度の感じを調べておく。**
2. **霧吹きまたはスプレーボトルにアルコールを入れ、腕などに数回吹きつけて温度の感じを調べ、水の場合とくらべる。**

水やアルコールなどが蒸発する（気化する）とき、液体から気体への変化に必要なエネルギーを周囲から奪います。これが気化熱（気化潜熱）です。気化熱の大きさは物質の種類によって違います。アルコールは水よりも蒸発しやすいので、短時間により多くの熱を奪います。さらにスプレーで細かい霧にして吹きつけているので、液体をぬったときより激しく蒸発するため、とても冷たく感じます。

注意とワンポイント

スプレーボトルはアルコールが入れられないタイプがあるので、製品の注意書きで確認しよう。スプレーしたアルコールが目や鼻に入らないよう、顔から離れた腕などで実験すること。

Day 303

やりやすさレベル かんたん

工作

重心バランスコマ

**コマになるのは丸い形のものだけじゃない。
いろいろな形の重心を探ってコマをつくろう。**

つり合い／重心／コマ

すすめかた

使うもの

ボール紙、つまようじ（または竹ぐし）、画びょう、接着剤

1. **適当な形に切ったボール紙の重心を、22ページと同じやり方で調べる。**
2. **2〜3方向で調べて重心の場所をしぼり込み、画びょうで穴をあける。**
3. **つまようじか竹ぐしの先に接着剤をつけて穴にさし込み、ボール紙に垂直になるように調整。よく乾かしてから、コマのように回してみよう。**

ものは重心の1点で支えることができます。このとき、重心から見るとどの向きでも重さがつり合っているので、コマの軸が重心にあれば回転させやすくなります。多くのコマが円形なのは、円は中心に重心があるのでつくりやすく、安定させやすいためですが、この実験のようにどんな形のものでも重心に軸を通せば、安定はあまりよくありませんが、コマのように回すことができます。

注意とワンポイント

穴にさし込んだつまようじが、ボール紙に対して垂直になるように調整しよう。

やりやすさレベル 超かんたん

ロウソク隠し文字

何も書かれていない1枚の紙。
水につけるとヒミツの文字が浮かび上がるぞ！

ロウ／撥水

すすめかた

使うもの
水がしみ込みやすい紙、ロウソク、バット、水

1. 障子紙や半紙などの水がしみ込みやすい紙に、ロウソクで文字などを書く（見えない）。
2. バットに水を入れて❶の紙を水面に浮かべると、書いた文字が現れる。

紙は細かい繊維でできています。繊維はほぼ透明ですが、光を屈折させる度合い（屈折率）が空気と大きく違うので、表面で光がはね返り、全体では白っぽく見えます。紙がぬれると、屈折率が繊維に近い水が繊維の間に入り込むため、光がはね返りにくくなって透明に近づくのです。ロウは水をはじくため繊維に水がしみ込みにくくなり、その部分だけが白っぽいまま残ります。

注意とワンポイント

ロウソクのロウがしっかり紙にくっつくように、少し強めにゆっくり文字などを書こう。

Day 305

やりやすさレベル 超かんたん

べんり

高倍率ダブルルーペ

ふつうの虫めがねだと倍率が足りなくてよく見えない…。
そんなとき知っておくと便利な裏ワザがあるよ！

レンズ／焦点距離／組み合わせレンズ

倍率アップ！

すすめかた

使うもの

直径が同じぐらいの虫めがね（2本）

1. 最初に観察するものを、虫めがね1本で観察する。
2. 2本の虫めがねを重ね、全体を観察したいものに少し近づけて観察し、見える大きさの違いを調べる。

ふつうの虫めがねの倍率はだいたい2〜4倍。この倍率は計算で求める値で、「倍率＝（光学のきまりで250㎜÷虫めがねのレンズの焦点距離）＋1」です。つまり虫めがねの焦点距離が短くなると倍率が上がります。凸レンズは重ねると焦点距離が短くなるので、倍率は上がります。ただし、何個も重ねると観察しにくく、ピントも合いにくくなります。

注意とワンポイント

レンズ同士がぶつかってキズがつかないように注意。また、太陽の方向は絶対に見ないこと。レンズが光を集めてまわりに火をつけたりしないように、実験後はきちんと片づけよう。

やりやすさレベル かんたん

インスタント樹氷

山形県の蔵王高原などで冬に見られる「樹氷」。なんと季節が夏でも、部屋の中でも樹氷が楽しめる!?

気化熱／水蒸気

すすめかた

使うもの

フェルト、針金など芯になる材料、プリンカップ、冷却スプレー、持ち手つきプラカップ

1. **フェルトをツリーの形に切り、まん中に針金などを通して芯にしプリンカップに立てる。**
2. **持ち手つきカップの中に冷却スプレーを吹きつけて中身の液体を取り出し、❶にふりかける。液体はすぐに蒸発するので手早くやること。**
3. **しばらく置いておくとフェルトの表面に雪の結晶ができて全体が白くなる。**

樹氷は空気中の水分が樹木にぶつかって凍ったものです。この実験では冷却スプレーの中身の液体がフェルトにしみ込み、表面から急激に蒸発するときに周囲の熱を奪います（気化熱、気化潜熱）。フェルト表面はとても低い温度になり、空気中の水蒸気が凍って雪の結晶状になります。

注意とワンポイント

冷却スプレーの種類によってはうまくいかないこともある。また、スプレーのガスを吸い込まないように、換気に気をつけよう。湿度の高い日に実験するとうまくいきやすい。

Day 307

やりやすさレベル 超かんたん

赤かげ青かげ

もののの影は黒いとは限らない。
色セロハンを使って影に色をつけてみよう。

光の三原色／混色

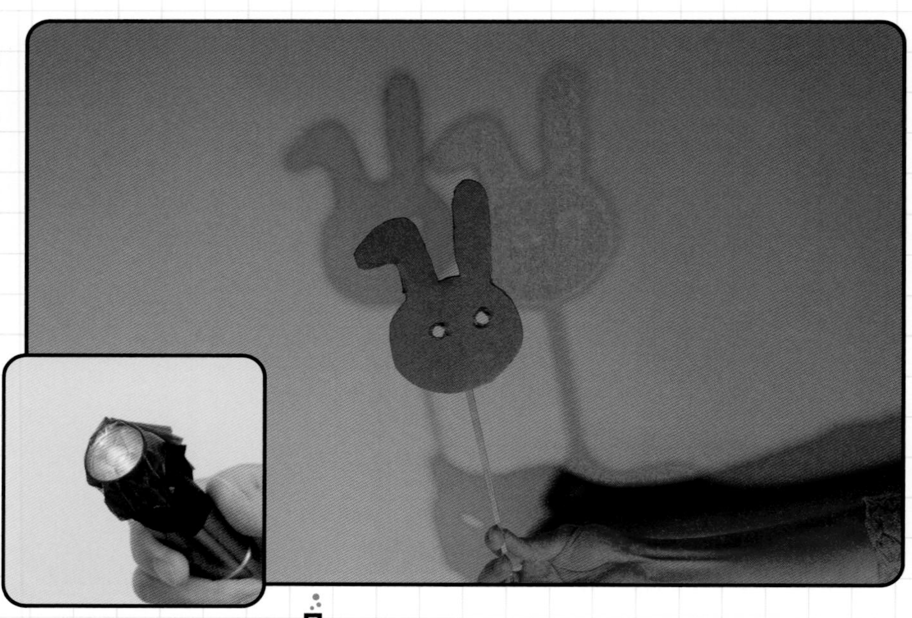

すすめかた

使うもの
懐中電灯、色セロハン（赤・青）、スクリーン（白い紙など）、影になるもの

1. 白い紙をかべなどにはり、その前に影になるものを置く。
2. 126ページと同じやり方で赤と青の色セロハンをかぶせた懐中電灯を準備する。
3. まわりを暗くして少し離れたところで2本の懐中電灯を左右に開いて持ち、赤、青の順に懐中電灯を影になるものに向けてスクリーンの影を観察。

赤と青の2本の懐中電灯の光は少しずれているので、影も完全に光が当たらない部分だけでなく、片方の光だけが当たっている部分もあります。懐中電灯の位置を調節すると、赤い光だけが当たっている影は赤く、青い光だけが当たっている影は青く見えます。

酸性雨発生のしくみ

雨水が酸性になる「酸性雨」。大気中で何が起きて発生するのか再現しよう。

pH／亜硫酸ガス

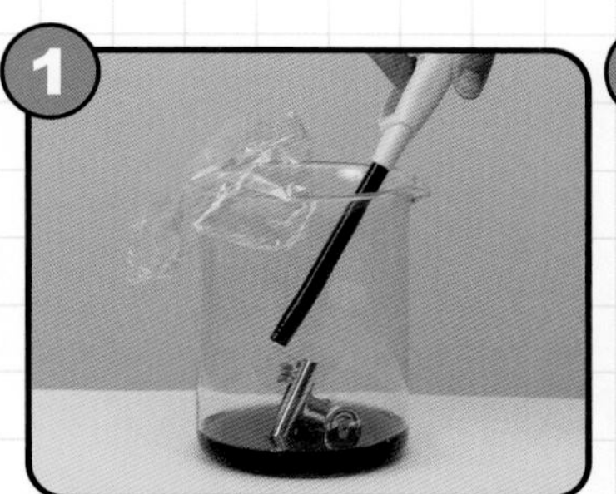

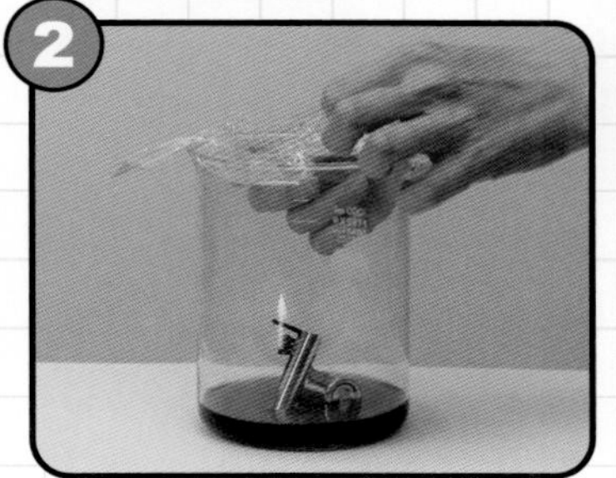

すすめかた

使うもの

1Lビーカー、マッチ、目玉クリップ、ガスマッチ、食品ラップ、ムラサキイモかムラサキキャベツの色素液（304、333ページ）

1. **マッチ3本の軸を火薬部分だけ折り、並べて目玉クリップの端にはさみビーカーの中に立てて置く。底に数㎜の深さに色素液を入れる。**
2. **一番上のマッチに点火し、炎が弱まったところでラップでふたをする。**
3. **火が消えてから全体を軽くふり、出た排気ガスを色素液に溶かして色の変化を観察。**

色素液は酸性を示す色へと変化します。マッチが燃えて出たガスの成分が水に溶けると酸性になるためです。同じような物質はさまざまな排気ガスにも含まれていて、酸性雨はこの排気ガスが雨に溶けて起こります。

注意とワンポイント

炎がラップに燃え移らないように注意。マッチの排気ガスを吸わないように気をつけて、換気のよいところで必ず大人といっしょに実験しよう。

Day 309

やりやすさレベル かんたん（火気注意）

わくわく

レインボー in グラス

酸性、アルカリ性の違いを利用して、試験管やグラスの中にカラフルな模様をつくろう。

pH／中和

すすめかた

使うもの

ムラサキキャベツやムラサキイモの色素液、試験管または細長いグラス、窓ガラス用洗剤または重曹溶液、トイレ用洗剤またはクエン酸溶液

1 304、333ページのやり方で、ムラサキイモやムラサキキャベツの色素液をつくる。

2 試験管に、水で2倍ほどに薄めた窓ガラス洗剤を1㎝ほどの深さに入れ、色素液を7分目ぐらいまで注ぐ。

3 液の動きがおさまったら、水で3倍ほどに薄めたトイレ用洗剤（数mL）を少しずつ静かに注ぎ、そのまま置いておく。

色素液は酸性でピンク〜赤に、アルカリ性で青〜緑色に変化します。2種類の洗剤を入れた試験管の中は、上がアルカリ性、下が酸性になり、混ざったところで中間の濃さになるので、さまざまな色が現れてレインボーカラーになります。なお、試験管を動かさずに置いておいても、時間がたつと分子運動のために溶液が混ざって色が変わります。その変化もきれいですよ。

注意とワンポイント

細長いグラスで実験するときは衛生面にも注意。実験したあとはじゅうぶんに洗おう。

Day 310

やりやすさレベル　かんたん

うちわ飛ばし

夏の定番アイテムといえば、うちわや扇子。
左右対称の形を利用してスーッと飛ばそう。

平らなものは面を水平にすると空気抵抗が小さくなります。うちわや扇子は左右対称でおもり（持ち手）もあるので、姿勢を一定にして進む＝飛びやすい形です。

すすめかた

使うもの

うちわ、扇子（キズがついてもよいもの）

1. **うちわの持ち手を先にして根元を下から利き手で持つ。持ち手を人さし指と親指ではさんで押さえる。扇子は開いて、かなめ（支点）の両側から同様に持つ。**
2. **肩の高さで水平にかまえ、約20度上に向けてまっすぐに突き出すように投げる。**

注意とワンポイント

ほかの人にぶつけないように気をつけよう。

揚力／空気抵抗／重心

Day 311

やりやすさレベル　超かんたん

塩水は浮く？ 沈む？

コップの真水の中に、
色をつけた食塩水を入れるとどうなる？

食塩水は食塩が溶けているぶん、同じ体積なら真水よりも重いので、真水に入れると沈んでコップの底にたまります。

すすめかた

使うもの

コップ、水、食塩、スポイト

1. **100mLの水に食塩を小さじ1～2杯入れて溶かし、見やすいように色インクを2～3滴加えて混ぜる。**
2. **スポイトで吸い上げて別のコップに入れた水の水面近くにゆっくり加える。**

注意とワンポイント

スポイトがないときは、ストローで持ち上げて少しずつ落とせばOK。

比重／水の最大密度

Day 312

やりやすさレベル かんたん

コイルのジャンプ!

エナメル線を巻いたコイルを乾電池につなぐと、カエルのようにジャンプする!

コイル/電磁相互作用

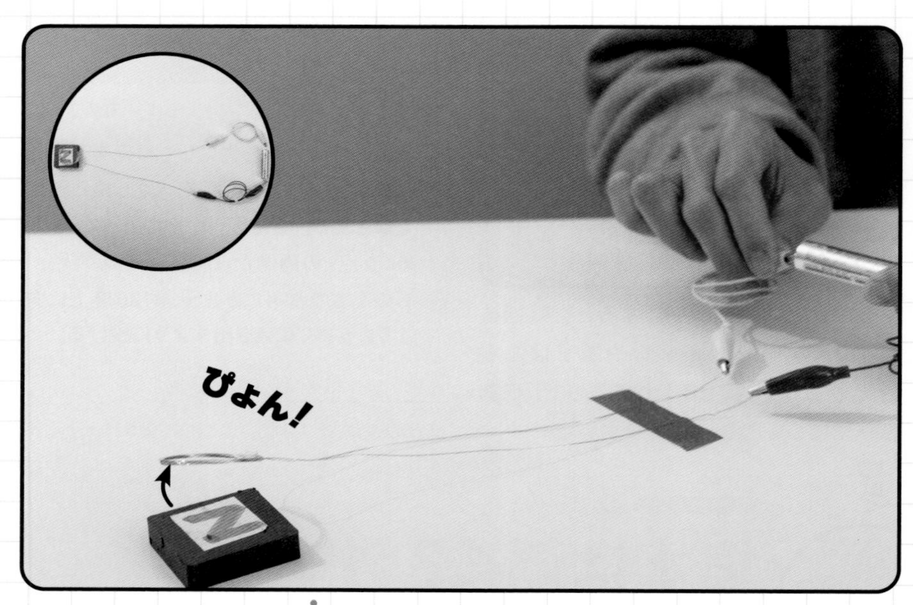

すすめかた

使うもの

エナメル線(直径0.35～0.4㎜)、大きめの磁石(NS極が表裏にあるもの)、乾電池、ミノムシクリップつきリード線、セロハンテープ、紙やすり

❶ 70㎝ほどのエナメル線のまん中を3～4回巻いて直径3㎝ほどの輪をつくり、セロハンテープでとめる。両側は20㎝ほど残してまっすぐにし、端3㎝ほどを紙やすりでこすって被覆をむく。

❷ ❶の輪が水平になるように置き、まっすぐな部分の端5㎝を机の上にテープでとめる。輪の真下に磁石を置く。

❸ エナメル線の両端にミノムシクリップつきリード線をつなぎ、乾電池の電極に接触させるとコイルがジャンプする。うまくできないときは電池のプラスマイナスを逆にして試す。

電流が流れると磁力が生まれます。NとSの向きは電流の向きで変わり、近くにある磁石の磁力と押しあう向きだとエナメル線の輪がジャンプします。

注意とワンポイント

エナメル線を電池につなぎっぱなしにすると電池が熱をもって危険。つなぐのは5秒程度にしよう。

Day 313

やりやすさレベル かんたん（やけど注意）

水中に入道雲？

水の中を大空に見立てて、
もくもくした入道雲のような形をつくり出そう。

雲のでき方／上昇気流／対流

もくもくした形

すすめかた

使うもの

ビーカーやティーサーバーなどの耐熱ガラス容器、ガラスコップ、色インク、氷、スポイト、コンロまたは固形燃料

1. **ビーカーなど大きめの耐熱ガラス容器に半分ほどぬるま湯を入れる。**
2. **ガラスコップに水と氷を数個ずつ入れ、色インクを1～2滴入れて色をつける。**
3. **❷をスポイトで❶の底に入れる。冷たい水がぬるま湯の下に入り込む。**
4. **ゆらさないように少し中心をずらしてコンロにのせ、とろ火で加熱しながらぬるま湯と冷水の境界を観察。**

冷たい水はぬるま湯より少し重い（比重が大きい）ので底に沈んでいますが、加熱するとふくらんで軽くなり、上昇します。このときまわりの水を押しのけて動くので、先が丸い入道雲のような形になります。

注意とワンポイント

ビーカーの加熱する部分を少しずらして、一部分だけを加熱するとうまくできるよ。火やお湯をあつかうので、やけどや火災にはじゅうぶん気をつけよう。

Day 314

やりやすさレベル 超かんたん

デジタルピンホールカメラ

デジタルカメラの本体を利用して、
レンズを使わないピンホール写真を撮ってみよう。

ピンホールカメラ／光の直進

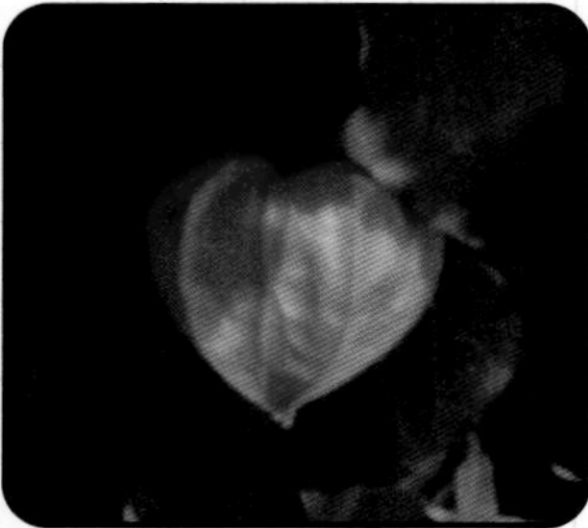

すすめかた

使うもの

レンズがはずせるデジタルカメラ（デジタル一眼、ミラーレスなど）、厚紙、ハサミ、アルミホイル、針、セロハンテープ

1. **カメラのマウント（レンズを取りつける部分）にかぶさる大きさに厚紙で円盤をつくり、まん中に約5㎜の穴をあける。**
2. **アルミホイルに針で穴をあけ、穴の部分を切って❶の穴の部分にはりつける。**
3. **カメラの感度を上げて明るい場所で撮影。**

レンズが取りはずせるデジタルカメラのイメージセンサを、145ページのピンホールカメラの半透明紙の場所においた実験です。針の穴はとても小さいので、写すものの1か所から出た光はカメラのイメージセンサの限られた1か所に届きます。写すもののいろいろな部分からの光がその位置に対応するセンサ上の場所に届くので、ものの姿が写って見えます。

注意とワンポイント

デジタルカメラは精密機械だから、ていねいに、また正しい方法で使おう。

Day 315

やりやすさレベル かんたん

ぎこぎこ糸電話

糸電話って会話をするだけじゃないよ。
糸をこすって楽器みたいにふしぎな音をかなでよう。

音／振動／周波数

すすめかた

使うもの

糸電話基本ユニット（71ページ）

1. 糸電話の紙コップを耳に当て、たらした糸を手でつまみ、指をすべらせてこする（しごく）。
2. こする部分を指のはらやつめの先などに変えたり、つまむ強さやしごくスピードを変えたりすると、音の種類や高さが変化する。

音は空気のふるえです。ふるえ方やふるえの速さの違いが、音の高さや音色の違いになります。楽器は何かをふるわせて空気のふるえを生み出していますが、最初にふるえる“もの”の種類や大きさなどで音色が決まります。この実験では糸をしごくことでふるわせ、ふるえがコップに伝わって中の空気をふるわせて音にしています。糸のふるえる部分の長さやしごき方でふるえ方が変わり、音も変化します。

注意とワンポイント

引っぱる力が強すぎると紙コップが壊れてしまうので注意しよう。

Day 316

やりやすさレベル かんたん

吹き玉チャレンジ

息を吹いて玉を浮かせるだけじゃなく、空中の1か所にとどまらせたりもできるぞ！

コアンダ効果

すすめかた

使うもの

アルミホイル、曲がるストロー

1. **アルミホイルを10㎝角に切り取り、できるだけそっと丸めて玉にする。**
2. **ストローの先にハサミで2㎝ほど切れ込みを入れ、開いてかさの形にする。先は曲げて上に向ける。**
3. **開いた部分にアルミホイルの玉をのせて、ストローの反対側から息を吹き込むと玉が浮いて回転する。**

玉は吹き込んだ息で押し上げられるだけでなく、吹き出す空気の流れの中で安定します。これは、たとえば玉が右にずれると左側の空気の流れが速くなり、その部分の圧力が下がって玉をもとの位置に引き戻すためです。このくり返しでストローのほぼ真上に玉がとどまります。

注意とワンポイント

持つ指でストローを少し押しつぶして空気の量を調節するとうまくできるよ。アルミホイルはつぶさずに、そっと軽く丸めるといい。

Day 317

やりやすさレベル 超かんたん

酸アルカリ判定液②

ムラサキキャベツで色素液をつくり、身のまわりにあるものが酸性かアルカリ性か調べてみよう。

pH／アントシアニン

すすめかた

使うもの

ムラサキキャベツ、ホーロー鍋またはビーカー、透明カップ、お湯、水、調べるもの

1. **ムラサキキャベツの葉1/4玉ぶんをちぎってホーロー鍋かビーカーに入れ、お湯をひたひたに入れて数分加熱する。**
2. **しばらく冷ましてから、汁だけを別の容器に移してガーゼでこす。この色素液を2～3倍に薄めて使う。**
3. **調べたいものを透明カップに入れ、倍ぐらいに水で薄める。**
4. **同じ量の色素液を加えて変化を観察。**

ムラサキキャベツの赤紫色は、アントシアニン系の色素によるものです。この色素は水に溶けるのでとり出しやすく、中性で紫色、酸性でピンク～赤、アルカリ性で青紫～青～緑（黄緑）と色を変えるので、酸性かアルカリ性か、その強さも含めて調べることができます。

注意とワンポイント

ムラサキキャベツの色素液は金属製の鍋を使うとうまくつくれないことがあるので、ホーロー鍋かガラスのビーカーなどを使ってつくったほうがいい。

やりやすさレベル かんたん

しゃかしゃかバター

ケーキなどに使われる生クリームは牛のお乳でできている。
そして生クリームって、ふるだけでバターに変身するよ！

慣性／質量

すすめかた

使うもの

生クリーム、ふきん

1. 生クリームは冷蔵庫でよく冷やしておく。
2. 生クリームのパックをあけずに、手の熱が伝わらないようにふきんなどで包んで持ち、激しく前後にゆする。
3. 5分ほど続けてゆすってからパックをあけて中身を取り出し、できたかたまりのにおいや味を調べる。

生クリームは牛乳と同じように牛のお乳が原料で、成分もよく似ていますが、乳脂肪分が数倍多く含まれています。さらに乳脂肪分を集めるとバターに近い成分になります。生クリームをふると重い（比重が大きい）水分が先に大きく動き、軽い脂肪が残され集まってつながります。ふり続けていると、集まった部分は成分も風味もバターとよく似た状態になります。

注意とワンポイント

パックはできるだけ激しくゆする。疲れて続けられないときは2〜3人で交代してがんばろう。また、パックに手の熱が伝わって温まると、かたまりができないことがあるよ。

Day 319

わくわく

やりやすさレベル 超かんたん（衝突注意）

ホースでヒューヒュー

水道のホースを持ってグルグルふり回すと、
なんだかおもしろい音が鳴る！

音／振動／気柱共鳴

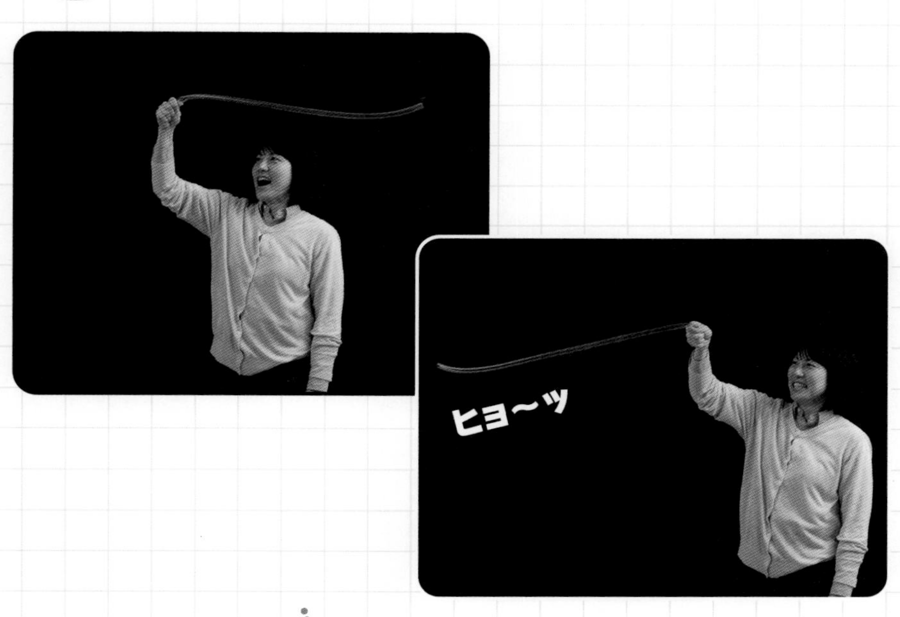

すすめかた

使うもの

水道ホース

1. 水道ホースの途中（端から1～2mのところ）を手で持ち、頭の上でぐるぐるとふり回す。
2. 長さとスピードによってヒョーッという音が出る。
3. 回転速度を変えたり、持つ場所をずらしてふり回す長さを変えて、音が出やすい条件や出る音の高さなどをくらべる。

ふり回すとホースの口に風が当たります。風の一部がホースの中に出たり入ったりしてふるえが生まれ、それが空気のふるえとして広がって音として聞こえます。当たる風のスピード、ホースの太さや長さなどさまざまな条件によって、音が出やすい条件や出る音が変化します。なお、風を切ることでホースがつくる渦で生まれるふるえもあります。

注意とワンポイント

ふり回したホースがまわりの人やものにぶつからないよう、広くて安全な場所で実験しよう。

Day 320

観察

白いシャボン玉

ドライアイスから出るガスでシャボン玉をつくると、ふつうとはひと味違ったものができる。

ドライアイス／界面活性剤

すすめかた

使うもの

シャボン玉液、ドライアイス、プラスチックの容器、トングや割りばし、軍手など

1. **116ページのやり方でシャボン玉液を少し多めにつくり、プラスチック容器に半分ほど入れる。**
2. **トングなどでドライアイスをつまみ、❶の容器に入れて、水面にできるシャボン玉を観察する。**

ドライアイスは二酸化炭素を冷やして凍らせたもので、温度は－79℃以下です。水にふれると急激に気体の二酸化炭素になります。この二酸化炭素でできた泡がふくらんでシャボン玉ができます。二酸化炭素の温度がとても低いので、近くにある水蒸気が空中で凍って、とても細かい氷の粒として空中に浮かびます。これが光を反射して白く見えるので、中がまっ白なシャボン玉ができます。

注意とワンポイント

ドライアイスは絶対に素手でさわらないこと。とても冷たいので、皮膚の細胞が壊れてやけどのような症状になることがある（凍傷）。

Day 321

やりやすさレベル　かんたん（接触注意）

しくみ

ジャイロ効果を体感

回転するコマの軸がぶれないしくみをモーターを使った実験で体感しよう！

ジャイロ効果／慣性／コマ

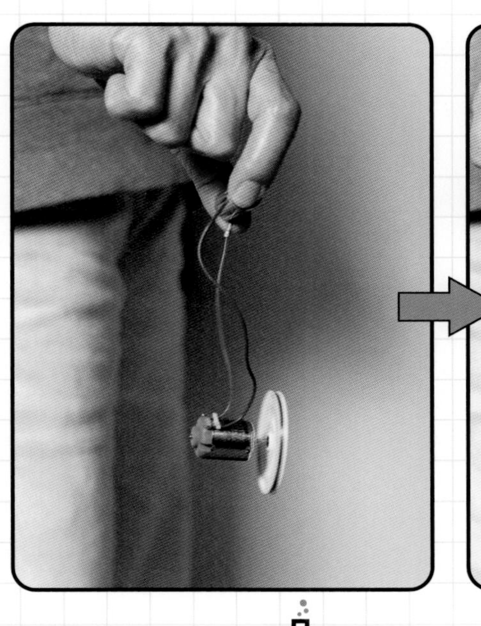

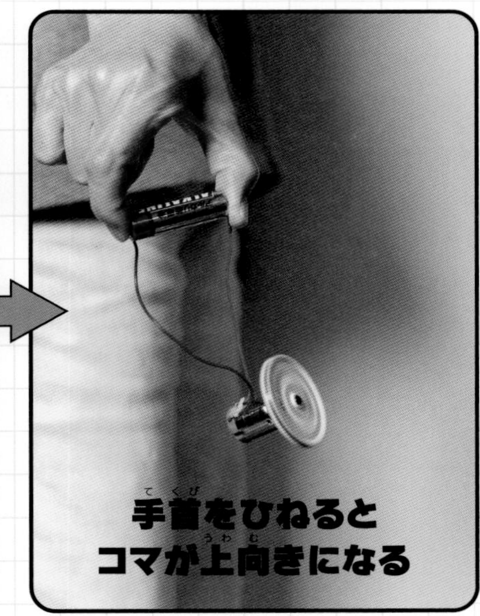

すすめかた

使うもの

工作用モーター、プーリー、エナメル線、単3形乾電池、リード線

1. **エナメル線を40〜60㎝切って、プーリーの溝にていねいに巻きつけ、端をしっかり結びつける。**
2. **プーリーをモーターに取りつけ、リード線を持ってぶら下げ、電池の電極につなぐ。**
3. **モーターの本体をしっかりにぎってからスイッチを入れ、モーターが回転したら手首をひねって手ごたえを確かめる。**

プーリーが回転しているとき、軸の向きを変えようとすると別向きに（直角方向に）力を感じます。これはジャイロ効果といい直立して回転するコマが倒れないしくみです。回転が速いほど、また回転する部分が重いほど力が大きくなります。この実験でエナメル線を巻いたのは、回転部分を重くするためです。

注意とワンポイント

回転しているプーリーにはふれないこと。ヘリにさわるとケガをする可能性がある。

やりやすさレベル ふつう

わくわく

ブロッコリーからDNA

細胞の核の中にあるDNAを、
ブロッコリーの花芽の部分から取り出してみよう。

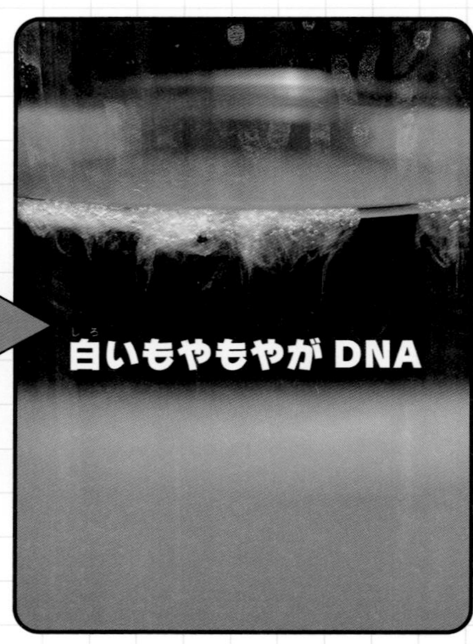

すすめかた

使うもの

ブロッコリー（1／4株）、すり鉢、中性洗剤、食塩、コップ、ガーゼ、エタノール

❶ 新鮮なブロッコリーを冷蔵庫の冷凍室で凍らせ、取り出して手早く花芽だけを切り落としてすり鉢ですりつぶす。

❷ コップに水100mLに小さじ1杯の食塩と小さじ1杯の中性洗剤を入れて混ぜ、❶を入れてよくかき混ぜ5分間おく。

❸ ❷をガーゼでこした液にエタノール100mLを加えると白いもやもや（DNA）が出る。

DNAは細胞の中にあるので、凍らせてすりつぶすことで細胞を壊して取り出します。DNAは水に溶けますが、エタノールには溶けないため、水溶液にしたあとエタノールを加えて取り出します。折った割りばしの折口などで引っかけて持ち上げることもできます。

注意とワンポイント

すりつぶす作業は手早くやろう。溶けると細胞内の酵素という成分によってDNAが壊れることもある。

Day 323

やりやすさレベル かんたん

元祖クリップモーター

理科教材として開発された偉大な発明のひとつ、
その名も「クリップモーター」。

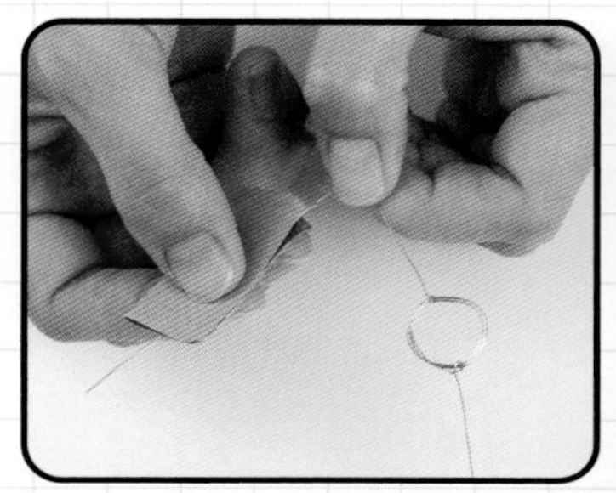

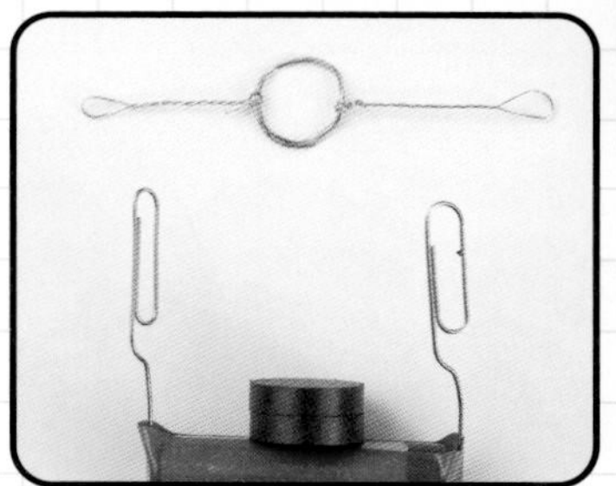

すすめかた

使うもの

ゼムクリップ、エナメル線、紙やすり、ビニールテープ、小さなフェライト磁石、単3形乾電池

1. **乾電池にエナメル線を3回巻きつけてコイルにし、両側を10㎝ずつのばして切る。のばした片方は全部、もう一方は半分だけ紙やすりでこすって被覆（電気を外にもらさないカバー塗料）をはがし、それぞれをまん中でねじる。**
2. **乾電池にビニールテープを縦に巻き、2本のクリップを9の字型にのばして電極にさし込む。**
3. **電池のまん中に磁石をくっつけて、❶をクリップの中に通しかけわたして軽くゆらすと回転し始める。**

コイルに電流が流れると磁場ができ、下の磁石と反応して動きます。するとエナメル線の被覆をはがしていない部分がクリップに当たって電流が止まり、コイルは惰性で回転してまた電流が流れます。このくり返しでコイルが回転し続けます。

注意とワンポイント

クリップに金属などがふれると電流が流れたままになり、電池が熱くなることがある。実験が終わったら必ずクリップを抜いておくこと。

Day 324

やりやすさレベル 超かんたん

落ち葉こすり出しアート

植物の"骨"にあたる葉脈の形をこすり出して観察。
写し取った紙をしおりなどクラフト素材にしてもいい。

植物の体／葉／植物標本

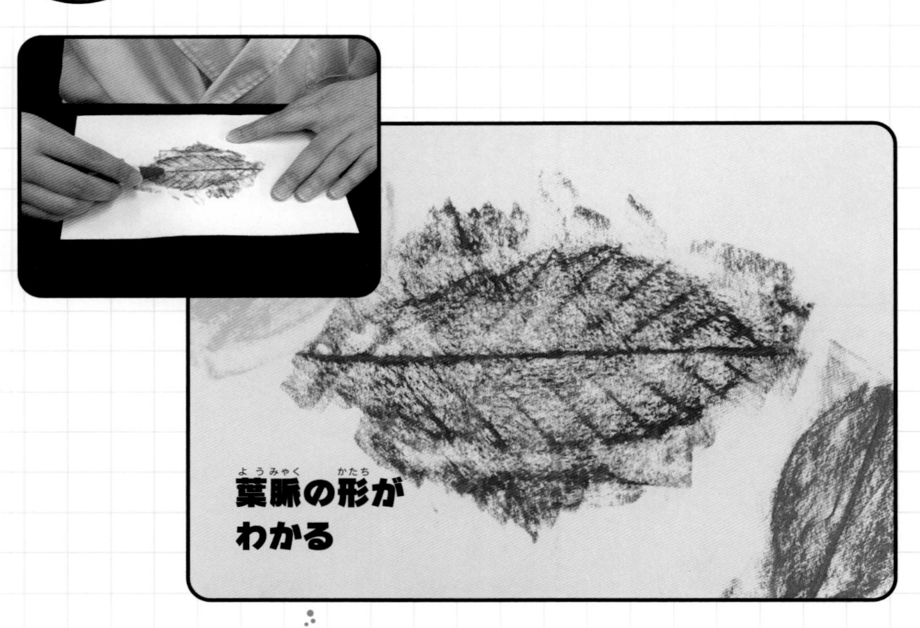

すすめかた

使うもの

落ち葉、コピー用紙などの薄い紙、クレヨンまたはやわらかい色鉛筆、カッターマットなど

1. カッターマットなどの上に落ち葉を「葉脈が上になるように」置き、コピー用紙などを重ねて置く。
2. 葉とコピー用紙がずれないようにしっかり押さえ、葉の上をクレヨンなどで軽くこすって葉脈の形を写し取る。

植物の葉にある葉脈は、養分や水分を運ぶ管が集まっているだけでなく、葉の形を支える"骨"のような役割ももっています。葉のまわりの部分よりがんじょうで出っぱっているので、紙をかぶせてクレヨンなどでこすると葉脈の形を紙に写し取ることができます。いろいろな葉の葉脈を写してくらべるとおもしろいでしょう。

注意とワンポイント

紙はやわらかくてなめらかなものがよい。あまり強く押しつけてこすると葉がつぶれることもあるので、力はほどほどで。

やりやすさレベル かんたん

プラコップのライデンびん

「ライデンびん」は静電気をためて実験する道具。
「雷電」ではなく、オランダのライデン大学で発明された。

静電気／コンデンサ／ライデンびん

すすめかた

使うもの

同じ大きさのプラスチックコップ2個、アルミホイル、ハサミ、セロハンテープ、塩化ビニールパイプ、発泡スチロール板またはシート

1. プラコップの外側にアルミホイルを、できるだけデコボコがないように巻きつける（2個つくって重ねる）。
2. 別にアルミホイルを幅2～3㎝、長さ12～13㎝の帯に切り、上に8㎝ほど突き出すようにして2個のコップの間にはさむ（これが電気を集めるアンテナになる）。
3. 発泡スチロール板など電気を通さないものの上に置き、塩化ビニールパイプなどで静電気を起こしてアンテナに近づける。くり返すとコップに静電気がたまる。外側のアルミホイルとアンテナをリード線などで接触させると火花が飛ぶ。

コップに巻いたアルミホイルの、向き合った表面に静電気がたまります。このような電気を一時的にためる道具をコンデンサといい、さまざまな静電気実験に利用できます。

注意とワンポイント

静電気をためたあと、コップの外側をつかんだままアンテナにふれるとショックを感じる。静電気が苦手な人は注意しよう。

Day 326

やりやすさレベル かんたん

スプーンの虹模様

偏光シートを使った「かがくあそび」の定番。
プラスチックスプーンをはさんで光を当てると何が見える？

偏光／プラスチック

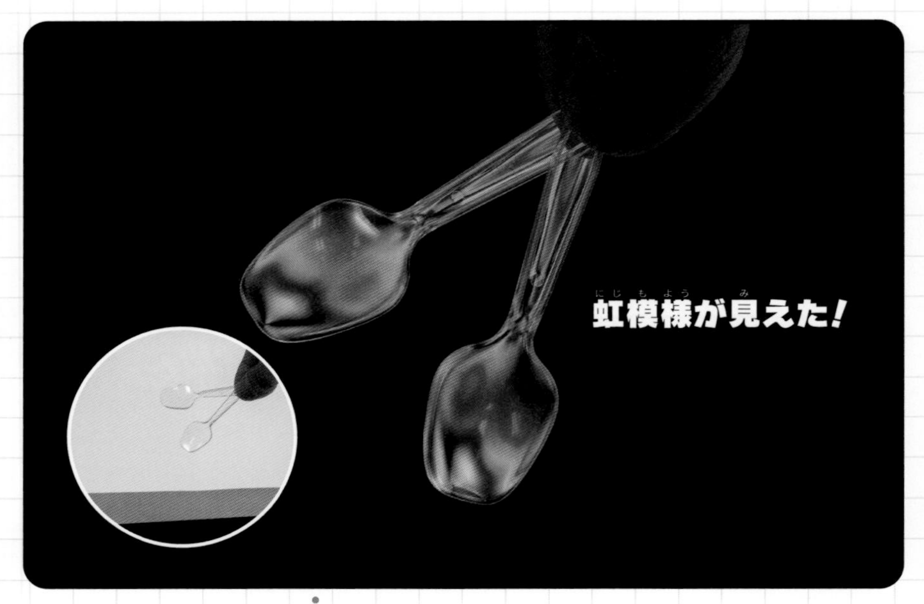

すすめかた

使うもの

偏光シート、透明なプラスチックスプーン

1. 偏光シート2枚を、まっ暗になる向きに組み合わせて重ねる。
2. プラスチックスプーンを間にはさんで、明るい窓か照明の光が当たった白い紙などを背景にして観察。
3. スプーンや偏光シートを回転させて変化を見る。

296ページや317ページで紹介したように、分子が一方向にそろった透明物質は、通り抜ける光のゆれる方向に影響を与えるので、偏光シートの間に入れると色が見えることがあります。プラスプーンは溶けたプラスチックを型に流し込んでつくりますが、このときに流し込みによって分子がそろいます。この虹色の模様はプラスチックの流れなどによるので、1本ごとに少しずつ差があります。

注意とワンポイント

プラスチックスプーンはスチロール樹脂の安価なものがいい。コンビニやスーパーでスイーツを買うともらえることもある。

Day 327

やりやすさレベル 超かんたん（火気注意）

消えるガラス棒②

理科の実験などで使うガラス棒を超濃い砂糖水にさし込むと…消えちゃった!?

屈折／屈折率

すすめかた

使うもの

ガラス棒、試験管や細いガラスコップなどの細長い容器、白砂糖、プラスチックコップ、大さじ、かき混ぜる道具、水

1. **コップに1／3ほど水を入れ、大さじ数杯の白砂糖を少しずつ入れてよくかき混ぜて溶かす。**
2. **❶の液を試験管や細いガラスコップなどに数cmの深さに注ぐ。**
3. **ガラス棒を❷の中にさし込んで、空気中の部分と砂糖水の中の部分とを観察して見えやすさをくらべる。**

84ページで紹介したように、透明なものが見えるのはヘリで光が大きく屈折するためで、これは屈折率が空気と大きく違うからです。しかし、砂糖をたくさん溶かした濃い砂糖水はガラスに近い屈折率をもっているため、その中にガラスがあってもあまり屈折しません。このためガラス棒のヘリがたいへん見えにくくなります。

Day 328

やりやすさレベル かんたん

見えない液晶テレビ

光のゆれをかたよらせる偏光シートをかざすとなぜかたちまち液晶ディスプレイが見えなくなる!?

偏光／液晶ディスプレイ

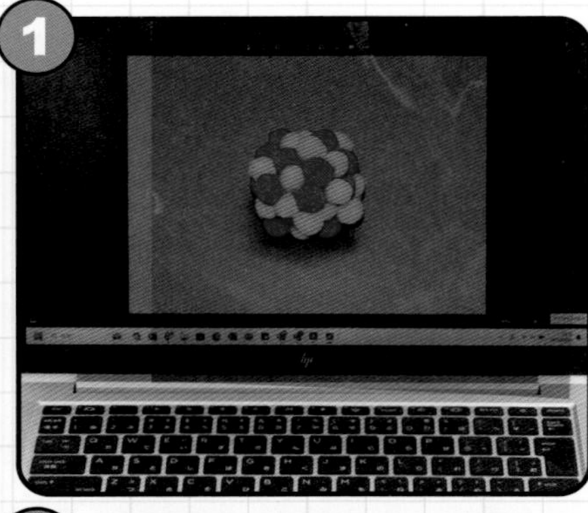

すすめかた

使うもの

液晶ディスプレイのテレビまたはパソコン、偏光シート

1. **テレビやパソコンの液晶ディスプレイに何かを表示させて、目との間に偏光シートをかざす。**
2. **偏光シートの向きを90度回転させて、見え方の変化を調べる。**
3. **さらに偏光シートを回転させて、明るさを観察する。**

115ページのしくみを応用した実験です。液晶ディスプレイには偏光シートが組み込まれていて、光のゆれを電気で変化させられる物質（液晶）と組み合わせて画像を映しています。そのようなディスプレイの前に別の偏光シートを重ねると、115ページで紹介したように、シートの角度によっては光が通り抜けられなくなります。逆に偏光シートを重ねて暗くなれば、ディスプレイに偏光シートが使われていると推測できます。

注意とワンポイント

家の中にあるさまざまなディスプレイに偏光シートをかざして変化を調べ、偏光シートが使われているかどうかチェックしてみよう。

Day 329

やりやすさレベル 超かんたん

闇で光るガムテープ

ガムテープを暗闇で引きはがすと、
くっついていた部分が発光する！

結晶／摩擦発光

すすめかた

使うもの

ガムテープ

1. ガムテープを約50㎝に切り、両側の数㎝ほどを折って持ち手にしてから、まん中で折ってはり合わせる。
2. まわりを暗くして数秒〜数分待って目をならしてから、ガムテープの持ち手を左右に引っぱって引きはがし、はがれていく部分を観察する。

ガムテープを引きはがすと、ちょうどはがれていく部分が光ります。ガムテープのくっつける材料（粘着剤）がはがれるときに電気を帯び、この電気が原因になって光が発生します。紙のものより布のガムテープのほうがうまくいく可能性が高いですが、布ガムテープでも種類によってはうまく光らないことがあります。

注意とワンポイント

ガムテープを引きはがすのにはかなり力がいるので、勢いで転ばないように注意。力が足りないときは大人に手伝ってもらおう。

Day 330

やりやすさレベル かんたん

砂糖の蜃気楼

遠くのものがゆがんだり浮かんで見える蜃気楼を、ビーカーの中につくって観察しよう。

屈折／屈折率／溶解

すすめかた

使うもの

ビーカー、砂糖、じょうご、ストロー、計量カップ、割りばしなど

1. **150mLの水に砂糖大さじ3杯を溶かして濃い砂糖水をつくる。ビーカーに6分目ほど水を入れる。**
2. **じょうごにストローをテープでつなぎ、先端をビーカーの底にさし込んで濃い砂糖水を「少しずつゆっくり」流し込む。**
3. **真横からのぞき込んで変化を観察。**

砂糖水は真水より少し重い（比重が大きい）ので、底のほうにたまります。真水との境目あたりでは、向こう側にあるものがゆがんだり、浮かび上がったりして見えます。砂糖水は水より屈折させるはたらき（屈折率）が高いので、境目で光が曲がったり、はね返ったりするためです。蜃気楼では温度のことなる空気の境目で似たようなことが起きています。

注意とワンポイント

レーザー光を境目にさし込むと、光が曲がるようすが観察できるよ。

Day 331

やりやすさレベル　かんたん

よく鳴るビンの笛

どんなビンでも吹けば楽器になる!?
ビンの大きさや形によっていろいろな音が出るよ。

音／周波数／共振

すすめかた

使うもの
口の細いガラスビン、ペットボトルなど

1. ビンやペットボトルの口にくちびるを当て、口のすぐ上を通す感じで息を吹く。強さや向きを調節するとビンが鳴る。
2. 中に少し水を入れて同じように吹き、音の変化を調べる。

ビンの口に吹いた空気が当たると、一部がビンの中に流れ込みます。するとビンの中の圧力が高くなるので、すぐにビンの口から空気が押し出されます。ビンの中の圧力が下がるので、また空気が流れ込みます。このくり返しで起きる「空気が出入りするふるえ」が音です。ふるえはビンの中にある空気をふるわせますが、このとき「ふるえやすい高さ」の音が強まって聞こえます。

注意とワンポイント

いろいろなビンやペットボトルで試して、鳴らしやすいものを探そう。ビンの大きさや入っている水の量(そのぶん空気の量が少ない)でいろいろな高さの音が出るよ。

発見・発明

やりやすさレベル  超かんたん

超ラブラブ風船

息を吹きつけたのに、なぜかくっつく2個の風船。
なかよしカップルなのかな？

ベルヌーイの定理／圧力

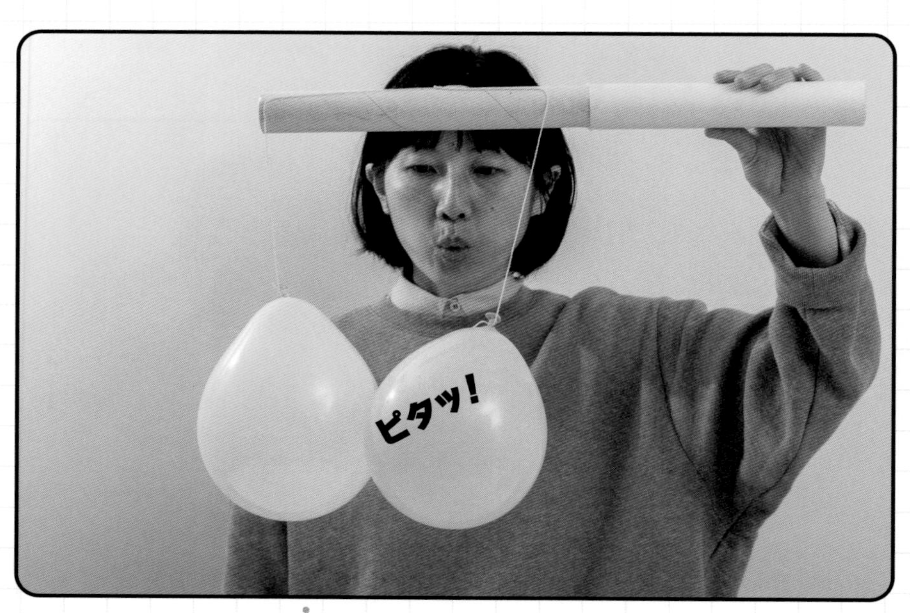

すすめかた

使うもの

ゴム風船（2個）、糸

1. ふくらませたゴム風船2個に糸をつけて、10㎝ほど離して並べてつるす。
2. 30㎝ほど離れた場所から風船の間に息を強く吹きこむと、ゴム風船がくっつく。

流れるもの（この実験では空気）には粘り気があり、まわりにあるものとくっついて動きます。このため空気の一部分がすばやく動くと、まわりにある空気やものを引き込んで、いっしょに動いていきます。つまり、空気の中に速い流れがあると、その部分で引っぱる力が生まれます（圧力が下がる）。ゴム風船が内向きに動いたのはこのためです。この性質は水や空気などの流れるもの（流体）で見られます。

Day 333

やりやすさレベル　かんたん（火気注意）

葉っぱと野菜の黒焼き

植物を蒸し焼きにすると、そのままの形で炭になる。「花炭」という古くからあるアート技法を試そう。

植物の体／炭素／蒸し焼き

すすめかた

使うもの

植物の葉や種子など、金属缶、クギ、コンロ

1. 缶のふたにクギで穴をたくさんあける。缶の本体をコンロにのせて、中に葉や種子などを並べてふたをしめる。
2. コンロに着火して加熱。しばらくすると穴から煙が出るので、煙が出なくなったら火を止めてそのまま冷ます。
3. じゅうぶんに冷めたら缶をあけ、中身を取り出して観察する。

生物の体をつくっているおもな成分は水素、酸素、炭素などです。炎を出さないように加熱して焼くと（蒸し焼き）、水素や酸素はガスとして出ていきますが、炭素は残って炭になります。植物の体は全体にじょうぶな組織があるので、形を保った炭になります。昔から姿炭、花炭などと呼ばれたアート技法です。

注意とワンポイント

火をあつかうので、やけどや火事にじゅうぶん注意すること。また、加熱中はたくさんの煙が出るので、換気のよい場所で行おう。

Day 334

やりやすさレベル 超かんたん

スローモーション磁石

磁石に引きつけられないはずのアルミ定規。その上では磁石がすべりにくくなる？

電磁誘導／渦電流

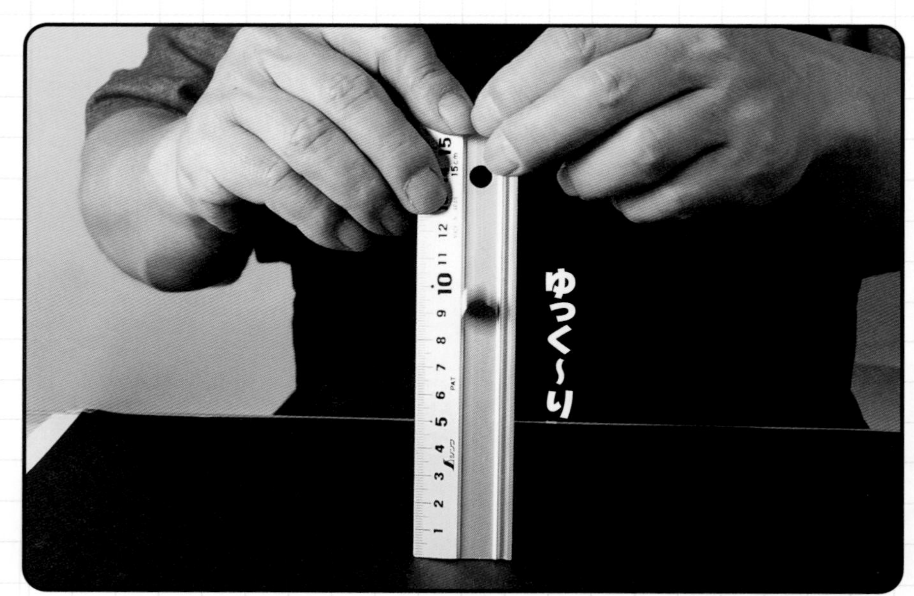

すすめかた

使うもの

アルミ定規、ネオジム磁石（直径1～2㎝、厚さ数㎜）

1. **アルミ定規に磁石がくっつかないことを確認する。**
2. **机の上にアルミ定規を立てて持ち、上の端にネオジム磁石を置いて指で押さえる。**
3. **指を放して磁石を定規にそってすべらせると、ゆっくりと落ちる。**

アルミニウムは磁石にくっつきません。しかし、その近くで磁石が動くと、その磁場（磁力が届いている場所）の動きに応じて、アルミの中に回転するような電流が発生します（渦電流）。この電流によって電磁石のように別の磁場が生まれ、もとの磁場と力を及ぼしあいます。このはたらきで磁石がアルミ定規に引きつけられ、落ちるスピードがおそくなります。

注意とワンポイント

ネオジム磁石はとても強力なので、磁気カードや時計、精密機器などに近づけないように注意しよう。

Day 335

やりやすさレベル ふつう

空気の体重測定

ふだんは感じない空気の重さ。
ペットボトルに押し込めば測定できるかも？

質量／気体／密度

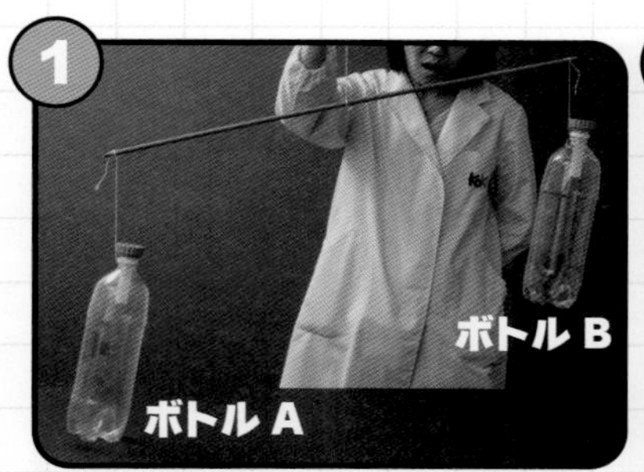

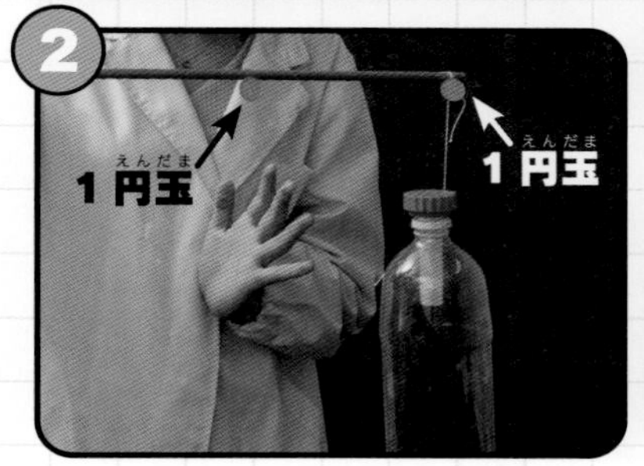

すすめかた

使うもの

同じ大きさの炭酸飲料用ペットボトル&圧縮保存キャップ（2組）、じょうぶな棒、タコ糸、1円玉（数枚）、画びょう、水槽などの深くて大きい容器、計量カップ、水

❶ 棒の両端に圧縮保存キャップをつけたAとBのペットボトルをタコ糸でつり下げ、棒の中央に別のタコ糸をしばりつけて左右がつり合うように調節。

❷ ボトルAの圧縮保存キャップを動かして空気をできるだけつめ込んでから、ABがまたつり合うようにボトルBに1円玉をセロハンテープでつけてつり合わせる（最後の1枚は棒の中間にはりつけて調整）。

❸ ボトルAを水の中に入れて画びょうで穴をあけ、出る空気を水中で逆さまにした計量カップで受けて体積を量る。

1円玉は1枚1gです。棒の中間にはった1円玉は「1g×中心からの距離の比率」で計算できます（半分のところなら50％なので0.5g）。**この重さを量った空気の体積で割れば、一定の体積の空気の重さ（密度）が計算できます。**

注意とワンポイント

ボトルから出る空気を水中で計測するとき、多少もれても大きな影響はないのでだいじょうぶ。

Day 336

やりやすさレベル 超かんたん（火気注意）

びっくり

黒ススが鏡に変身

ロウソクを燃やすと出る黒いスス。水に入れるとピカピカの鏡に変身する？

撥水／全反射／炭素

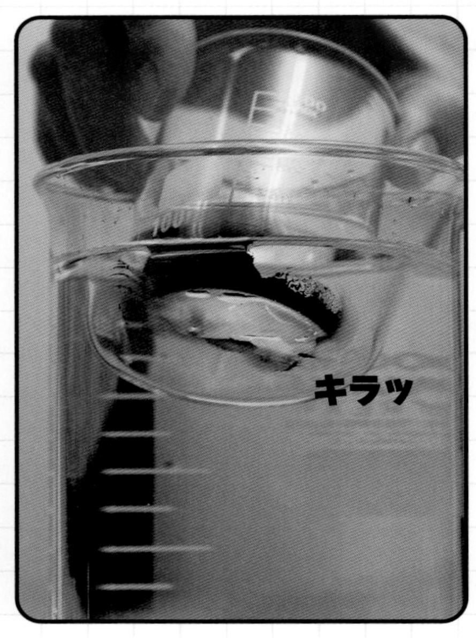

すすめかた

使うもの

ロウソク、ガスマッチ、ビーカーや耐熱性ガラスコップ、洗面器、ぞうきん、水

1. **ビーカーや耐熱性のガラスコップに水を入れて、ロウソクの炎の「中」にかざしてススをつける。**
2. **洗面器にためた水に入れてススがついた部分を観察する。**
3. **水から出し、ススをぞうきんでふき取る。**

ロウソクでは熱で蒸発したロウが燃えています。これはロウに含まれる炭素が酸素と結びつく反応です。炎の中にビーカーをさし込むと酸素と結びつく前の炭素がつきます。これをススと呼んでいます。ススは水をはじくので、水に入れると表面に薄い空気の膜ができます。水を通った光が酸素の膜に当たるとき、光を全部はね返す全反射が起きて、鏡のように銀色に見えます。

注意とワンポイント

火をあつかうときは、やけどや火事にじゅうぶん注意しよう。ビーカーは炎の「中」にかざすのがポイント。炎の「上」だと熱くなるだけだ。

Day 337

やりやすさレベル ふつう（火気注意）

炎のジャンプ

ロウソクの炎を吹き消して、立ちのぼる白い煙に火を近づけると…？

炎／炭素／パラフィン

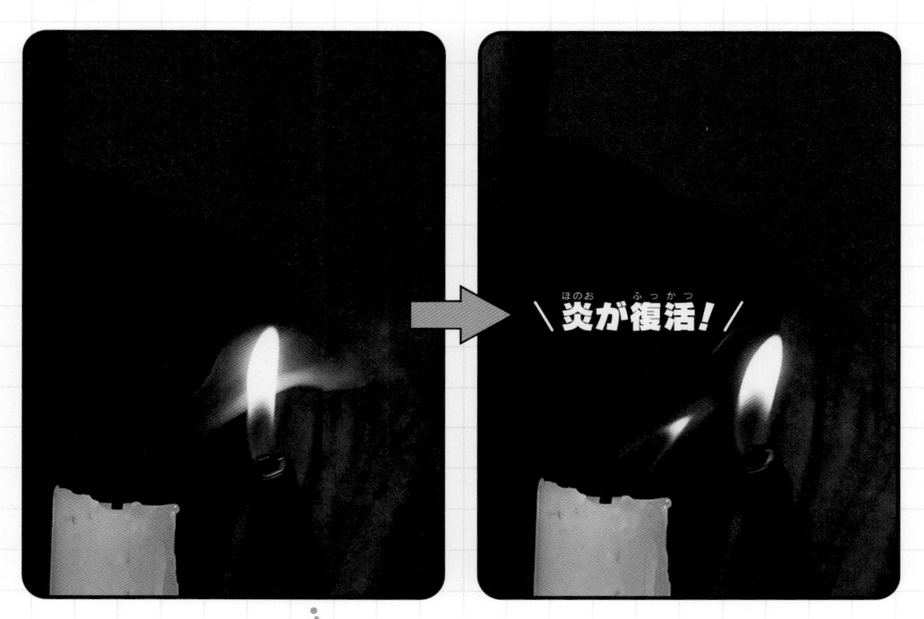

すすめかた

使うもの

ロウソク、ロウソク立て、ガスマッチ

1. **太めのロウソクをロウソク立てにしっかりと立て、ガスマッチで火をつける。**
2. **ガスマッチをつけたまま、ロウソクの炎を吹き消す。**
3. **ガスマッチの炎を立ちのぼる白い煙に近づける。**

ガスマッチの炎は少し離れたところからジャンプしてロウソクの芯に着火します。ロウソクの炎が消えた直後に白い煙が立ちのぼります。これは直前まで燃えていた燃料で、正体はロウの蒸気です。ロウソクはロウを加熱して溶かして芯に吸い上げ、蒸発させて火をつけていますが、ロウの蒸気があれば芯がなくても火がつきます。炎が飛び移ったのは空中にロウの蒸気がただよっていたためです。

注意とワンポイント

まわりから燃えやすいものを取りのぞいて実験しよう。火をあつかうので、やけどにも注意すること。

Day 338

わくわく

やりやすさレベル 超かんたん

葉っぱにまん丸水玉

葉っぱの表面にそーっと水滴を落とすと、
きれいなまん丸い水玉ができるよ！

表面張力／撥水性／葉

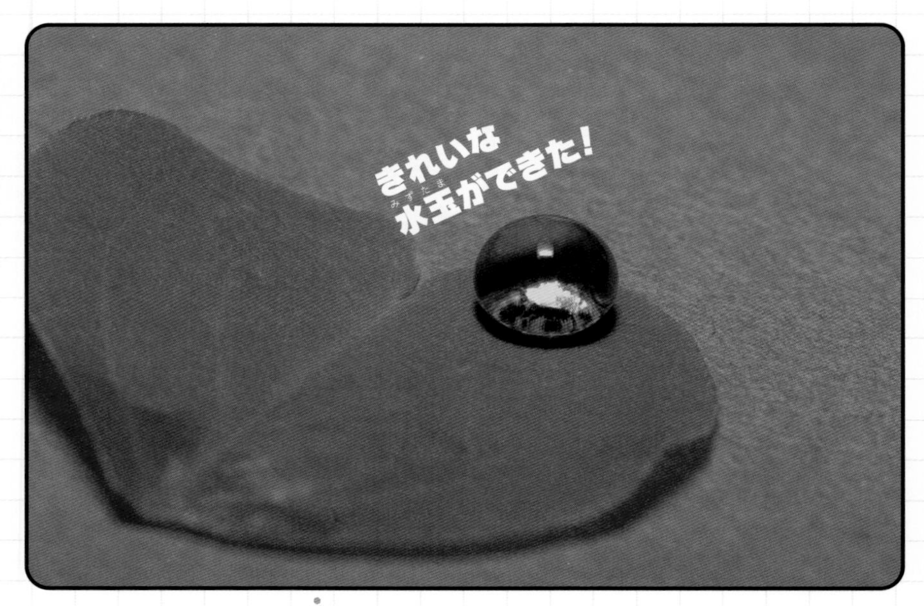

すすめかた

使うもの

表面に細かい毛が生えている葉、水、スポイト、ふきんなど

1. 表面に短い毛が生えている葉を1～2枚採集し、表面を上にして机に置く。
2. ふきんなどを下にしいて、葉の表面が水平になるように調節する。
3. スポイトを使って水を1～2滴、葉の表面に落とす。

植物の葉には表面に細かい毛がたくさん生えているものがあります。この毛はトライコームと呼ばれ、乾燥しすぎや虫の害を防ぐとされています。この毛のような、とても狭い間隔でとがったものの先端が並んでいる面に水がのると、水の表面張力によって先端が押しのけられ、水がはじかれてきれいな水玉ができることがあります。ゆっくり、そっと水滴を落とすとうまくいきます。

注意とワンポイント

クローバー、アサガオ、ミントなど、表面に細かい毛がびっしり生えている草の葉がいい。

やりやすさレベル　かんたん

キャンディ袋の色模様

偏光シート2枚をまっ暗になる向きに重ね合わせ、間に透明なキャンディの袋をはさんで観察する。

偏光／高分子

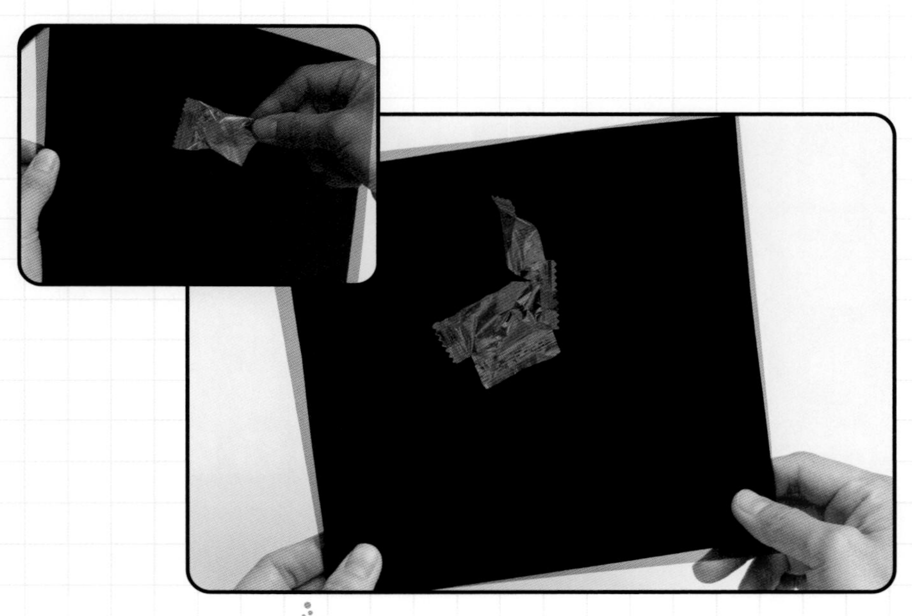

すすめかた

使うもの

偏光シート、キャンディの袋（透明なもの）

1. **偏光シート2枚を、まっ暗になる向きに組み合わせて重ねる。**
2. **間に透明なキャンディの袋をはさんで、いろいろな向きに動かしながら観察する。**

296ページや342ページで紹介したように、分子が一方向にそろった透明物質は、通り抜ける光のゆれる方向に影響を与えるので、偏光シートの間に入れると色が見えることがあります。キャンディの袋は空気を通さないように工夫されたプラスチックですが、使われている素材は一方向に引っぱりながら製造します。この力によって分子の向きが一方向にそろうので偏光シートと反応します。

注意とワンポイント

キャンディの袋に中身が入っていてもいい。あき袋を間にはさんだときとくらべてみよう。

Day 340

やりやすさレベル 超かんたん

ファラデーの金ざる

スマートフォンの電波受信サインが、一瞬で4本からゼロ本になる、電波をブロックする実験。

電磁波／ファラデーのかご

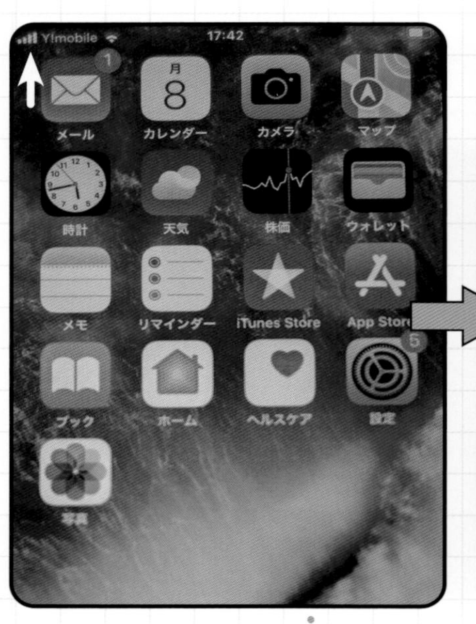

すすめかた

使うもの

金属のざる、アルミホイル、スマートフォン

1. **電波状態のよい場所にある机の上にアルミホイルを広げてしき、まん中にスマートフォンを置いて電波の受信状態サインが最大になっていることを確認。**
2. **スマートフォンの上に金属のざるをかぶせて10秒ほどおき、電波の受信状態サインを確認する。**

19世紀前半に物理学者のマイケル・ファラデーが開発した「ファラデーのかご」という実験の現代版です。金属などの良導体に囲まれていると、電波がきてもまわりの良導体に流れる電流になってしまい内側には届かず、スマホは受信不能になります。良導体にすき間があっても電波の波長より細かければ、つながった良導体としてはたらきます。

注意とワンポイント

実験のあとにスマホをざるの外に出し、電波状態が回復したことを確認しておこう。ざるはキッチンで使う水切り用のステンレス製のものなどがよい。

Day 341

やりやすさレベル ふつう（塩素ガス注意）

電池で電気分解

水に電気を通して起きる変化を
ムラサキキャベツの色素液を使って観察しよう。

電気分解／pH／アントシアニン

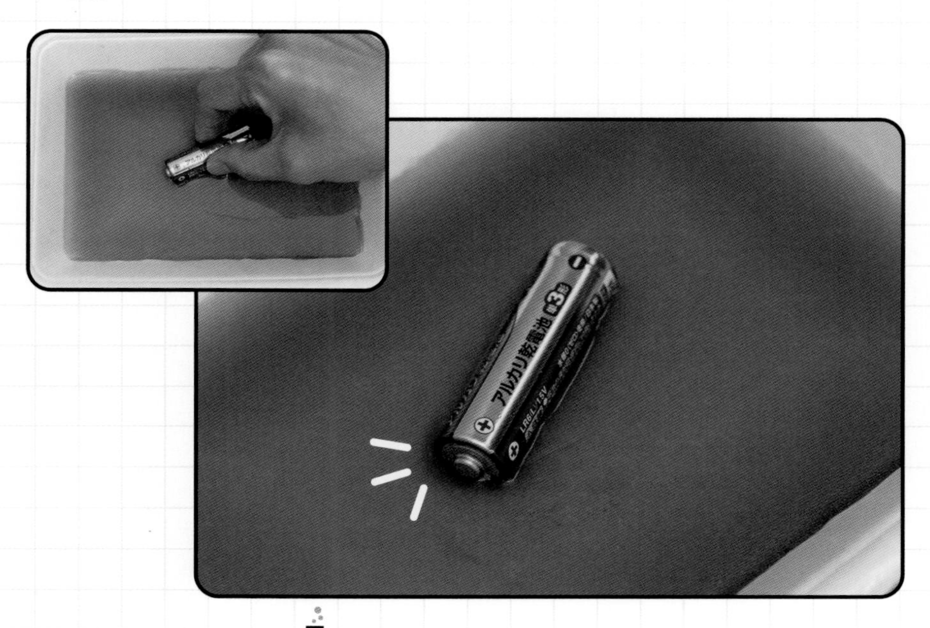

すすめかた

使うもの

pHを調べる色素液（304、333ページ）、食塩、白い発泡スチロールトレイ、乾電池

1. **色素液100mLに食塩小さじ1／2を溶かし、発泡トレイに深さ1〜2㎝（電池の電極のへりにかかる深さ）に入れる。**
2. **数分おいて色素液の動きがおさまったら、乾電池を横にして静かに入れる。**
3. **しばらくおいて色素液の変化を確かめる。**

食塩水は電気を通し、電気エネルギーで電気分解が起きます。これによって電極ではいくつかのガスが発生し、また溶液の中で酸性アルカリ性の変化が起きて、色素液の色が変わります。電池のまわりの色の変化として観察できます。

注意とワンポイント

電極に発生する泡には少量だが有害な塩素ガスが含まれているので、必ず換気のよいところで実験し、顔を近づけすぎて吸い込まないように注意。

Day 342

工作

やりやすさレベル かんたん(日光注意)

虫めがねでカメラ

箱にレンズとスクリーンをつけると原始的なカメラになる。このカメラで風景などをのぞいてみよう。

屈折/レンズ/像

すすめかた

使うもの

菓子箱など適当な大きさの紙箱、虫めがね、墨汁、半透明ゴミ袋、工作用紙、定規、セロハンテープなど

1. **箱(ふたは使わない)の外側に工作用紙をそわせて角筒のように巻いて、同じ高さの筒をつくる。箱と筒の内側を黒くぬる。**
2. **箱の底のまん中に直径約2㎝の穴をあけ、外側に虫めがねをテープで取りつける。筒の後側に半透明ゴミ袋を切ってスクリーンのようにはりつける。**
3. **箱に筒をかぶせて明るい風景などに向け、筒を前後にずらしてピントを合わせる。**

凸レンズの「光で像をつくるはたらき」を利用したのがこのしくみです。光を記録するフィルムやセンサが生まれる前には、同じしくみで風景などを写生する絵画の技術がありました。

注意とワンポイント

太陽に向けないこと。熱が集まってスクリーンが燃えたり、光が目に入ると危険。筒をいっぱいに縮めてもピントが合わないときは、箱と筒を少しずつ短くして調節しよう。

Day 343

やりやすさレベル かんたん

スイスイ石けんボート

石けんをのせたボートを水面に浮かべると、手で動かさなくてもスイ〜ッと走り出す！

表面張力／界面活性剤／石けん

すすめかた

使うもの
発泡スチロール板、石けん、バットなど

1. **発泡スチロールの薄い板をボートの形に切り取り、船尾に切れ目を入れて小さく切った石けんをさし込む。**
2. **バットなどに水をはって、水の動きがおさまるまでしばらく待つ。**
3. **❶のボートを浮かべると走り出す。**

305ページで紹介した「つまようじボート」と同じしくみです。ボートの後ろにつけた石けんに含まれる界面活性剤が、ボートの後側の水面に広がって表面張力（表面を引っぱる力）を弱めます。前側の水面を引っぱる力は変わらないので、ボートの後側から前側に向かって水面が動き、その上にのったボートも動きます。

注意とワンポイント

動きが悪くなったら、石けんが溶けていないきれいな水に替えると、またよく走り出すよ。

Day 344

やりやすさレベル かんたん

わくわく

マグネット花咲か爺さん

空間に広がる磁場のようすを、
手芸モールなどでカラフルに表現しよう。

磁場／磁力線

磁石で
花を咲かせましょう

すすめかた

使うもの

磁石、透明なプラスチックコップ、カラーモール、ニッパーまたはハサミ

1. **カラーモール3本ほどを長さ2～3㎝に切り分ける（磁石が弱い場合は短めがよい）。**
2. **プラスチックコップの中に切ったモールを入れ、外側から磁石を近づけ、動かしながらモールを観察。**

磁石の力が影響する空間の範囲を磁場といいます。磁場の中を磁力はN極またはS極から放射状（中心から広がるような形）に広がってN極とS極とをつないでいるので、鉄などの磁石につくものが粉や細長い形だと磁場の中で放射状につながります。磁場は図や写真では平面に見えますが、実際は立体的な広がりです。モールを使うことで、この立体的な広がりのようすを観察することができます。

注意とワンポイント

磁石は電子機器や時計、磁気カードなどに近づけないこと。モールは芯に細い針金が入っているのでニッパーを使うと切りやすいけれど、なければハサミでもOK。

Day 345

やりやすさレベル かんたん（紫外線注意）

赤く光るキュウリ

キュウリを輪切りにしてUVライトを当てると、赤く光るのはどの部分？

紫外線／蛍光／葉緑素

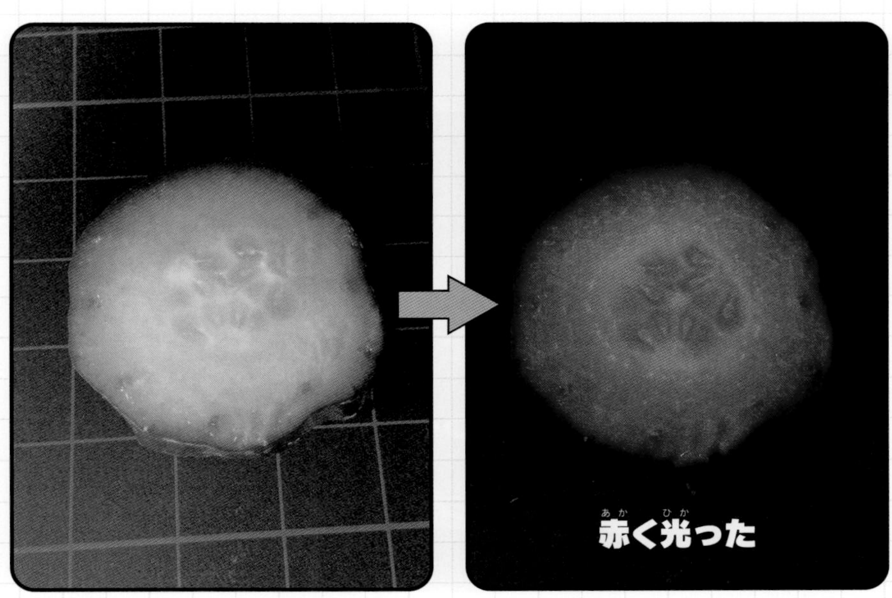

すすめかた

使うもの

キュウリ、UVライト、包丁、まな板

1. **キュウリを輪切りにする（斜め切りや縦切りでも、内側が見えればよい）。**
2. **まわりを暗くし、UVライトで紫外線を当てて、キュウリからの反射光を観察する。**

野菜の緑色は葉緑素（クロロフィル）という物質の色ですが、葉緑素は紫外線を吸収して赤い光を出すため、UVライトで照らすと赤く見えます。キュウリの内側では光合成は行われないので葉緑素がないように感じますが、UVライトを当てるとかなり赤く見えます。外側の光（皮の部分が出している赤い光）も合わさって目に届いていますが、キュウリの内側の細胞の中にも葉緑素があるためです。

注意とワンポイント

UVライトが出す紫外線は目の健康に害がある。暗く感じるけれど、直接目に入らないように注意しよう。観察するときはキュウリに反射した光だけを見ること。

やりやすさレベル 超かんたん

ラップはがして静電気

ラップを表面がつるんとしたものにはりつけて、端から引きはがすと静電気が起きる。

静電気／はく離帯電

すすめかた

使うもの

食品ラップ、下じき、ティッシュペーパーなど

1. 食品ラップを30～40㎝ほど引き出し、下じきなどの上にのせて密着させる。ラップ同士をくっつけてもよい。
2. ラップの片方の端をつまんで引きはがす。
3. ちぎったティッシュペーパーの小片などにラップを近づけて変化を観察する。

静電気はものがこすれたときに起きますが、くっついていたものがはがれるときにも発生します（はく離帯電）。物質には電気のもとになる電子がありますが、くっついていた部分がはがれるとき、はがすものの組み合わせによってどちらか一方にかたよるためで、電子が多く移ったほうがマイナスになります。天気のよい日やエアコンがきいて空気が乾燥した場所で実験するとよりうまくできます。

注意とワンポイント

プラスチックの下じきなど表面がつるんとしたものならOK。ティッシュペーパーの小片のほか、311ページで紹介した静電気メーターを使ってもいい。

Day 347

やりやすさレベル　かんたん（やけど注意）

あっという間に石筍

318ページで紹介したロウによる鍾乳石（？）づくり。
それとは逆に、下からのびる石筍の形を超時短でつくる。

パラフィン／石筍

すすめかた

使うもの

ホットメルト接着剤、金属トレイなど

1. 金属トレイなど熱が逃げやすい平らなものの上に、溶かしたホットメルト接着剤をしずくのように落とす。
2. 少しおいて接着剤のしずくがかたまったら、その上からさらにしずくを落とす。数回、間をあけてくり返す。

石筍は、鍾乳洞で床面から上に向かってのびる洞窟の堆積物です。318ページで紹介した鍾乳石（つらら石）と同じように、水に溶けた炭酸カルシウムがかたまってできます。天井からの水が何百年～何万年もかけて同じ場所に落ちることで長くのびていきます。なお、上からのつらら石と石筍がつながったものを石柱と呼びます。

注意とワンポイント

溶けたホットメルト接着剤は高温なので、やけどに注意すること。

Day 348

やりやすさレベル かんたん

見たまんま鏡

ふつう鏡に映ったものは左右が逆に見える。
その像が別の鏡に映ったとき、向きはどうなる？

反射／鏡像

すすめかた

使うもの

折りたたみミラー（2枚）、工作用紙、ハサミ、黒サインペン、接着剤やテープ、人形など

1. **2枚の鏡を90度の角度で1辺をくっつけたときの寸法を測り、その配置でぴったり入る箱をつくって内側をサインペンなどで黒くぬる。**
2. **鏡を中に入れて90度に組み合わせ、接着剤やテープでとめる。**
3. **片側に人形などを置き、となりから鏡をのぞき込んで左右のようすを観察。**

鏡に向かって右手をあげると、鏡の中の自分は向き合って左手をあげます。このように鏡1枚だと左右が逆に映ります。しかし、鏡2枚を90度で組み合わせて2回反射させると、鏡の中でも右手をあげます。1枚目で左右逆に、2枚目でさらに左右逆になり、もとに戻ります。

注意とワンポイント

箱に入れなくても、43ページのように鏡を向き合わせるだけでも実験できる。その場合、鏡の合わせ目がまん中にくるようにすると左右が逆にならずに見えるよ。

Day 349

やりやすさレベル　かんたん

エアチューブ聴診器

お医者さんが使う聴診器と同じしくみの器具をつくって、身のまわりの小さな音を聞いてみよう。

音／振動

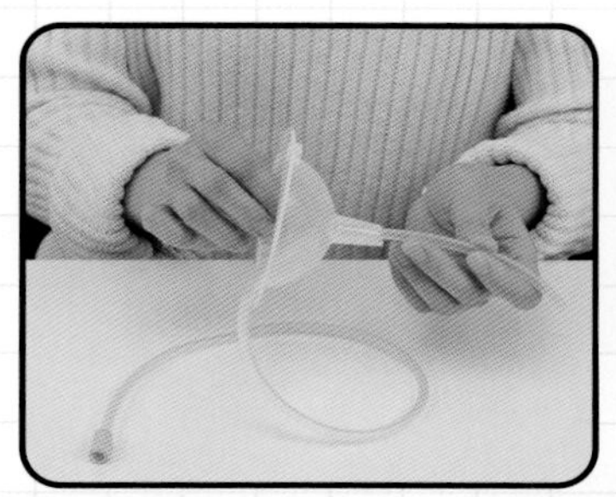

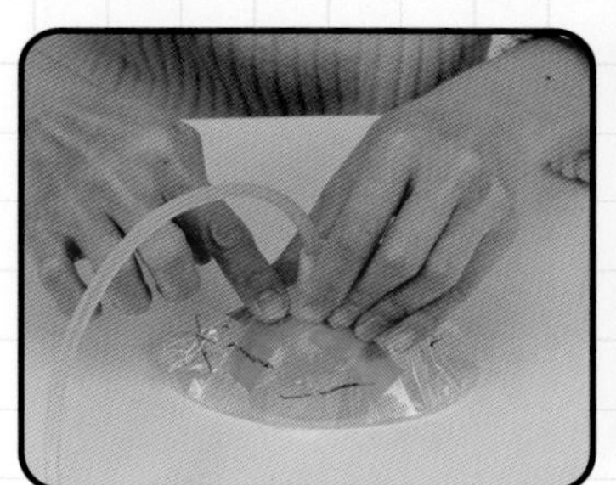

すすめかた

使うもの

水槽用ビニールチューブ、小さめのじょうごまたはプリンカップ、ビニールテープ、ホットメルト接着剤

1. **40〜50㎝に切ったビニールチューブの先端をじょうごにさし込み（またはプリンカップの底に穴をあけてさし込み）、ビニールテープや接着剤で固定する。**
2. **チューブの反対側の端にビニールテープを巻きつけて太くし（直径1.5㎝ぐらい）、耳にささらないようにする。**
3. **音を聞きたいものにじょうごを当て、反対側を耳に近づけて音を聞く。**

165ページや206ページで紹介した実験の応用です。小さな音を、それを出しているものの近くでとらえて耳の近くまでチューブで運びます。がんじょうな部品を使ってつくると、聞こうとしている音を伝える性能と外からの音をふせぐ性能がアップするのでよく聞こえます。

注意とワンポイント

チューブの先を耳の中に入れないこと。必ずテープで太くして耳の穴に入らないようにしてから実験しよう。

Day 350

やりやすさレベル かんたん

なぜか塩が溶けない水②

水に塩を入れて、混ぜても混ぜても溶けないのはなぜ？
210ページで紹介した実験の別バージョン。

溶解度／溶媒

すすめかた

使うもの

食塩、コップ、スプーン、アルコール（無水エタノール）

1. **コップにスプーン1〜2杯の食塩を入れ、6分目ほどまでアルコールを入れる。**
2. **スプーンでかき回し、食塩が溶けるかどうかを調べる。**

食塩は、水100mLあたり26gほど溶けますが、アルコールにはほんの少ししか溶けません。アルコールは水と同じように無色透明の液体です。見た目は水そっくりなので、食塩が溶けないとびっくりします。なお、アルコールには少し水を混ぜた消毒用アルコールなどもあり、これは水が含まれているぶん少し食塩が溶けます。

注意とワンポイント

アルコールは火がつきやすいので注意しよう。あらかじめ食塩をじゅうぶん溶かして飽和（それ以上溶けない状態）させておき、手品みたいにして実験するとみんなびっくりするよ！

やりやすさレベル かんたん

水の光ファイバー

光の情報を遠くまで届ける光ファイバー。そのしくみを水で実験しよう。

全反射／光ファイバー

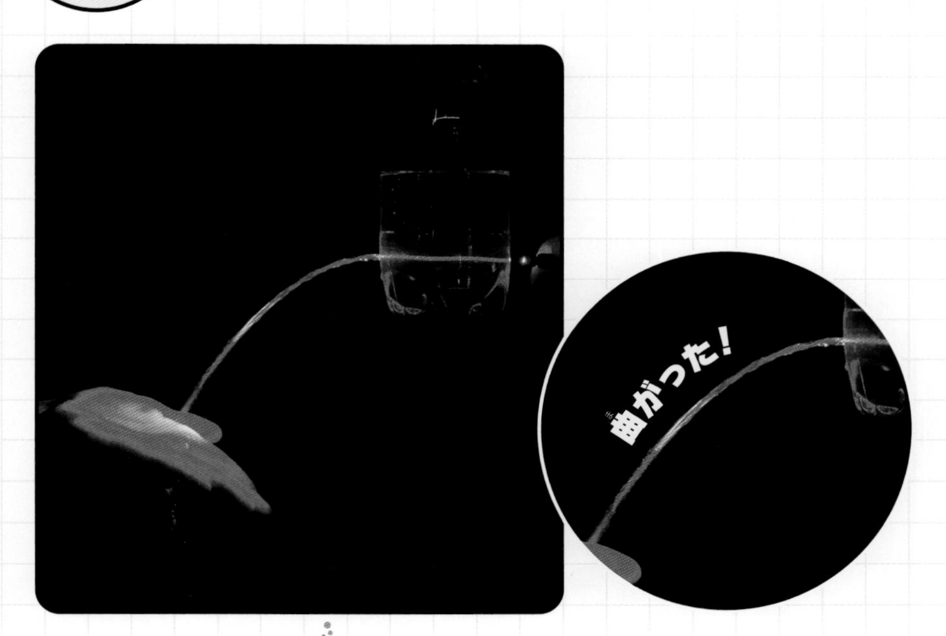

すすめかた

使うもの

ペットボトル、千枚通し、線香、レーザーポインター、洗面器、水

1. **ペットボトルの底に近い側面に千枚通しで穴をあけ、火をつけた線香で熱して直径3〜4㎜に広げる。**
2. **ボトルに水をいっぱいに入れてキャップをしめ、高いところに置く。**
3. **まわりを暗くして穴の反対側からレーザーポインターの光をあて、キャップをゆるめて水を出すと、水流の中を光が曲がって届く。**

空気と水の境目を光が通るとき、さし込む角度が浅い（境目の面に近い）と光が全部反射します（全反射）。この実験で水流に入った光は浅い角度で水と空気の境目にあたって全反射し、反対側でも同じように全反射し、曲がった水流にそって折れ曲がりをくり返して進んでいきます。

注意とワンポイント

レーザーポインターの光が目に当たらないようにじゅうぶん注意しよう。レーザーポインターの代わりに焦点調節が可能な懐中電灯でもいい。

Day 352

やりやすさレベル ふつう

そっくりクレーター

いん石が衝突してできた月のクレーターを身近な材料でつくる。

月／クレーター

すすめかた

使うもの

小麦粉やベビーパウダーなどの白くて細かい粉、洗面器などの容器、パチンコ、砂利（直径約5㎜）、電気スタンド

1. 容器に深さ3〜5㎝ほど小麦粉などを入れて平らにならす。
2. 斜め上30〜70㎝の位置からパチンコで砂利の粒を洗面器にうち込む。
3. できたくぼみに、ほぼ水平の方向から光を当てて観察する。

月面にあるたくさんのくぼみ（クレーター）の大部分は、いん石の衝突のあとで、衝突の爆発的なエネルギーで岩石などが吹き飛んでできたと考えられています。この実験では小さな砂利を軽い粉に速いスピードで当てて、クレーターと同じような形をつくります。

注意とワンポイント

パチンコ（針金とゴムでつくってもいい）は安全に注意して使うこと。白い粉がまわりに飛び散るので新聞紙などをしいて行うといい。

Day 353

やりやすさレベル 超かんたん

反射神経テスト

落ちるカードをつかむ反射神経の実験。
友達などと2人組になってやってみよう。

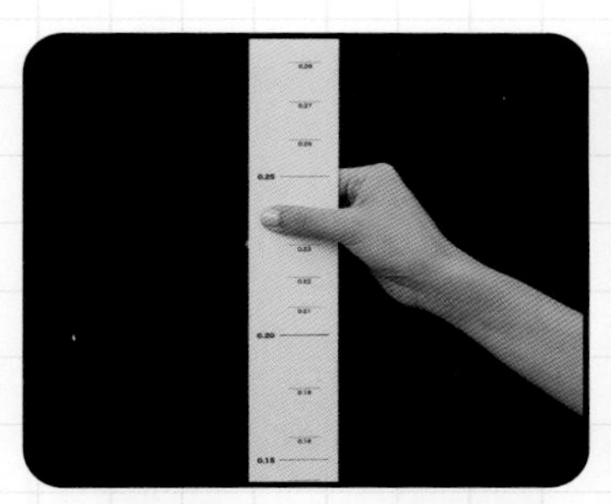

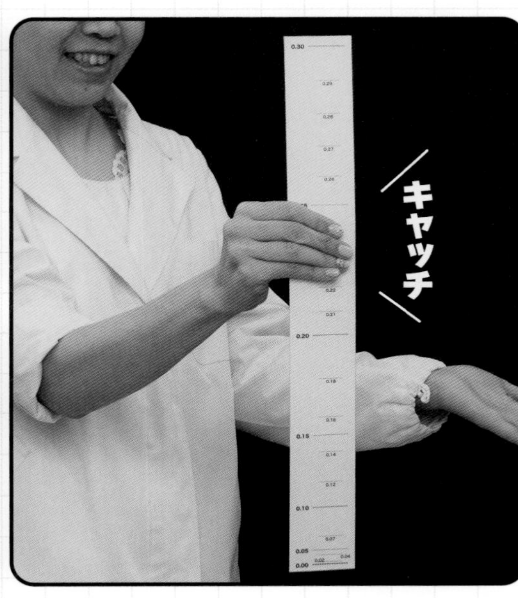

すすめかた

使うもの

厚紙または段ボール、ハサミ、定規、サインペン

1. 厚紙または段ボールを8×40㎝の長方形に切る。端に目印をつけ、そこから反対側まで2㎝ごとに目盛りをかく（測定板）。
2. 1人が測定板の目印の反対側をつまんで腕を水平にのばしてぶら下げて持ち、もう1人が指を開いて目印の高さでかまえる。
3. 持っている人がいきなり指を放して測定板を落とし、もう1人は落ちはじめたらすぐに指を閉じてキャッチする。つかめた位置までの距離を調べる。

目がものや動きをとらえて筋肉を動かすまで、0.2秒以上の時間がかかるといわれます。人によって差があるうえ、朝起きた直後や暗い場所、疲れているときなどは、より多くの時間がかかります。この変化を、測定板をつかめた位置までの距離でくらべることができます。

Day 354

やりやすさレベル ふつう

スケスケ葉脈づくり

いろいろな植物の葉脈標本をつくってみよう。自由研究のテーマにもぴったり！

植物の体／葉／植物標本

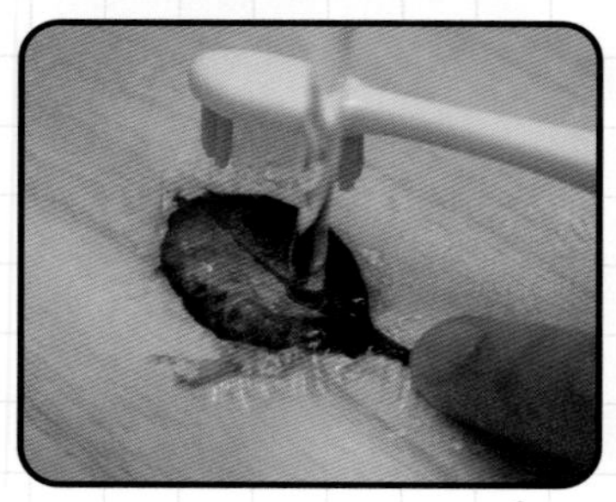

すすめかた

使うもの

木の葉、重曹、ホーローか耐熱ガラスの手なべ、割りばし、木の板、古歯ブラシ、キッチン漂白剤、色インクまたは食紅、色画用紙など

1. **ホーローなべなどに重曹大さじ4～5杯を入れ、そのまま弱火にかける。ぶくぶくとガスが出るので、5分ほど加熱してから火を止めて冷ます。**
2. **❶に水約1Lを入れて割りばしでかき混ぜ、葉を入れて弱火で30分～1時間煮る。**
3. **葉を取り出して水で軽く洗い、板にのせて歯ブラシで軽くトントンたたいて葉の肉を落とす。葉脈だけになったら漂白剤につけてから洗い、インクや食紅の色素液で色づけして乾かす。**
4. **色画用紙にのせてテープでとめたり、パウチすればできあがり。**

重曹は加熱すると炭酸ナトリウムになります。これはやや強いアルカリ性で葉の肉を弱くするので、葉脈だけにすることができます。

注意とワンポイント

キンモクセイやヒイラギなど葉脈ががんじょうなものがやりやすい。重曹溶液はやや強いアルカリなので、手などにつかないように注意。もしついたらすぐに大量の水で洗うこと。

Day 355

やりやすさレベル かんたん（におい注意）

シールはがしで風船割り

シールはがし剤をゴム風船につけてしばらくすると、何もしていないのに風船が突然、破裂する!?

ゴム／溶剤

いろいろなシールはがし

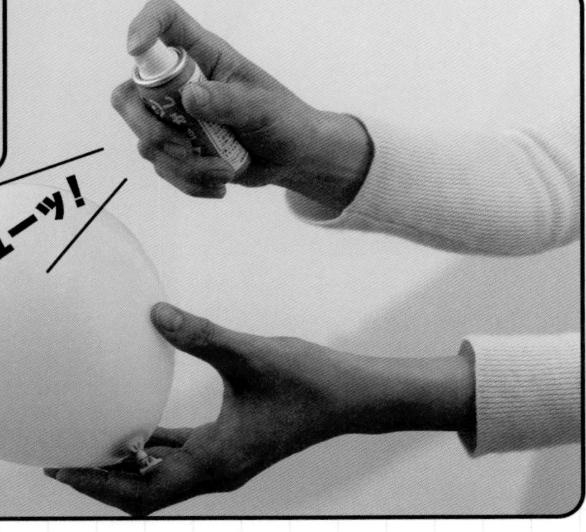

すすめかた

使うもの

シールはがし（成分に有機溶剤やリモネンとあるもの）、ゴム風船

1. **ゴム風船をふくらませて口をしばり、シールはがし剤を風船の表面に数滴つける。スプレータイプなら1回スプレーする。**
2. **そのまましばらく置いておくと、数秒～数十秒後に風船が破裂する。**

シールはがしには、シールのくっつく材料（粘着剤）を溶かす成分が含まれています。粘着剤の種類によってさまざまな成分のものがありますが、なかには**ゴムを溶かすものもあって、これがついた風船はゴムが溶けて穴があきます。**穴があくまでに少し時間がかかるので、突然破裂するような感じがします。なお、成分の濃さやつける量などによって穴があくまでの時間は変化します。

注意とワンポイント

大きな音がするのでまわりの人に声をかけてから。スプレータイプは成分が空気中に飛び散るので、吸い込まないように気をつけ、必ず換気のよいところで行うこと。

Day 356

やりやすさレベル かんたん

いつでも星空観察

曇った夜でも大好きな星空がながめられたらいいな…。そんな夢がかなう、かんたん星座模型をつくろう。

星座

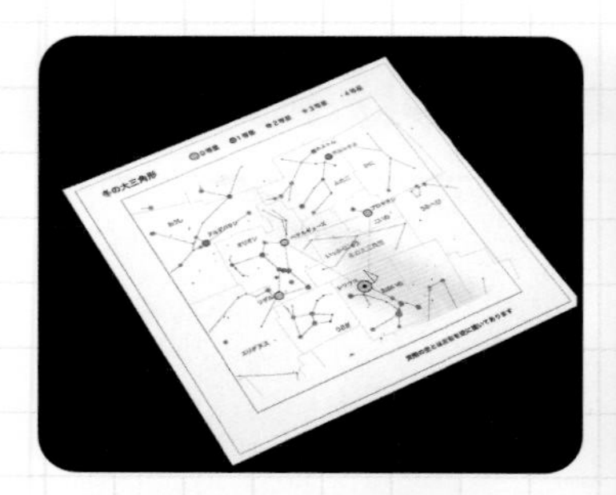

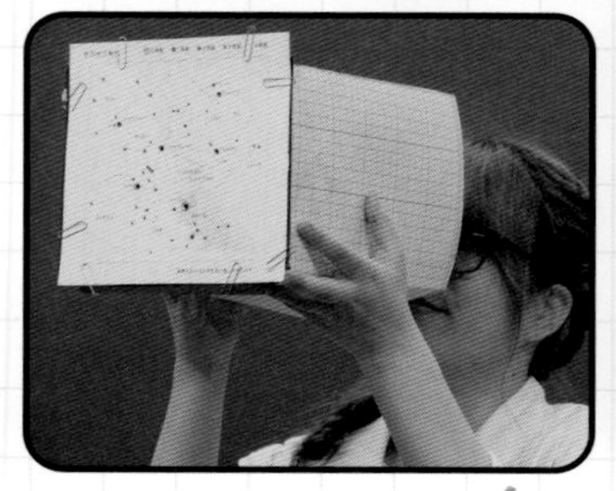

つくった星座模型の例。星の場所が実際と少し違うけれど、自分だけの星空だよ！

すすめかた

使うもの

工作用紙、星図、黒画用紙、墨汁または黒絵の具、筆または刷毛、画びょう、千枚通し、段ボール、ゼムクリップ、のり

1. **星図をコンピュータで左右反転し、1辺約15㎝にプリントして黒画用紙にはりつけ、千枚通しで星の位置に穴をあける（1等星から2、3、4等星と等級が増えるごとに穴の大きさを半分にする）。**
2. **内側を黒くぬった工作用紙で1辺15㎝の四角い筒をつくる。**
3. **筒の先に星図をクリップで取りつけて、明るい窓などに向けてあいた側から観察。**

星図とは星の位置を記した図で、インターネットでも入手できます。印刷して穴をあけると、星の配置と同じ光の配置になります。ただし、**星の明るさは6等で100倍も差があります。**再現は難しいので穴の大きさを倍々にして雰囲気を近づけて星空のようすを楽しみましょう。

注意とワンポイント

星図を左右逆にするのは裏の黒い面を目に向けるため。逆にしない場合は穴をあけてから黒くぬって、星図の面を目に向けて筒に取りつけるといい。

やりやすさレベル ふつう

指先に直立する針金

磁場の広がりを利用すれば、指先に針金が立つ。
磁石を布でかくして、マジック風にタネあかししても楽しい。

磁場／磁力線

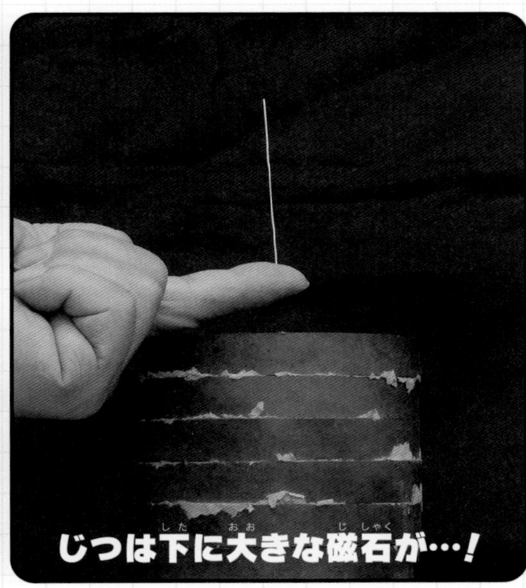

すすめかた

使うもの

磁石、ゼムクリップ

1. **ゼムクリップをまっすぐにのばして針金状にする。**
2. **磁石のN極S極を順番に重ねる（たくさん重ねるほうが実験しやすい）。**
3. **磁石の上に手をかざし、指の上に❶の針金をまっすぐに立てる。指の位置を少しずつずらして、針金の立ち方を調節。**

360ページで紹介したように、磁石のはたらきが及ぶ範囲を磁場といい、磁石の力はN極またはS極から放射状に広がって、N極とS極でつながっています。つまりN極またはS極の近くでは外向きに広がっていて、この場所に針金などがあると磁石から遠ざかる向きにまっすぐになります。磁石のNSを上下にして置けば針金は直立し、指を少しずらすと磁力の向きにそって傾きます。

注意とワンポイント

磁石は電子機器や時計、磁気カードなどに近づけないこと。磁石は数が多いほうがうまくできるよ。

Day 358

やりやすさレベル　かんたん

かんたん導通テスター

電気を通すか通さないかを
一発で見分ける便利なテスターをつくろう。

良導体絶縁体／回路

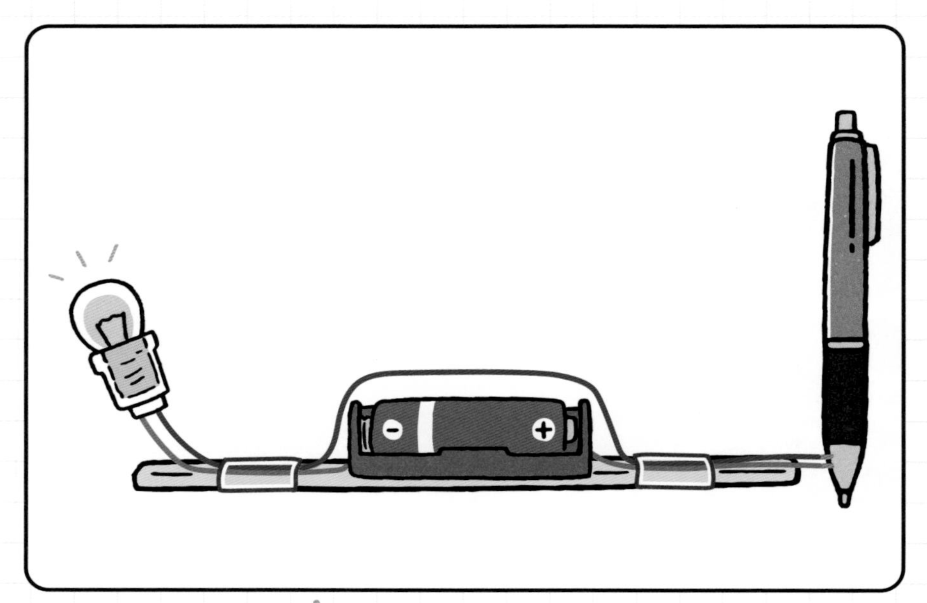

すすめかた

使うもの

割りばし、豆電球&電球ソケット、単3形乾電池&電池ボックス、セロハンテープなど

1. **割りばしの先端に豆電球ソケット、まん中あたりに電池ボックスをテープでしばりつけ、両方のリード線1本ずつをつなぐ。**
2. **残った2本のリード線を割りばしの根元に平行にはりつける（リード線のカバーがない部分を端より少し出す）。**
3. **調べたいものにリード線の両方を接触させて、電気を通すかどうか調べる。**

このテスターでは、乾電池と豆電球が直列につながった回路になっています。そのとぎれた1か所に電気を通す良導体（または導体）が接触すると、回路がつながって豆電球がともります。電気を通さない絶縁体だと回路が切れたままなので、電球はともりません。

注意とワンポイント

気づかないうちに接触して電気が流れ続けると、電池が加熱することがあるため、使わないときは必ず電池をはずしておこう。

やりやすさレベル かんたん

シリンジの押しあい

大小2つのシリンジ（プラ製注射器）をつなげて両方から押しあいすると勝つのはどっち？

圧力／パスカル原理／流体

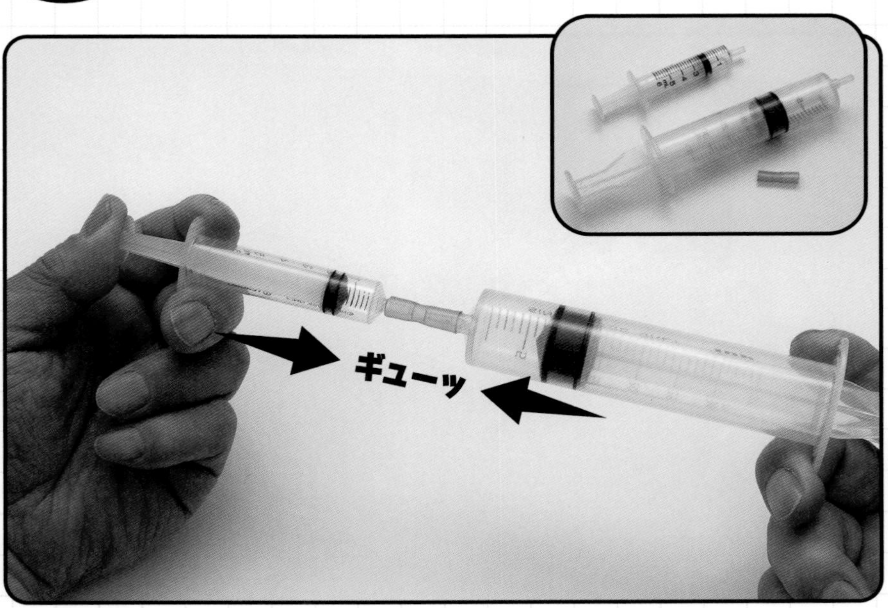

すすめかた

使うもの

大小のシリンジ、ビニールチューブ

1. **大きいほうのシリンジの先に2cmほどに切ったビニールチューブをさし込み、半分ほど空気を入れる。**
2. **小さいほうのシリンジに半分ほど空気を入れ、❶のチューブの先にさし込む。**
3. **両側のシリンジのピストンを押して押しやすさを調べる。**

水や空気などの流れるものでは、一部にかかった圧力は四方八方に一定の面積あたり同じ大きさで伝わります（パスカルの原理）。つまり、圧力を受ける面積が大きいほど大きな力になります。断面（太さ）が小さいシリンジに加えた力は、大きいほうのピストンに大きな力となってはたらくので、小さいほうが押しやすくなります。

注意とワンポイント

体積が変化する空気の代わりに、体積が変化しない水を入れると、力の差がもっとはっきりわかるよ。

Day 360

やりやすさレベル かんたん

プラカップの色模様

まっ暗になる向きに重ね合わせた偏光シートの間に、透明なプラカップをはさんで観察しよう。

偏光／高分子

すすめかた

使うもの

偏光シート、透明なプラスチックカップ

1. 偏光シート2枚を、まっ暗になる向きに組み合わせて重ね合わせる。
2. 間に透明なプラスチックカップをはさんで、いろいろな向きに動かしながら観察する。

296ページや342ページで紹介したように、分子が一方向にそろった透明物質は、通り抜ける光のゆれる方向に影響を与えるので、偏光シートの間に入れると色が見えることがあります。プラスチック製品の多くは、溶けた材料を型に流し込んでつくられます。プラスチック材料の分子の向きが流れ込むときにかたよるので、部分ごとにさまざまな色が現れ、どのように流れ込んだかが推測できます。

注意とワンポイント

プラスチックカップはスイーツが入っていた容器でもOK。とくにスチロール樹脂製のものだときれいな虹色が見られるよ。

Day 361

やりやすさレベル かんたん（やけど注意）

食塩でキラキラオブジェ

食塩のキラキラした結晶をモールにくっつけてかざろう！

結晶／溶解度／再結晶

すすめかた

使うもの

耐熱ガラス容器、食塩、水、手なべ、モール、計量スプーン、計量カップ、ぬい糸、割りばし、かき混ぜる道具

1 モールを小さく折り曲げてぬい糸を結びつけ、耐熱容器にかけわたした割りばしのまん中あたりにつり下げる。

2 手なべに約300mLの水と、100mLごとに大さじ2杯の食塩を入れて弱火で加熱し、かき混ぜながら沸騰させる。

3 沸騰したらかき混ぜるのをやめ、底にたまった食塩が流れ込まないように❶にそそぎ、室温になるまでそっと置いておく。

4 モールを引き上げて食塩の結晶を観察。

モールに2〜3㎜のキラキラした食塩の結晶がつきます。食塩は約30℃の水100mLには26.5g、約100℃だと28.2gほど溶けます。100℃で最大に溶けた状態で50℃になると、溶液100mLあたり約1.7gが溶けていられなくなり、結晶になって出てきます（108ページ参照）。

注意とワンポイント

とても熱い湯と火をあつかうので、やけどや火災にはじゅうぶん注意すること。

Day 362

やりやすさレベル かんたん

ビニールの中の虹模様

偏光シートの間に引っぱったビニールをはさむと、力のかかった部分が虹色に変わる！

偏光／光弾性

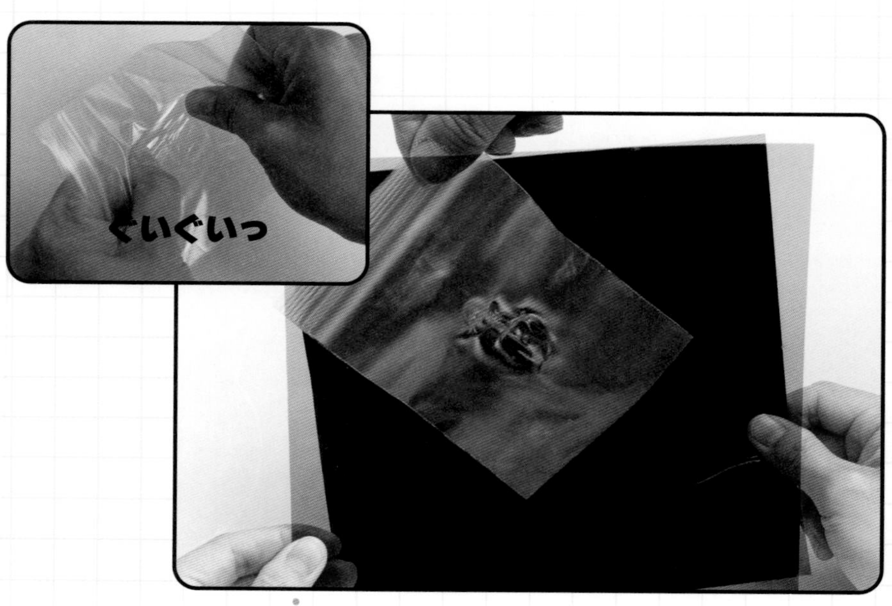

すすめかた

使うもの

偏光シート、透明なビニール

1. 偏光シート2枚を、まっ暗になる向きに組み合わせて重ねる。
2. 透明ビニールを適当な大きさに切って、まん中の部分を指でつまんで左右に引っぱってのばす。
3. 偏光シートの間にビニールをはさみ、明るい窓または照明の光が当たった白い紙などを背景にして、力を入れた部分を観察。

317ページや342ページで紹介したように、分子が一方向にそろった透明物質は、通り抜ける光のゆれる方向に影響を与えるので、偏光シートの間に入れると色が見えることがあります。力を入れて引っぱるとビニールの分子が向きをそろえるので、力の向きや大きさに応じて虹色の縞が見えます。

注意とワンポイント

写真のように、チャックつきポリ袋（本体にジッパーのついたポリエチレン製の保存袋）でもOK。その場合はチャック部分の色の変化も観察するとおもしろいよ。

やりやすさレベル 超かんたん

空中の光アート

カメラのシャッターが開いている間に、懐中電灯で空中に絵をかこう！

写真／シャッター速度

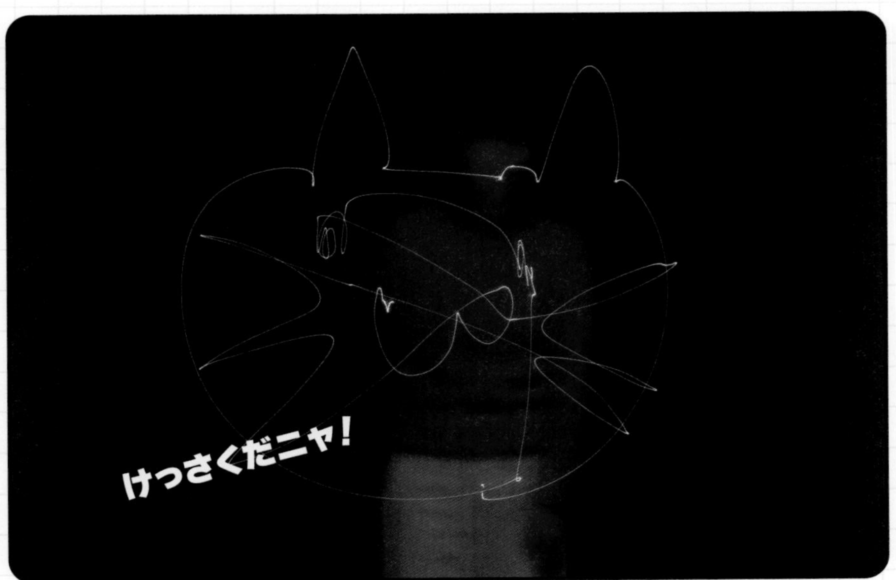

すすめかた

使うもの

懐中電灯、シャッター速度調節ができるカメラ（スマホの花火撮影アプリなど）

1. **長時間露出ができるカメラでは、シャッター速度を2〜4秒に設定。スマホの場合はフラッシュ禁止にするか、花火撮影アプリなどを使う。**
2. **部屋を暗くしてカメラの真正面に立ち、懐中電灯を点ける。**
3. **ほかの人にシャッターを押してもらい、同時に空中に絵や文字をかく。**

カメラは一瞬をとらえるように感じますが、暗いところでは少しの時間シャッターを開きっぱなしにして光をためることで画像をつくっています。このため暗い場所でフラッシュを光らせないとシャッター速度が長くなり、懐中電灯など明るいものをすばやく動かすと、空中に光の絵をかくことができます。

注意とワンポイント

シャッター速度は部屋の暗さによって変わるので、何度も試してタイミングをつかもう。スマホの花火撮影アプリを使うとシャッター速度が調節できるので便利。

Day 364

やりやすさレベル　かんたん

わくわく

ぼんてん原子核模型

手芸用品の「ぼんてん」でカラフルな原子核模型をつくる。いろいろな元素のしくみを考えながらつくると楽しいよ。

原子／原子核

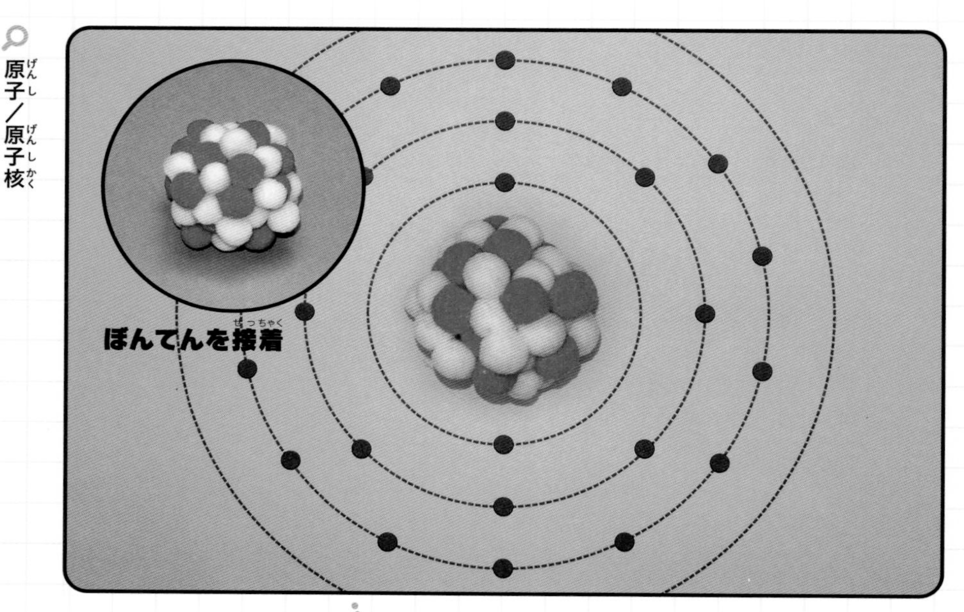

すすめかた

使うもの

手芸用のぼんてん、ホットメルト接着剤

1. つくりたい元素の原子核の陽子と中性子の数を調べる。陽子と中性子の色を決め、それぞれの数のぼんてんを準備。
2. 全体が球に近づくように考えて、接着剤で組み立てる。別の元素と原子核をくらべたり、画用紙に電子の軌道をかいてまん中に置いてもよい。

物質をつくっている原子の中心にある原子核は陽子と中性子でできています。陽子の数は元素ごとに決まっていますが、中性子の数は同じ元素でもことなることがあります。どんな種類の原子核（核種といいます）をつくるかを決めて、陽子や中性子の数をくわしい周期表などで調べてからつくりましょう。これをきっかけに元素について考えるのがねらいです。

注意とワンポイント

ぼんてんは「ソフトビーズ」「ポンポンボール」などとも呼ばれる。球に近い素材で2種類の色がそろえば、ビーズ玉、BB弾など何でも使えるよ。

Day 365

やりやすさレベル かんたん

浮いた磁石の重さは？

磁石が磁力で浮いているとき、その重さはどうなる？
キッチンスケールを使って実験してみよう。

磁場／圧力

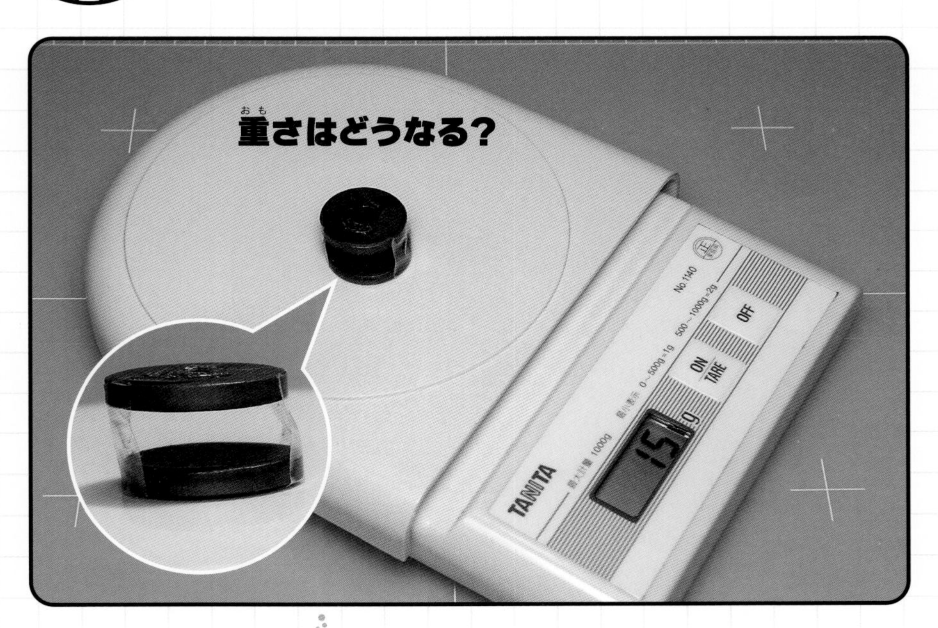

すすめかた

使うもの

磁石（2個）、キッチンはかり（鉄製でないもの）、セロハンテープ

1. **磁石2個をくっつけてはかりにのせ、合計の重さを調べる。**
2. **磁石を押しのけあう向きに向かい合わせる。「軽く動くが向きは変わらない」ようにセロハンテープでとめて重さを調べ、くっついているときとくらべる。**

磁力で磁石が浮かんでいるときは、まるで重力がはたらいていないように感じます。しかし、浮かんではいても、上の磁石の重さは磁力によって下の磁石にかかっているので、はかりにのせると2個の合計の重さが示されます。

注意とワンポイント

セロハンテープをたるませて磁石をはりつけるのがコツ。また、鉄製のはかりは磁石がくっついてしまうので、プラスチック製のはかりがいい。

Day 366

やりやすさレベル かんたん

色変わりラーメン

ラーメンにpHを調べる色素液を加えると、変わった色のふしぎラーメン一丁あがり！

pH／アントシアニン

すすめかた

使うもの

色素液（304、333ページ）、生ラーメン、なべなどの調理器具、酢

1. **304、333ページのやり方でムラサキイモやムラサキキャベツの色素液をつくる。**
2. **生ラーメンに色素液をかけてよくほぐし、5分ほどしみ込ませると緑っぽくなる。**
3. **❷をゆでると紫色に近づき、酢をかけるとピンク色のラーメンになる。**

ラーメンはめんをつくるときに、かん水というアルカリ性の材料を入れて練るので、生めんの状態ではアルカリ性です。めんをゆでるとかん水の成分が抜けて中性に近づき、酢をかけると酸性になるので、色素液がアルカリ性の青緑、中性の紫、酸性のピンクへと次々に変化します。

注意とワンポイント

色素液はできるだけ濃い状態で使うのがコツ。

おわりに

ねらった変化が見られても、残念な（はずの）結果に終わっても、“かがくあそび”はやるたびにわくわくします。おそらくこれが、ヒトがずっとやってきた知的活動＝「手を動かしながら考える」だからなのかもしれません。そして、かがくあそびの世界はおそろしく豊かです。この本を機にその世界に触れて、１人でも多くの人が実験好き科学好き考えること好き…になっていただければと、心から願っています。

なお、本書を編むにあたって多くのご協力をいただきました。写真を撮ってくださった青柳敏史さん、飯島 裕さん、川上秋レミイさん、モデルになってくれた川上玲児さん、橋爪亜紗妃さん、イラストを描いてくださったキタハラケンタさん、デザイナーの村井 秀さん、編集を助けてくださった戸村悦子さん、その他多数の方々に心から御礼申し上げます。とりわけ、この無謀とも思われる企画を発想し推進してくださった誠文堂新光社の加藤友理さんに深く感謝いたします。

ありがとうございました。

2024年５月末日　　山村紳一郎

山村紳一郎
和光大学非常勤講師。東海大学海洋学部卒業。雑誌記者、カメラマン等を経て、サイエンスライターとして科学技術や科学教育分野の執筆活動に従事する。雑誌や書籍の執筆のほか、科学イベントやテレビの科学番組の監修なども手がける。月刊誌『子供の科学』(誠文堂新光社)で長年実験連載を担当。

お世話になった滝川洋二先生と筆者(右) 2024年5月

STAFF

撮影	青栁敏史、飯島 裕、川上秋レミイ、山村紳一郎
モデル	川上玲児
イラスト	キタハラケンタ、新保基恵
装丁・デザイン	望月昭秀、村井 秀(NILSON)
DTP	水谷美佐緒(プラスアルファ)
編集協力	戸村悦子
校正	藤岡浩子(佑文社)

「試す力」「考える力」「楽しむ力」が
伸びる1日1実験
かがくあそび366

2024年7月20日　発　行　　NDC407

著　　者　山村紳一郎
編　　者　子供の科学編集部
発 行 者　小川雄一
発 行 所　株式会社 誠文堂新光社
〒113-0033 東京都文京区本郷 3-3-11
電話 03-5800-5780
https://www.seibundo-shinkosha.net/
印刷・製本　株式会社 大熊整美堂

ISBN978-4-416-52426-8